Menschenrecht Wasser?

Beate Rudolf (Hrsg.)

Menschenrecht Wasser?

PETER LANG

Frankfurt am Main · Berlin · Bern · Bruxelles · New York · Oxford · Wien

Bibliografische Information der Deutschen Nationalbibliothek
Die Deutsche Nationalbibliothek verzeichnet diese Publikation
in der Deutschen Nationalbibliografie; detaillierte bibliografische
Daten sind im Internet über <http://www.d-nb.de> abrufbar.

Gedruckt auf alterungsbeständigem,
säurefreiem Papier.

ISBN 978-3-631-55931-4

© Peter Lang GmbH
Internationaler Verlag der Wissenschaften
Frankfurt am Main 2007
Alle Rechte vorbehalten.

Printed in Germany 1 2 3 4 5   7

www.peterlang.de

INHALTSVERZEICHNIS

Menschenrechtliche und entwicklungspolitische Abschlussbetrachtungen zum Recht auf Wasser

Einleitung

I.

Wasser ist die Grundlage allen Lebens auf der Erde – menschlichen, tierischen und pflanzlichen Lebens. Wasser ist das Element, welches den „blauen Planeten" auch sichtbar kennzeichnet: Die Erdoberfläche ist zu 71 % von Wasser bedeckt. Trinkbar ist indes nur ein geringer Teil davon – ca. 2,5 %, von denen wiederum der Großteil als Eis in den Polkappen gebunden ist. Zugang zu und Verbrauch von Trinkwasser sind auf der Welt höchst ungleich verteilt: Mehr als eine Milliarde Menschen, davon 300 Millionen in Afrika, haben keine Zugang zu sauberem Trinkwasser; jährlich sterben 1.440.000 Kinder an Krankheiten infolge von verschmutztem Wasser, und weltweit sterben täglich 35.000 Menschen infolge von Wassermangel.[1] Der Pro-Kopf-Verbrauch von Wasser ist in Nordamerika fast siebenmal höher als in Afrika, in Europa immerhin noch knapp viermal höher.[2] Diese Zahlen steigen noch dramatisch an, wenn man den Verbrauch „virtuellen Wassers" hinzurechnet, d.h. des Wassers, welches zur Produktion von landwirtschaftlichen und Industriegütern aufgewendet wird.[3] Danach verbraucht etwa jeder Deutsche täglich 4.000 l Wasser.[4]

Vor diesem Hintergrund erstaunt die Prognose kaum, das „blaue Gold" werde die am meisten umkämpfte Ressource der Zukunft sein – innerstaatlich wie zwischenstaatlich. Die Vereinten Nationen haben deshalb auf ihrem Millenniums-Gipfel beschlossen, die Anzahl der Menschen ohne Trinkwasserzugang bis zum Jahr 2015 zu halbieren.[5] Auf dem UN-Gipfel für Nachhaltige Entwicklung in Johannesburg wurde dasselbe Ziel für die ausreichende Abwasserentsorgung proklamiert.[6] Aber bislang fehlen konkrete Konzepte, mit denen diese Ziele erreicht werden können. Umstritten ist, welche Rolle hierbei dem Staat und welche privaten Wasserversorgungsunternehmen zukommt, ebenso, wie das Verhältnis zwischen beiden Akteuren auszugestalten ist. Große Versorgungsunternehmen der Wasserwirtschaft haben die internationalen Wassermärkte schon seit längerem für sich entdeckt. Gerade im Zusammenhang mit der von den internationalen Finanzinstitutionen (Weltbank, Internationaler Währungsfonds) propagierten Privatisierung ehemals staatlicher Betriebe in Entwicklungsländern sind hierbei neue Märkte entstanden,

---

[1] Alle Zahlen sind Angaben der EU-Kommission, vgl. *N.N.*, Eingreiftrupp soll Konflikte um Wasser lösen, Süddeutsche Zeitung vom 18./19. März 2006, S. 8.
[2] Nordamerika: 1280 m³, Europa 694m³, Afrika 186 m³, vgl. *Christian Schütze*, Die Wüste wächst, Süddeutsche Zeitung vom 21. März 2006.
[3] Der Begriff geht zurück auf *John Anthony Allan / Chibli Mallat*, Water in the Middle East: Legal. Political and Commercial Implications, London 1995, S. 3. Zur Entwicklung der Debatte siehe *John Anthony Allen*, Virtual Water – The Water, Food, and Trade Nexus – Useful Concept or Misleading Metaphor, Water International 28 Nr. 1 (2003), S. 106-112.
[4] *Frank Kürschner-Pelkmann*, 140 Liter für eine Tasse Kaffee, Süddeutsche Zeitung vom 22. August 2006, S. 16. Informationen über den Wasserverbrauch einzelner Staaten verfügbar unter <http://www.waterfootprint.org>.
[5] A/Res/55/2 (vom 8. September 2000), Millenniumsziel III, Nr. 19.
[6] A/CONF.199/20, § 25.

8

die große Gewinne versprechen.[7] Allerdings hat hier bereits eine Ernüchterung eingesetzt.[8] Gegen die Privatisierung der Wasserversorgung erhebt sich auch Widerstand – wohl bekanntestes Beispiel sind die Proteste der Bevölkerung in Bolivien gegen die Privatisierung der Wasserversorgung in Cochabamba.

Verteilungskonflikte werden nicht auf den innerstaatlichen Bereich beschränkt bleiben: Auch wenn die Befürchtung, die Konflikte der Zukunft würden Kriege um Wasser sein, wohl unrealistisch ist, sind sich die Experten weitgehend einig, dass Wasserverteilungskonflikte wichtige Elemente in vielschichtigen Konfliktkonstellationen sind.[9] Auf dem 4. Weltwasser-Forum der Vereinten Nationen in Mexiko-Stadt im Frühjahr 2006 wurde deshalb sogar der Ruf nach einer internationalen Eingreiftruppe laut, die bei solchen Wasserkonflikten intervenieren solle.[10] Deshalb ist von besonderer Wichtigkeit zu klären, welche Faktoren zwischenstaatliche Konflikte um die Wassernutzung fördern und welche Möglichkeiten zur Vermeidung und Lösung solcher Konflikte bestehen.[11]

Und schließlich: Wasser hat auch eine Geschlechter-Dimension.[12] Es sind nämlich überwiegend Frauen und Mädchen, denen der Wassertransport obliegt, wenn kein direkter Zugang zu Wasserversorgung vorhanden ist. Allein in Südafrika legen Frauen täglich 12,8 Millionen km beim Wasserholen zurück – das sind 319 Erdumrundungen täglich oder 16 Reisen zum Mond und zurück.[13] Sie wenden dafür 6,4 Millionen Stunden täglich auf – das entspricht 3.500 Arbeitsjahren. Diese wertvolle Zeit ist für andere wirtschaftliche Aktivitäten oder den Schulbesuch verloren. Dies ist für die Betroffenen ein Verlust an Lebenschancen, aber auch der staatlichen Gemeinschaft entgehen wertvolle Potentiale für wirtschaftliche und soziale Entwicklung.[14] Zugleich ist das Wasserholen für Frauen mit erheblichen Gefahren verbunden, insbesondere in gewaltsamen, zumeist innerstaatlichen, Auseinandersetzungen: Frauen und Mädchen werden auf dem Weg zur Wasserstelle Opfer von

---

[7] *Claudia H. Deutsch*, In a Thirsty World, Water Means Profit, The New York Times (Beilage zur Süddeutschen Zeitung) vom 28. August 2006, S. 5.
[8] *Frank Kürschner-Pelkmann*, Der Traum vom schnellen Wasser-Geld, Aus Politik und Zeitgeschichte (APuZ) 25/2006, S. 3-7.
[9] Vgl. Christiane Fröhlich, Zur Rolle der Ressource Wasser in Konflikten, APuZ 25/2006, S. 32-37, und *Markus C. Schulte v. Drach*, Kriegsgrund Wasser?, Süddeutsche Zeitung vom 21. März 2007. Zu den bisherigen Konflikten *Peter H. Gleick*, Water Conflict Chronology, <http://www.worldwater.org/conflictchronology.pdf> (Stand der Übersicht: 12.Oktober 2006).
[10] *N.N.*, Eingreiftrupp soll Konflikte um Wasser lösen, Süddeutsche Zeitung vom 18./19. März 2006, S. 8.
[11] Zu den Gefahren von Wasserkriegen und dem Potential von Wasser für Kooperation vgl. UNDP, Human Development Report 2006, S. 203. Beispiel für einen auf UN-Ebene entwickelten Lösungsmechanismus ist die UN-Konvention über die nichtschifffahrtliche Nutzung internationaler Wasserläufe, vgl. hierzu *Leo-Felix Lee*, Die effiziente Nutzung grenzüberschreitender Wasserressourcen, Berlin 2003.
[12] Hierzu *Ulla Selchow*, Wasser: Frauen setzen sich für ein oft vergessenes Menschenrecht ein, in: *Deutsches Institut für Menschenrechte* (Hrsg.), Jahrbuch Menschenrechte 2005, Frankfurt/M. 2004, S. 272-279 m.w.Nachw.
[13] <thewaterpage.com>, zitiert nach *World Bank*, Integrating Gender into the World Bank's Work: A Strategy for Action, 2002, S. iii.
[14] Siehe auch *Miloon Kothari*, Obstacles to Making Water a Human Right, in: *Eibe Riedel / Peter Rothen* (Hrsg.), The Human Right to Water, Berlin 2006, S. 149-159 (154 f.).

Überfällen und Vergewaltigung.[15] Gleiches gilt für die „schmutzige Seite" des Wassers, die Abwasserentsorgung: In Slums sind Frauen insbesondere nachts der Gefahr von Gewalttaten ausgesetzt, wenn sie in Ermangelung von Toiletten ihre Notdurft in der Öffentlichkeit verrichten müssen.[16]

II.

Alle diese Probleme sind Gegenstand von Aktivitäten auf internationaler Ebene und damit auch von völkerrechtlichen Regelungen. Eine zentrale Rolle spielen sie in der Entwicklungspolitik. Von der Vielzahl der skizzierten Themen rund um die Wasserver- und -entsorgung greift der vorliegende Sammelband diejenigen Fragen heraus, die das Bestehen eines Menschenrechts Wasser und seine konkrete Umsetzung in der Praxis, v.a. der Entwicklungszusammenarbeit, betreffen. Die hier versammelten Beiträge zeigen, dass heute in philosophischer und völkerrechtsdogmatischer Hinsicht keine Zweifel mehr an der Existenz eines Menschenrechts Wasser bestehen. Auch in der internationalen Praxis ist dieses Recht anerkannter Bestandteil politischer Strategien.

Warum dann das Fragezeichen im Titel dieses Buches? Es deutet auf die offenen Fragen hin, die sich als Folge der Anerkennung eines Menschenrechts Wasser stellen: Während sich die Unterlassenpflichten, die sich aus diesem Recht ergeben, klar benennen lassen – etwa Verbot der Zugangsverhinderung, Verbot der Diskriminierung beim Zugang –, sind die positiven Pflichten, d.h. die Schutz- und Leistungspflichten, schwieriger zu bestimmen. Dies gilt insbesondere, da sich Menschenrechte nur gegen den Staat richten: Umfang und Inhalt staatlicher Schutzpflichten etwa bei Trinkwasserversorgung durch private Unternehmen müssen konkretisiert werden. Außerdem kann das Menschenrecht auf Wasser im Konflikt mit den Menschenrechten anderer Personen stehen; für den hier zu findenden Ausgleich sind objektive Kriterien erforderlich. Als Illustration mag die Errichtung eines Staudamms zur Trinkwasserspeicherung und Energiegewinnung dienen: Wie sind die Menschenrechte der zur Umsiedlung gezwungenen Menschen zu berücksichtigen? Schließlich ist zu klären, ob und wie sich ein menschenrechtlicher Ansatz im Bereich der Wasserpolitik mit den Konzepten der Entwicklungszusammenarbeit vereinbaren lässt. Antworten auf diese Fragen sollen hier aus theoretischer und praktischer Sicht vorgestellt werden.

In den drei ersten Beiträgen wird das Menschenrecht Wasser aus rechtswissenschaftlicher Sicht, der Perspektive der politischen Philosophie und aus dem Blickwinkel praktischer Menschenrechtsarbeit betrachtet. Der völkerrechtliche Beitrag (*Beate Rudolf*) argumentiert zugunsten eines umfassenden Menschenrechts Wasser, das Trinkwasserver- und Abwasserentsorgung umfasst. *Bernd Ladwig* weist nach, dass ein Menschenrecht auf Wasser ein moralisch begründeter Anspruch ist. Die von ihm widerlegten Einwände gegen die Anerkennung eines Menschenrechts auf

---

[15] Vgl. etwa Berichte aus Darfur, Report of the International Commission of Inquiry on Darfur v. Februar 2005, S/2005/60, § 334.

[16] *WHO*, The Right to Water, Genf 2003, S. 25.

Wasser korrespondieren mit den Argumenten, die in der völkerrechtlichen Diskussion vorgebracht werden. *Katharina Spieß* zeigt, wie amnesty international dazu beiträgt, das Menschenrecht auf Wasser durchzusetzen, und welche Probleme insbesondere in schwachen Staaten auftreten. Vor diesem Hintergrund fordert sie eine unmittelbare Bindung von Unternehmen an Menschenrechte.

Susanne Herbst und *Thomas Kistemann* stellen die vielfältigen Gesundheitsaspekte von Wasser dar. Hier wird die nahe Verwandtschaft des Menschenrechts auf Wasser mit dem Recht auf Gesundheit deutlich. Die Autoren plädieren für ein ganzheitliches Wassermanagement, das der engen Verbindung von gesundem Trinkwasser und hygienisch unbedenklicher Abwasserentsorgung gerecht wird. Hier erweist sich, dass ein Menschenrecht auf Wasser, welches nur auf den Zugang zu Trinkwasser bezogen ist, den Anforderungen der Wirklichkeit unzureichend gewachsen ist.

Die in der politischen Diskussion auf nationaler und internationaler Ebene stark umstrittene Frage nach der Privatisierung der Wasserversorgung wird in drei Beiträgen behandelt. *Sir Paul Lever* präsentiert die Sicht eines global agierenden Wasserversorgungsunternehmens, während *Annette von Schönfeld* die von zivilgesellschaftlichen Akteuren erhobenen Bedenken formuliert. *Marianne Beisheim* zeigt am Beispiel der Privatisierung der Wasserversorgung in Cochabamba, welche Rahmenbedingungen geschaffen und implementiert werden müssen, damit die Beteiligung des privaten Sektors an der Wasserversorgung dem Menschenrecht auf Wasser gerecht wird.

Da Wasser ein Schlüssel zur Entwicklung ist, nimmt es in der Entwicklungszusammenarbeit mittlerweile eine zentrale Stellung ein. *Uschi Eid* betrachtet das Menschenrecht Wasser als einen wichtigen Meilenstein der internationalen Wasserpolitik. Zugleich zeigt sie auf, dass die Aktionen der internationalen Gemeinschaft in diesem Politikfeld weit darüber hinausreichen (müssen), etwa in den Bereich der in der öffentlichen Diskussion oft vernachlässigten Abwasserentsorgung oder des gemeinsamen Managements von grenzüberschreitenden Wasserressourcen. *Hermann Kreutzmann* beleuchtet den Zusammenhang von Wasser und Entwicklung am Beispiel von Staudammgroßprojekten und ihren politischen, ökologischen, sozialen und wirtschaftlichen Auswirkungen. Zum Ausgleich der widerstreitenden Interessen bietet der partizipative „Rechte- und Risiken-Ansatzes" der World Commission on Dams (WCD) die Möglichkeit einer Legitimation der gefundenen Entscheidung. *Ines Dombrowsky* relativiert für das Einzugsgebiet des Jordan die Prognose drohender Wasserkriege und begründet, warum auch in Zukunft eher mit niedrigschwelligen bewaffneten Auseinandersetzungen zu rechnen ist. Zugleich macht ihr Beitrag deutlich, dass Konflikte um Wasser in umfassendere Konflikte eingebettet sind, und dass auch hier die (Über-)Lebensbedürfnisse von Menschen nicht den ihnen angemessenen Stellenwert in politischen Verhandlungen erhalten haben.

Der Band schließt mit Überlegungen zu den Auswirkungen eines Menschenrechts auf Wasser. *Valentin Aichele* rekapituliert den Prozess seiner Anerkennung auf internationaler Ebene. Für die Entwicklungszusammenarbeit schlussfolgert er, dass es

einer Herangehensweise bedarf, die den Menschen als Rechtssubjekt in den Mittelpunkt stellt. *Stefan Keßler* hebt die elementare Bedeutung von Wasser für ein Leben in Würde hervor und stellt es in den Zusammenhang mit der Verletzung anderer Menschenrechte. Auf dieser Grundlage betont er die staatliche Verantwortung für einen effektiven und diskriminierungsfreien Zugang zur Wasserversorgung. *Virginia Roaf* plädiert zum Schluss für eine realistische Einschätzung eines Menschenrechts auf Wasser. Damit die betroffenen Bevölkerungsgruppen ihr Recht wirkungsvoll selbst vertreten können, bedarf es flankierender Maßnahmen – Informationen über das Recht ebenso wie Verbreitung von Know-how für seine praktische Umsetzung. Sie weist darauf hin, dass das Menschenrecht auf Wasser nur einen Rahmen schafft, innerhalb dessen auf innerstaatlicher Ebene widerstreitende Bedürfnisse – etwa von Verbrauchern und der Landwirtschaft – in Einklang gebracht werden müssen. Ergänzend ist hinzuzufügen: Das Menschenrecht Wasser bietet zugleich einen wesentlichen Maßstab zur Bestimmung der Legitimität geltend gemachter Interessen.

III.

Mein besonderer Dank gilt den Mitgliedern der amnesty international-Hochschulgruppe der Freien Universität Berlin, *Inken Bartels, Marlene Bartl, Else Engel, Frauke Gebert, Michael Harsch, Sabine Hecht, Katharina Kurz, Anja Liese, Annabelle Merklin, Doreen Mildner, Sonja Riemer, Anna Lena Ringwald, Anne Schmid* und *Andreas Storz.* Sie haben das Projekt entwickelt, und ohne ihr Engagement hätte die Ringvorlesung nicht stattgefunden. Dank gebührt auch der Freien Universität Berlin für die ideelle und finanzielle Unterstützung der Vorlesungsreihe durch Aufnahme in die Reihe der Universitätsvorlesungen. Den Mitautorinnen und Mitautoren schulde ich Dank für ihre Mitwirkung an der Ringvorlesung und die Bereitschaft, ihre Vorträge in eine druckreife Fassung zu bringen. Sehr herzlich danke ich schließlich meinen Mitarbeitern: *Dr. Kolja Altermann* für die Unterstützung bei der editorischen Betreuung des Werkes und ganz besonders *Markus Gick,* in dessen Händen die Drucklegung des Manuskripts lag. Er hat diese Aufgabe mit großer Einsatzbereitschaft, Sorgfalt und technischem Geschick erfüllt. Dem Verlag Peter Lang bin ich dankbar für sein Entgegenkommen bei Aufnahme des Buches in das Verlagsprogramm.

Berlin, am Weltwassertag 2007   *Beate Rudolf*

I. Menschenrecht Wasser – Grundlagen

Menschenrecht Wasser –
Herleitung, Inhalt, Bedeutung und Probleme

Beate Rudolf[1]

I. Einführung

Wasser ist für den Menschen ein (über-)lebenswichtiges Element. Aus dieser Notwendigkeit folgt aber noch nicht automatisch ein Menschenrecht auf Wasser.[2] Zwar sind Menschenrechte solche Rechte, die jedem Menschen kraft seines Menschseins zustehen; sie sind also vorstaatlich. Aber es bedarf ihrer Anerkennung in einer Rechtsordnung, damit sie eine rechtliche Bindungswirkung entfalten können. Die völkerrechtliche Bindung eines Staates an Menschenrechte setzt voraus, dass dieser der Bindung durch Ratifikation eines Menschenrechtsvertrages zugestimmt hat oder es sich um ein gewohnheitsrechtliches Menschenrecht handelt. Im letztgenannten Fall bedarf es nicht der ausdrücklichen Anerkennung durch den Staat, gegen den das Menschenrecht geltend gemacht wird, sondern lediglich einer allgemeinen Übung, d.h. der Praxis einer großen Zahl von Staaten, die von einer entsprechenden Rechtsüberzeugung getragen wird.

Ist ein Staat völkerrechtlich an ein bestimmtes Menschenrecht gebunden, so fällt staatliches Handeln in diesem Bereich nicht mehr in den ausschließlichen Zuständigkeitsbereich des Staates (domaine reservé); andere Staaten können sich mit der innerstaatlichen Lage in Bezug auf die Achtung und Verwirklichung des Rechts befassen, ohne sich in völkerrechtswidriger Weise in die inneren Angelegenheiten dieses Staates einzumischen. Hinzu kommt, dass auch die völkerrechtlichen Rechtsdurchsetzungsmechanismen anwendbar werden: Internationale Gremien, allen voran die Menschenrechtsgremien der UNO, können sich in öffentlicher Debatte mit dem Verhalten des Staates befassen und ggf. sogar Sanktionen verhängen. Zudem ist die Berufung auf Menschenrechte im politischen Diskurs wirkmächtig, weil das Völkerrecht einen universellen Geltungsanspruch erhebt und auf diese Weise eine Quelle überstaatlicher Legitimation ist.

---

[1] *Prof. Dr. Beate Rudolf, Juniorprofessorin für Öffentliches Recht, Völkerrecht und Gleichstellungsrecht am Fachbereich Rechtswissenschaft der Freien Universität Berlin und Leiterin des Teilprojekts „Völkerrechtliche Standards für Governance in schwachen und zerfallenden Staaten" des Sonderforschungsbereichs „Governance in Räumen begrenzter Staatlichkeit" an der Freien Universität Berlin.*
Meinem Mitarbeiter Markus Gick danke ich für die Unterstützung bei der Internetrecherche.
[2] Im einzelnen hierzu: *Bernd Ladwig*, Kann das Recht auf Wasser ein Menschenrecht sein? (in diesem Band), insbes. S. 45. Siehe auch *Heiner Bielefeldt*, Access to Water, Justice, and Human Rights, in: *Eibe Riedel / Peter Rothen* (Hrsg.), The Human Right to Water, Berlin 2006, S. 49-52.

Diese Legitimationswirkung bildet auch den Hintergrund der Debatte um das Bestehen eines Menschenrechts Wasser. Inhalt und Reichweite eines solchen Menschenrechts setzen Maßstäbe für innerstaatliches und möglicherweise auch für zwischenstaatliches Handeln. Das Völkerrecht kann also im Falle der Anerkennung eines Menschenrechts Wasser dazu eingesetzt werden, Forderungen an die nationale und internationale Politik zu rechtfertigen und die Gegenposition zu delegitimieren. In besonderer Weise ist dies bislang bei der Frage nach der Zulässigkeit der Privatisierung von Wasserversorgung zum Tragen gekommen.

Deshalb soll im Folgenden gefragt werden, ob ein Menschenrecht Wasser besteht und welchen Gehalt es hat. Der Gehalt betrifft die sachliche Reichweite eines solchen Rechts und den Inhalt der diesbezüglichen staatlichen Pflichten. Die sachliche Reichweite fragt nach den erfassten Lebensbereichen eines Menschenrechts Wasser. Denkbar sind beispielsweise: ein Recht auf Trinkwasser, ein Recht auf hygienische Abwasserentsorgung, ein Recht auf Wasser zur Bewässerung in der Landwirtschaft, ein Recht auf Wasser für andere wirtschaftliche Tätigkeiten, ein Recht auf Erhaltung vorhandener Wasservorräte, also ein Recht auf Umweltschutz im Bereich Wasser, oder ein Recht auf Wasser für religiöse Zwecke. Wenn auch 70 % der weltweiten Trinkwasserressourcen für die Landwirtschaft genutzt werden,[3] stehen das Recht auf Trinkwasser und das Recht auf hygienische Abwasserentsorgung im Zentrum der internationalen Debatte. Angesichts dieser Tatsache sollen diese beiden Rechte nachfolgend besonders in den Blick genommen werden. Dabei bezeichnet *„Menschenrecht auf Wasser"* ein Recht auf *Trinkwasser, „Menschenrecht Wasser"* ein Recht, welches *Trinkwasserver- und Abwasserentsorgung* umfasst.

II. Entwicklung der Debatte um ein Menschenrecht Wasser

1. Universelle Ebene

Ein Menschenrecht Wasser findet sich weder in der Allgemeinen Erklärung der Menschenrechte noch in universellen oder regionalen Menschenrechtsverträgen. Allgemein wird die Mar del Plata Deklaration von 1977 als Ausgangspunkt der Debatte um ein Menschenrecht Wasser angesehen.[4] In dieser Abschlusserklärung zu der von der UNO einberufenen Wasserkonferenz bekennen sich die Staaten allerdings nur zu einem Recht der Völker: "All *peoples* (. . .) have the right to access to drinking water in quantities and a quality equal to their basic needs."[5]

In rechtswissenschaftlicher Literatur findet sich erstmals 1992 die Argumentation zugunsten eines völkerrechtlichen Individualrechts auf Wasser. Ihr besonderes

---

[3] *WHO*, The Right to Water, Genf 2003, S. 18.
[4] *Salman M.A. Salman / Siobhán McInerney-Lankford*, The Human Right to Water. Legal and Policy Dimensions, New York (World Bank Law, Justice and Development Series) 2004, S. 8.
[5] Wiedergegeben im Mar del Plata Action Plan, Report of the United Nations Water Conference, Mar del Plata, 14–25 March 1977, E/CONF.70/29, Resolution II, a) (Hervorhebung hinzugefügt). Aktionsplan angenommen durch Generalversammlungs-Res. 32/158 v. 19.12.1977, § 1.

Gewicht beruht darauf, dass sie von einem hochrangigen Experten, dem damaligen Berichterstatter der UN-Völkerrechtskommission zur nichtschifffahrtlichen Nutzung internationaler Wasserläufe, stammt.[6] Die Kommission selbst hat im Rahmen ihrer Arbeiten daran den Trinkwasserbedarf nur als abwägungserheblichen Faktor im Streit zwischen konfligierenden Wassernutzungen zweier Staaten bezeichnet,[7] jedoch - ihrem Mandat entsprechend - eine Festlegung zum Bestehen eines Menschenrechts auf Wasser vermieden.

1992 wurde das Menschenrecht Wasser auch erstmalig von den Staaten anerkannt: Im Dublin Statement, der Abschlusserklärung zu einer weiteren UN-Wasserkonferenz, proklamierten sie das "basic human right of all human beings to have access to clean water and sanitation at an affordable price."[8] Hierbei handelt es sich allerdings lediglich um eine völkerrechtlich unverbindliche Erklärung. Zudem ist das Menschenrecht Wasser durch den Zusatz begrenzt, dass der Zugang zu Wasser und Sanitärversorgung zu einem „bezahlbaren Preis", also nicht kostenfrei, gewährt werden müsse. Dies steht im Zusammenhang mit dem Verständnis von Wasser als wirtschaftlichem Gut, welches das Dublin Statement durchzieht und gerade von NGOs stark kritisiert wurde.[9]

Doch schon 1994 bestätigten die Staaten auf der UN-Konferenz über Bevölkerung und Entwicklung in Kairo das Menschenrecht Wasser ohne diesen restriktiven Zusatz: "They [= individuals] have the right to an adequate standard of living for themselves and their families, including adequate food, clothing, housing, water and sanitation."[10] Bekräftigt wurde dieses Menschenrecht Wasser im Jahr 1999 von der UN-Generalversammlung in ihrer Resolution über das Recht auf Entwicklung.[11] Die Aussagekraft dieser Resolution ist indes insofern schwächer, als sie mit den Stimmen der Entwicklungsländer bei weitgehender Enthaltung und einigen Gegenstimmen der Industriestaaten angenommen wurde.[12] Allerdings dürfte dies im we-

---

[6] *Stephen C. McCaffrey*, A Human Right to Water: Domestic and International Implications, Georgetown International Environmental Law Review (Geo. Int'l Envtl. L. Rev.) 5 (1992), S. 1-24.

[7] Vgl. Art. 6 Abs. 1 (c) UN Convention on the Law of Non-navigational Uses of International Watercourses, v. 21.5.1997, A/51/1869.

[8] Dublin Statement of the International Conference on Water and the Environment, 31.1.1992, A/CONF.151/PC/112 (1992), Prinzip 4, Satz 2. Satz 1 definiert Wasser als wirtschaftliches Gut. <http://www.wmo.int/web/homs/documents/english/icwedece.html>.

[9] Hierzu *Leo-Felix Lee*, Die effiziente Nutzung grenzüberschreitender Wasserressourcen, Berlin 2003, S. 144.

[10] International Conference on Population and Development, Kairo, Bericht v. 18.10.1994, Prinzip 2, A/CONF/171/13. Die Einfügung von "Individuals" ergibt sich aus dem vorhergehenden Satz.

[11] A/RES/54/175 v. 17.12.1999, § 12 a): "The rights to food and clean water are fundamental human rights and their promotion constitutes a moral imperative both for national Governments and for the international community".

[12] 119 Ja-Stimmen, 10 Gegenstimmen (Kanada, Dänemark, Deutschland, Island, Japan, Liechtenstein, Niederlande, Schweden, Ungarn, USA), 38 Enthaltungen (überwiegend weitere Staaten der Ost- und der Westeuropäischen Gruppen), vgl. GA OR 54th Session, 83rd Plenary Meeting,

sentlichen auf die grundsätzliche Ablehnung eines Rechts auf Entwicklung durch diese Staatengruppe zurückzuführen sein[13] und nicht auf den Widerstand gegen das – in Kairo auch von ihr unterstützte – Menschenrecht Wasser. Dennoch bleibt eine gewisse Unklarheit.

Diese Unklarheit wurde durch die Abschlusserklärung des Weltgipfels für nachhaltige Entwicklung (Johannesburg 2002) aufrechterhalten, da ihr ein Bekenntnis zum Recht auf Wasser fehlt.[14] Lediglich – aber immerhin – führt der begleitende Bericht aus, die „meisten Staaten" stimmten dahingehend überein, dass das Recht auf Wasser ein Menschenrecht sei.[15] Dies deckt sich auch mit dem Verhalten der Staaten während der Diskussionen mit dem Wirtschafts- und Sozialausschuss zum General Comment Nr. 15.[16] Demgegenüber bestätigen die ministeriellen Abschlusserklärungen des Dritten Weltwasserforums in Kyoto (2003)[17] und des Vierten Weltwasserforums in Mexico-City (2006)[18] das Recht auf Wasser nicht erneut.

Insgesamt bietet die Erklärungspraxis der Staatengemeinschaft also ein uneinheitliches Bild. Das Fehlen eines Menschenrechts Wasser in den letztgenannten Erklärungen als ein schlechtes Zeichen für Anerkennung dieses Rechts anzusehen,[19] ist allerdings eine zu pessimistische Sicht: Da die Abschlusserklärungen im Konsens angenommen werden, genügt der Widerstand eines oder einiger weniger Staaten, um die Streichung zu erzwingen. Insbesondere die USA und andere Staaten, die den Wirtschafts- und Sozialpakt nicht ratifiziert haben, wehren sich gegen die Anerkennung wirtschaftlicher und sozialer Rechte in internationalen Dokumenten.[20] Insofern ist es vielmehr positiv, dass jedenfalls in den Erklärungen von Dublin und Kairo das Menschenrecht Wasser Konsens gefunden hat.

A/54/PV/83, S. 24. Der Resolution vorausgegangen war die umstrittene Deklaration über das Recht auf Entwicklung, A/RES/41/133 v. 4.12.1986, die kein Menschenrecht Wasser enthält.

[13] Hierzu allgemein *Franz Nuscheler*, „Recht auf Entwicklung": Ein „universelles Menschenrecht" ohne universelle Geltung, in: *Sabine von Schorlemer* (Hrsg.), Praxishandbuch UNO, Berlin etc. 2003, S. 305-317.

[14] Johannesburg Declaration on Sustainable Development v. 4.9.2002, § 18, A/CONF.199/20 (im Zusammenhang mit der Unteilbarkeit der Menschenrechte Bekräftigung der Entschlossenheit der Staaten, "access to basic requirements such as clean water" zu erhöhen).

[15] Report of the World Summit on Sustainable Development, Kap. III, § 38, A/CONF.199/20, mit Verweis auf die im Rahmen der "Partnership Events" (26.-28.8.2002) entstandenen WEHAB-Papers (Water, Energy, Health, Agriculture, Biodiversity). Diese sind zusammengefasst in A/CONF/199/16/Add2.

[16] *Oliver Lohse*, Das Recht auf Wasser als Verpflichtung für Staaten und nichtstaatliche Akteure, Hamburg 2005, S. 68.

[17] 3rd World Water Forum, Ministerial Declaration v. 23.3.2003, abgedruckt in: Environmental Law & Policy 33 (2003), S. 172-182.

[18] 4th World Water Forum, Ministerial Declaration, v. 22.3.2006, <http://www.worldwaterforum.org/uploads/TBL_DOCS_17_29.pdf>.

[19] So *Stephen C. McCaffrey*, The Human Right to Water, in: *Edith Brown Weiss / Laurence Boisson de Chazournes / Nathalie Bernasconi-Osterwalder* (Hrsg.), Fresh Water and International Economic Law, Oxford 2005, S. 93-115 (100).

[20] Vgl. *Henri Smets*, Economics of Water Services and the Right to Water, in: *Brown Weiss u.a.*, (Fn. 19), S. 173-189 (176) zur Debatte während des Dritten Weltwasserforums.

Diese positive Entwicklung setzte sich im Jahr 2006 fort: Der neu geschaffene UN-Menschenrechtsrat hat beim Büro der Menschenrechtshochkommissarin eine Studie zu Umfang und Inhalt der Menschenrechtsverpflichtungen, welche sich auf den gerechten Zugang zu Trinkwasser und Abwasserentsorgung beziehen, in Auftrag gegeben.[21] Zwar vermeidet er es dabei, das Menschenrecht auf Wasser als solches anzuerkennen; General Comment Nr. 15 wird nur „zur Kenntnis genommen". Aber zumindest ergibt sich aus der Aufgabenstellung, dass der Menschenrechtsrat jedenfalls das Bestehen eines Rechts auf gerechten Zugang zu Trinkwasser und Sanitärversorgung nicht (mehr) in Frage stellt.

2. Regionale Ebene

Eine ähnliche allmähliche Entwicklung lässt sich auch in den verschiedenen Weltregionen erkennen. So statuiert etwa das Zusatzprotokoll von San Salvador zur Amerikanischen Menschenrechtskonvention von 1988 das Recht auf Zugang zu fundamentalen öffentlichen Dienstleistungen ("basic public services").[22] Angesichts der überlebenswichtigen Bedeutung von Trinkwasser und hygienischer Sanitäranlagen ist davon auszugehen, dass dieses Recht den Zugang zu Trinkwasser- und sanitärer Grundversorgung einschließt. Allerdings lässt der Wortlaut der Norm offen, ob sich das Zugangsrecht nur auf vorhandene öffentliche Dienstleistungen erstreckt oder ob die Staaten darüber hinaus verpflichtet sind, solche zu schaffen. 1997 stellte die Interamerikanische Menschenrechtskommission fest, dass Ecuador die Rechte auf Leben und körperliche Unversehrtheit von Angehörigen eines indigenen Volkes verletzt hat, indem es die Ausbeutung von Ölvorkommen duldete, die zu einer Kontaminierung von Trinkwasser führten.[23] Eine ausdrückliche Anerkennung des Menschenrechts Wasser durch die Staaten Amerikas fehlt allerdings bis heute.

In Afrika ist noch früher eine indirekte Anerkennung des Menschenrechts auf Wasser zu beobachten: Bereits 1995 sah die Afrikanische Menschenrechtskommission eine Verletzung des Rechts auf Gesundheit nach der Banjul-Charta[24] darin, dass Zaire infolge von Missmanagement des Staatshaushalts die Grundversorgung nicht

---

[21] Decision 2/104 (Human Rights and Access to Water), v. 27.11.2006.

[22] Vom 17.11.1988 (in Kraft seit 16.11.1999), OAS Treaty Series N°. 69 (unterzeichnet von 19 Staaten, ratifiziert von 13), <http://www.cidh/oas.org/Basicos/basic5.htm>.

[23] *Inter-American Commission on Human Rights*, Report on the Situation of Human Rights in Ecuador, OEA/Ser.L/V/II.96, Dok. 10 Rev. 1 (1997), S. 88; s.a. *Dies.*, Report on the Situation of Human Rights in Ecuador, Kap. 9, Fn. 26, <http://www.cidh.org/countryrep/ecuador-eng/index%20-%20ecuador.htm>, sowie *Thomas S. O'Connor*, "We are Part of Nature": Indigenous Peoples' Rights as a Basis for Environmental Protection in the Amazon Basin, Colorado Journal of International Environmental Law & Policy 5 (1994), S. 193-211 (204-210).

[24] African Charter of Human and Peoples' Rights, v. 27.6.1982, OAU-Dok. CAB/LEG/67/3 rev. 5, International Legal Materials 21(1982), S. 58; dt. Übersetzung in: Jahrbuch für afrikanisches Recht 2 (1981), S. 243.

bereitstellte.[25] Beispielhaft zählt die Kommission Trinkwasserversorgung und E-lektrizität auf; Sanitärversorgung fehlt.

In Europa begann die Entwicklung eines Menschenrechts auf Wasser wesentlich später. Zwar hatte der Europäische Gerichtshof für Menschenrechte (EGMR) 1993 einen Fall zu entscheiden, der das Recht auf Zugang zu einem Brunnen betraf. Doch stand dort lediglich die Verletzung der Garantie einer gerichtlichen Entscheidung in zivilrechtlichen Streitigkeiten in Frage und der EGMR stellte nur fest, dass das Zugangsrecht Teil des Eigentumsrechts sei.[26] Erst 2001 erkannte das Ministerkomitee des Europarats das Recht auf Zugang zu Trinkwasser an; die Parlamentarische Versammlung folgte drei Jahre später.[27] Im Rahmen der Europäischen Union ist es bislang nur das Europäische Parlament, welches sich ausdrücklich zu einem „Grundrecht des Menschen" auf Zugang zu Trinkwasser bekannt hat.[28] Auch wenn diese Erklärung im Zusammenhang mit der Entwicklungspolitik der EU abgegeben wurde, spiegelt die verwendete Formulierung einen universellen Geltungsanspruch der Rechtsbehauptung wider und ist nicht auf Entwicklungsländer begrenzt.

Als regionenübergreifendes Dokument ist schließlich die Erklärung der Parlamentarischen Versammlung der Frankophonie von 2003 zu nennen, in der Parlamentarier der französischsprachigen Staaten ausdrücklich den Zugang zu Wasser als Menschenrecht bezeichnen.[29] Keine regionalen Erklärungen zu einem Menschenrecht Wasser finden sich in Asien und der arabischen Welt.

Zweierlei ist für die regionale Ebene im Vergleich zur universellen Ebene festzuhalten: Zum einen sind alle hier genannten regionalen Erklärungen und Kommissionsentscheidungen, die sich explizit auf ein Recht auf Wasser beziehen, ebenfalls unverbindlich. Zum anderen bleibt die regionale Ebene hinter der universellen zurück, da lediglich das Menschenrecht auf Wasser anerkannt wird, und dies auch nur in Afrika, Amerika und Europa. Erklärungen oder Gerichtsentscheidungen zu einem Recht auf Sanitärversorgung existieren bislang nicht. Hervorzuheben ist hin-

---

[25] *African Commission on Human Rights*, Union Interafricaine des Droits de l'Homme v. Zaire (Beschwerde-Nr. 100/93), Entscheidung auf der 18. ordentlichen Sitzung Oktober 1995, § 47, in: Annex on Communications to the 9th Annual Activity Report of the African Commission on Human and Peoples' Rights, 1995-1996 (ACHPR/RPT/9th), AHG/207 (XXXII), <http://www.hrni.org/files/caselaw/HRNi_EN_479.html>.

[26] EGMR, Zander ./. Schweden, Série A Nr. 279-B, § 27.

[27] Empfehlung des Ministerkomitees des Europarats an die Mitgliedstaaten über die Europäische Charta der Wasserressouren v. 17.10.2001, Rec. (2001) 14, § 5 ("Everyone has the right to a sufficient quantity of water for his or her needs"), bestätigt durch Empfehlung 1668 (2004) der Parlamentarischen Versammlung v. 25.6.2004, § 2.

[28] EP Resolution v. 4.9.2003 zur Mitteilung der Kommission über Wassermanagement in Entwicklungsländern und Prioritäten der EU-Entwicklungszusammenarbeit (KOM (2002) 132), Erwägungsgrund D und §§ 1-2, ABl EG C 76 E/430 v. 25.3.2004.

[29] «Résolution sur l'eau et le développement durable» der 29. Sitzung der Parlamentarischen Versammlung der Frankophonie v. 6-9.7.2003 in Niamey (Nigeria): «CONSIDERANT que l'accès à une eau de qualité adéquate est un droit humain, individuel et collectif, imprescriptible et inaliénable (. . .)», Document N° 74, <http://apf.francophonie.org/IMG/pdf/2003_niamey_coop_durable.pdf>.

gegen, dass es insbesondere die Volksvertretungen in den jeweiligen Organisationen sind, welche das Menschenrecht auf Wasser anerkannt haben. Hierin zeigt sich eine zunehmende Parlamentarisierung der internationalen Politik, die es erwarten lässt, dass die Parlamentarier künftig ihre Regierungen dazu anhalten werden, sich in den zwischenstaatlichen Beziehungen für eine Anerkennung und Verwirklichung jedenfalls des Menschenrechts auf Wasser einzusetzen.

III. Rechtliche Herleitung und Inhalt eines Menschenrechts Wasser

Bei dem Versuch, ein Menschenrecht Wasser herzuleiten, ist zwischen den verschiedenen völkerrechtlichen Rechtsquellen zu unterscheiden, weil hiervon die Bestimmung der verpflichteten Staaten und der Umfang des Rechts abhängen. Verträge gelten nur für die Vertragsparteien, universelles Gewohnheitsrecht für alle Staaten unabhängig von ihrer konkreten Zustimmung zu der Norm. Auch inhaltlich können völkerrechtliche Verträge und Gewohnheitsrecht voneinander differieren. Deshalb werden im Folgenden zunächst weltweite Menschenrechtsverträge betrachtet und anschließend die Frage nach einem völkergewohnheitsrechtlichen Menschenrecht Wasser gestellt.

1. Ausdrückliche vertragliche Anerkennung des Menschenrechts Wasser

Zwei universelle Menschenrechtsverträge erwähnen den Zugang zu Wasser ausdrücklich: Art. 14 Abs. 2 (h) der UN-Konvention zur Beseitigung der Frauendiskriminierung (CEDAW)[30] und Art. 24 Abs. 2 (c) der Kinderrechtskonvention (CRC).[31] Der Einwand, diese beiden Normen seien nicht in Form von Individualberechtigung formuliert,[32] ist unzutreffend; nach Art. 14 Abs. 2(h) CEDAW gewährleisten die Staaten nämlich „insbesondere das *Recht* auf (. . .) angemessene Lebensbedingungen, insbesondere im Hinblick auf (. . .) Wasserversorgung".[33] Dies ist allerdings nur bezogen auf Frauen in ländlichen Gebieten. Art. 24 Abs. 2 (c) CRC ist zwar etwas weniger eindeutig, da er zunächst das Recht des Kindes auf das erreichbare Höchstmaß an Gesundheit statuiert (Abs. 1) und anschließend nur formuliert:

> „Die Vertragsstaaten bemühen sich, die volle Verwirklichung dieses Rechts sicherzustellen, und treffen insbesondere geeignete Maßnahmen, um (. . .)

---

[30] Internationales Übereinkommen zur Beseitigung jeder Form der Diskriminierung der Frau, v. 18.12.1979, BGBl. 1985 II, S. 648, in Kraft seit 3.9.1981.

[31] Übereinkommen über die Rechte des Kindes, v. 20.11.1989, BGBl. 1992 II, S. 122, in Kraft seit 2.9.1990.

[32] So *McCaffrey*, in: *Brown Weiss u.a.*, (Fn. 19), S. 98 und 107.

[33] Im authentischen englischen Original "the *right* to (. . .) enjoy adequate living conditions, particularly in relation to (. . .) sanitation (. . .) and water."

Krankheiten (...) zu bekämpfen, unter anderem (...) durch die Bereitstellung sauberen Trinkwassers."

Aber da diese beispielhaft aufgezählten Maßnahmen der Verwirklichung des Individualrechts dienen, sind sie als Konkretisierung des im ersten Absatz niedergelegten Rechts zu verstehen und somit von dessen Charakter als subjektives Recht erfasst. Zudem lässt die bei beiden Verträgen bestehende Möglichkeit, im Falle einer behaupteten Rechtsverletzung Individualbeschwerde einzulegen, erkennen, dass diese Verträge subjektive Rechte - und damit auch auf Zugang zu Wasser – enthalten. Beide Verträge begründen also für die Angehörigen bestimmter, oft benachteiligter Gruppen, ein Recht auf Zugang zu Trinkwasser. Auch hier fehlt freilich ein ausdrücklich anerkanntes Recht auf sanitäre Grundversorgung.

2. Internationaler Pakt über wirtschaftliche, soziale und kulturelle Rechte (IPWSKR)

Eine weitere Möglichkeit, ein Menschenrecht Wasser in völkerrechtlichen Verträgen zu verorten, bietet der Wirtschafts- und Sozialpakt (IPWSKR).[34] Bei Schaffung des IPWSKR konnte das Recht *auf* Wasser nicht genügend Unterstützung unter den Staaten finden, weil die Trinkwasserverschmutzung noch nicht als drängendes Problem erkannt war.[35] Das zwingt aber nicht zu dem Schluss, dass der Wirtschafts- und Sozialpakt kein Menschenrecht Wasser enthält,[36] da die Entstehungsgeschichte eines völkerrechtlichen Vertrages nur Hilfsmittel bei der Auslegung ist (Art. 32 Wiener Vertragsrechtskonvention). Entscheidend ist vielmehr, ob der Pakt nach Wortlaut, Systematik sowie Sinn und Zweck ein Menschenrecht Wasser umfasst.[37] Hierzu hat der vom UN-Wirtschafts- und Sozialrat der UNO (ECOSOC) als Vertragskontrollorgan eingesetzte[38] Ausschuss über wirtschaftliche, soziale und kulturelle Rechte im Jahr 2002 seinen General Comment Nr. 15[39] formuliert und damit die weitere Debatte über das Menschenrecht Wasser maßgeblich beeinflusst.

---

[34] Vom 19.12.1966, BGBl. 1973 II, S. 1570, in Kraft seit 3.1.1976.

[35] *Matthew Craven*, The International Covenant on Economic, Social and Cultural Rights, Oxford 1995, S. 25; *Lohse*, (Fn. 16), S. 78.

[36] So aber *Stephen Tully*, A Human Right to Access Water? A Critique of General Comment No. 15, Netherlands Quarterly of Human Rights (Neth. Q. Hum. Rts.) 23 (2005), S. 35-63 (37 f.).

[37] Im Ergebnis wie hier: *Eibel Riedel*, The Human Right to Water, in: *Klaus Dicke / Stephan Hobe / Karl-Ulrich Meyn / Anne Peters / Eibe Riedel / Hans-Joachim Schütz / Christian Tietje* (Hrsg.), Weltinnenrecht, Liber Amicorum Jost Delbrück, Berlin 2005, S. 585-606 (595).

[38] Res. 1985/17 v. 28.5.1985; der ECOSOC hat darin zugleich die ihm selbst nach Art. 16 Abs. 2 (a) IPWSKR obliegende Aufgabe der Berichtsprüfung an den Ausschuss übertragen.

[39] General Comment Nr. 15: "The Right to Water" (Articles 11 and 12), E/C.12/2002/11, wiedergegeben in: Compilation of General Comments and General Recommendations Adopted by Human Rights Treaty Bodies, HRI/GEN/1/Rev.7 (2004), S. 106, dt. Übersetzung in: Deutsches Institut für Menschenrechte (Hrsg.), Die „General Comments" zu den VN-Menschenrechtsverträgen, Baden-Baden 2005, S. 314.

a) Rechtswirkung des General Comment

In "General Comments" formulieren die Ausschüsse, die zur Überwachung der im Rahmen der UNO ausgearbeiteten Menschenrechtsverträge eingesetzt sind, ihre Auslegung des jeweiligen Vertrages. Sie entfalten für die Staaten keine rechtliche Bindungswirkung, genießen aber hohe Autorität.[40] Diese beruht auf zwei Faktoren: erstens der Expertise der Ausschussmitglieder - sie sind als Sachverständige in persönlicher Eigenschaft gewählt, repräsentieren alle Weltregionen angemessen und bringen in den General Comment ihre Erfahrungen aus den - auch juristischen - Diskussionen mit den Staatenvertretern im Rahmen der Prüfung von Staatenberichten ein. Zweiter Faktor der Autorität ist die Überzeugungskraft der Argumentation in einem General Comment; sie hängt von sorgfältiger juristischer Gedankenführung ab. Die Autorität kann noch gesteigert werden, wenn ein Ausschuss – wie im Falle des Kommentars zum Recht auf Wasser geschehen – seinen General Comment unter Beteiligung der Staaten und von Vertretern der Zivilgesellschaft diskutiert und ihn damit gewissermaßen schon im Vorfeld einer internationalen Akzeptanzkontrolle unterwirft.

Fehlende völkerrechtliche Bindungswirkung bedeutet nicht, dass der General Comment lediglich eine Stellungnahme de lege ferenda ist, solange das Recht auf Wasser nicht in der Staatenpraxis akzeptiert ist.[41] Soweit sich nämlich das Recht auf Wasser als Konkretisierung von rechtlich verbindlichen Menschenrechten erweist, sind die Staaten eben auch an diesen Rechtsinhalt gebunden. Wenn sie diesen Inhalt ablehnen, müssen sie rechtlich begründen, warum er nicht in den bindenden Rechten enthalten ist; ohne eine solche Begründung verletzen sie durch Nichtachtung eines Rechts auf Wasser eine Pflicht aus dem Wirtschafts- und Sozialpakt. Mit anderen Worten: Die Praxis der Vertragsstaaten ist keine Bedingung für das Bestehen eines Rechts auf Wasser, wenn es sich aus geltenden Menschenrechten ableiten lässt. Vielmehr hat die hohe Autorität des General Comment zur Folge, dass Gegner der im General Comment vertretenen Rechtsauffassung einer gesteigerten Begründungspflicht unterliegen.[42]

b) Herleitungen eines Menschenrechts Wasser aus dem IPWSKR

General Comment Nr. 15 bezieht sich schon seinem Titel nach nur auf das Menschenrecht *auf* Wasser. Dieses leitet der Ausschuss aus einer Gesamtschau von Normen des Wirtschafts- und Sozialpaktes her. Betrachtet man diese genauer, so erweist sich, dass sie auch das weiterreichende Menschenrecht Wasser umfassen.

---

[40] Vgl. auch *Craven*, (Fn. 35), S. 91 f.

[41] So aber *McCaffrey*, in: *Brown Weiss u.a.*, (Fn. 19), S. 94 und 103.

[42] Das hier vertretene Verständnis lässt sich als Konkretisierung der Pflicht verstehen, General Comments nach Treu und Glauben zu beachten. Zu dieser Pflicht *Eckhart Klein*, Die General Comments: Zu einem eher unbekannten Instrument des Menschenrechtsschutzes, in: *Jörn Ipsen / Edzard Schmidt-Jortzig* (Hrsg.), Recht - Staat – Gemeinwohl, Festschrift für Dietrich Rauschning, Köln 2001, S. 301 -311 (307 f.).

aa) Normative Grundlagen

Das **Recht auf einen angemessenen Lebensstandard** (Art. 11 Abs.1 IPWSKR) bildet den zentralen normativen Anknüpfungspunkt für ein Menschenrecht Wasser. Der Ausschuss hat schon im Jahr 1991 ausgeführt, dass er das Recht auf Zugang zu Trinkwasser und sanitärer Grundversorgung als Bestandteil dieses Rechts versteht.[43] In seinem General Comment zum Recht auf Wasser wiederholt er diese Auffassung.[44] Dieselbe Rechtsansicht vertritt der UN-Sonderberichterstatter zum Recht auf Wohnen, welches seinerseits ein Element des Rechts auf angemessenen Lebensstandard ist.[45] Irrelevant ist, dass das Menschenrecht Wasser nicht ausdrücklich in Art. 11 Abs. 1 IPBPR genannt wird, da diese Garantie nur eine beispielhafte Aufzählung der erfassten Teilrechte (ausreichende Ernährung, Bekleidung und Unterbringung) enthält; dies ergibt sich aus dem die Auflistung einleitenden Wort „einschließlich". Hiergegen spricht auch nicht, dass diese Auslegung zu einer unbegrenzten Erweiterung der menschenrechtlichen Garantie führt, etwa auch den Zugang zu Elektrizität, Post, oder gar Internet erfassen könnte.[46] Zum einen ist diese Erweiterung in Art. 11 IPWSKR selbst angelegt, da die Bestimmung des „angemessenen" Lebensstandards einer Wertung bedarf, die sich mit fortschreitender Entwicklung der Menschheit verändern kann. Zum anderen lässt sich angesichts der Bedeutung von Trinkwasser und Abwasserentsorgung für ein menschenwürdiges Leben nicht ernsthaft behaupten, ein Recht auf Zugang zu diesen Leistungen gehe über den „angemessenen" Lebensstandard hinaus.

Zweiter Anknüpfungspunkt ist das **Recht auf Nahrung**, welches seinerseits ein von Art. 11 Abs. 1 IPWSKR umfasstes Teilrecht ist.[47] Dass sich aus dem Recht auf Nahrung ein Recht auf Trinkwasser ergibt, folgert auch der UN-Sonderberichterstatter über das Recht auf Nahrung; er bezeichnet Wasser als „flüssige Nahrung".[48] Diese Herleitung ermöglicht es auch, ein Recht auf Wasser zur Produktion von Nahrung zu postulieren. Der Ausschuss sieht zwar diesen Zusammenhang, bejaht ein Recht auf Wasser für die Landwirtschaft allerdings lediglich für indigene Völker, die Subsistenzwirtschaft betreiben.[49] Diese Beschränkung begründet er mit dem Verbot, ein Volk seiner eigenen Existenzmittel zu berauben (Art. 1 Abs. 2 IPWSKR). Ein darüber hinausgehendes Individualrecht auf Wasser für landwirtschaftliche Zwecke kann schon deshalb nicht bestehen, weil andernfalls im Wege über Menschenrechte die landwirtschaftliche Wassernutzung gegenüber anderen, möglicherweise wirtschaftlich ergiebigeren und daher gesamtgesellschaft-

---

[43] General Comment Nr. 4 (The Right to Adequate Housing), 1991, § 8 (b), in: Compilation, (Fn. 39), S. 19 (21), dt. Übersetzung in: Deutsches Institut für Menschenrechte, (Fn. 39), S. 189.
[44] General Comment Nr. 15 (Fn. 39), § 3.
[45] Report of the Special Rapporteur on Adequate Housing as a Component of the Right to an Adequate Standard of Living, *Miloon Kothari*, E/CN.4/2004/48, § 3.
[46] So *Tully*, in: Neth. Q. Hum. Rts, (Fn. 36), S. 37.
[47] General Comment Nr. 15 (Fn. 39), § 3.
[48] So z.B. der Sonderberichterstatter der UN-Menschenrechtskommission zum Recht auf Nahrung, *Jean Ziegler*, The Right to Food, E/CN.4/2001/53, § 32.
[49] Dies betont auch General Comment Nr. 15 (Fn. 39), § 7.

lich nützlicheren, Wassernutzungen privilegiert würde. Diese Prioritätensetzung in der Wasserverwendung steht der staatlich verfassten Gemeinschaft in Ausübung ihres Selbstbestimmungsrechts selbst zu.

Den dritten ausdrücklichen normativen Anknüpfungspunkt im Wirtschafts- und Sozialpakt bildet das **Recht auf ein Höchstmaß an Gesundheit** (Art. 12).[50] Auch mit dieser Herleitung stimmt der Ausschuss mit anderen UN-Organen überein, die betont haben, dass das Recht auf Trinkwasser zum Überleben fundamental für das Recht auf Gesundheit ist.[51] Der Ausschuss geht allerdings darüber hinaus, indem er unter das Menschenrecht auf Wasser auch das Recht auf Wasser für die persönliche und häusliche Hygiene fasst.[52] Hingegen bleibt General Comment Nr. 15 hinter der früher formulierten Auffassung des Ausschusses zurück, wonach das Recht auf sanitäre Grundversorgung ebenfalls Bestandteil des Rechts auf Gesundheit ist.[53]

General Comment Nr. 15 verweist schließlich noch auf das **Recht auf Leben und menschliche Würde**.[54] Beide Rechte sind im Wirtschafts- und Sozialpakt nicht ausdrücklich geschützt, bilden aber den Bezugsgrund der dort normierten Menschenrechte. Die Präambel betont die Herleitung der sozialen, wirtschaftlichen und kulturellen Rechte aus der „dem Menschen innewohnenden Würde" und hebt das „Ideal vom freien Menschen, der frei von Furcht und Not lebt", hervor.[55] Die Paktrechte verlangen daher die Erfüllung grundlegender Überlebensbedürfnisse.[56] Diese normative Verortung des Menschenrechts auf Wasser gilt aber in gleichem Maße für die Sanitärversorgung: Menschenwürdiges Leben verlangt neben Trinkwasser auch hygienische Abwasserentsorgung.[57]

bb)　Ergebnis und Bewertung

Dieser Überblick zeigt, dass sich aus dem Wirtschafts- und Sozialpakt ein umfassendes Menschenrecht Wasser herleiten lässt. Dass sich General Comment Nr. 15 nur auf das Recht auf Wasser bezieht, hat keine rechtlichen, sondern pragmatische Gründe: Der Ausschuss fürchtete eine Überfrachtung des General Comment, weil dann auch die Rahmenbedingungen für ein Recht auf sanitäre Grundversorgung hätten behandelt werden müssen.[58] Allerdings nennt der Ausschuss das Recht auf

---

[50] General Comment Nr. 15 (Fn. 39), § 3.
[51] So Menschenrechtskommission, Res. 2004/27, § 12, und Report of the Special Rapporteur on the Right of Everyone to the Enjoyment of the Highest Attainable Standard of Physical and Mental Health, *Paul Hunt*, E/CN.4/2003, 58, § 25.
[52] General Comment Nr. 15 (Fn. 39), § 2.
[53] General Comment Nr. 14 (The Right to the Highest Attainable Standard of Health), 2000, § 4, und § 12 (a), in: Compilation, (Fn. 39), S. 86 (87), dt. Übersetzung in: Deutsches Institut für Menschenrechte, (Fn. 39), S. 285.
[54] General Comment Nr. 15 (Fn. 39), § 3.
[55] 2. und 3. Erwägungsgrund der Präambel.
[56] *Riedel*, in: *Dicke u.a.*, (Fn. 37), S. 597.
[57] UNICEF, Sanitation for All: Promoting Dignity and Human Righs, New York 2000, S. 3.
[58] Nachweise für diese Position bei *Amanda Cahill*, 'The Human Right to Water – A Right of Unique Status': The Legal Status and Normative Content of the Right to Water, International Journal of Human Rights (Int'l J. Hum. Rts.) 9 (2005), S. 389-410 (402 f.).

Sanitärversorgung zumindest im Zusammenhang mit den Kernverpflichtungen der Staaten [dazu III.2.c)cc)].[59] Der pragmatische Ansatz des Ausschusses ist rechtlich nicht zu beanstanden; die Behauptung, Trinkwasser und Abwasser hätten gleichermaßen erfasst werden müssen, da Sanitärversorgung nicht von Recht auf Wasser getrennt werden können,[60] ist sowohl technisch als auch – wie die voranstehende Analyse gezeigt hat - rechtlich unzutreffend.

Nicht überzeugend ist auch die gelegentlich geäußerte, grundsätzliche Kritik am Vorgehen des Ausschusses, dass das „Erfinden" neuer Rechte dem Willen der Staaten und dem System des Wirtschafts- und Sozialpaktes widerspreche; richtiges Vorgehen wäre vielmehr der Weg über die Vertragsänderung nach Art. 29 IPWSKR).[61] Wie ausgeführt, lässt sich ein Menschenrecht Wasser aus Wortlaut, Systematik sowie Sinn und Zweck des Paktes herleiten. Zudem hat der Ausschuss bereits vor dem General Comment das Menschenrecht Wasser als Maßstab bei der Berichtsprüfung angewendet und ist hierbei nicht auf den Widerstand der Staaten gestoßen.[62] Seine Auslegung ist also Teil der nachfolgenden Praxis der Vertragsparteien, die zur Vertragsauslegung ebenfalls heranzuziehen ist (Art. 31 Abs. 3 (b) Wiener Vertragsrechtskonvention).

Ein weiterer Kritikpunkt betrifft die fehlender Klärung des Charakters des Menschenrechts auf Wasser durch den Ausschuss: Ist es ein von den anderen Paktrechten abhängiges oder unabhängiges Recht?[63] Für eine Qualifizierung als unabhängiges Recht spricht die Verabschiedung eines speziellen General Comment; dagegen sprechen die normative Anbindung an Paktrechte[64] und der Verweis auf die Anerkennung des Menschenrechts auf Wasser in anderen Menschenrechtsverträgen.[65] Die Differenzierung zwischen eigenständigem und abhängigem Recht ist jedoch weitgehend folgenlos. Zwar ist der Kritik zuzugeben, dass sich bei einem abhängigen Recht eine Verletzung nur feststellen lässt, wenn zugleich das „Mutterrecht" verletzt ist.[66] Eine Verletzung des Rechts auf Wasser liegt demnach nur vor, wenn das Wasser entweder gesundheitsschädlich ist (dann ist das Recht auf Gesundheit und je nach Schwere auch das Recht auf Leben verletzt) oder wenn das zum Überleben notwendige Minimum an Wasser nicht verfügbar ist (dann Verletzung des Rechts auf angemessenen Lebensstandard und des Rechts auf Leben). Aber diese Verknüpfung ist unproblematisch, weil nicht ersichtlich ist, in welchen Fällen das Menschenrecht auf Wasser ohne Verletzung seines „Mutterrechts" beeinträchtigt sein könnte. So wäre etwa selbst ein unzumutbar weiter Weg zu einer Wasserstelle, der weder gesundheits- noch gar lebensbedrohend ist,[67] jedenfalls eine

---

[59] General Comment Nr. 15 (Fn. 39), § 37 (i).
[60] *Cahill*, in: Int'l J. Hum. Rts., (Fn. 58), S. 402 f. m.w.N. und S. 405.
[61] *Tully*, in: Neth. Q. Hum. Rts., (Fn. 36), S. 37.
[62] Hierauf weist der Ausschuss im General Comment Nr. 15 (Fn. 39), § 5, hin.
[63] Diese Kritik äußert *Cahill*, in: Int'l J. Hum. Rts., (Fn. 58), S. 393.
[64] So *Cahill*, in: Int'l J. Hum. Rts., (Fn. 58), S 394 f.
[65] So der Hinweis in General Comment Nr. 15 (Fn. 39), § 4.
[66] Kritisch deshalb *Cahill*, in: Int'l J. Hum. Rts., (Fn. 58), S. 394 f.
[67] Eine solche Situation hat *Cahill*, in: Int'l J. Hum. Rts., (Fn. 58), S. 395 f., vor Augen (ohne Bsp.).

Verletzung des Rechts auf angemessenen Lebensstandard. Im Rahmen des Wirtschafts- und Sozialpakts ist die Qualifizierung des Menschenrechts Wasser als abhängiges Recht sogar sinnvoll. Sie stellt nämlich klar, dass seine Verwirklichung Gegenstand der Kontrolle durch den Ausschuss ist. Hingegen mag es in anderen normativen Zusammenhängen, etwa im Gewohnheitsrecht (hierzu unten 4.) ein unabhängiges Recht sein. An der rechtlichen Bindungswirkung ändert diese Charakterisierung nichts.

c) Inhalt des Menschenrechts Wasser

Ergibt sich nach alledem aus den Bestimmungen des Wirtschafts- und Sozialpaktes ein Menschenrecht auf Wasser (so der Ausschuss) oder - wie hier dargelegt - das weiterreichende Menschenrecht Wasser, so schließt sich die Frage nach dem Inhalt der Pflichten der Vertragsstaaten an. Hierfür ist zunächst zwischen dem Gegenstand eines Menschenrechts Wasser (aa) und den diesbezüglichen bestehenden Pflichten der Staaten (bb) zu differenzieren. Sodann ist zu analysieren, wie sich der besondere Charakter der wirtschaftlichen, sozialen und kulturellen Rechte auswirkt (cc).

aa) Gegenstand des Menschenrechts Wasser

Den normativen Inhalt des Menschenrechts auf Wasser hat der Ausschuss mit den Begriffen Verfügbarkeit, Qualität und Zugänglichkeit abgesteckt.[68] Diese Bestandteile folgert er daraus, dass das Menschenrecht auf die Rechtsgüter Menschenwürde, Leben und Gesundheit bezogen ist. Soweit Wasser zur Realisierung anderer Menschenrechte benötigt wird, beispielsweise für religiöse Handlungen, ist es mithin nicht vom Menschenrecht auf Wasser erfasst, sondern von jenem Recht, also etwa der Religionsfreiheit.[69]

Unter **Verfügbarkeit** fasst der Ausschuss die Wassermenge, auf die der Einzelne zugreifen kann, und ihre ununterbrochene Bereitstellung. Den Umfang umschreibt er nur hinsichtlich der aufgrund der Herleitung des Menschenrechts auf Wasser zu berücksichtigenden Verwendungsarten Trinkwasser, persönliche Sanitärversorgung, Reinigung der Kleidung, Nahrungszubereitung, persönliche und häusliche Hygiene. Der Ausschuss stellt aber keine eigene mengenmäßige Begrenzung auf, sondern verweist auf WHO-Richtlinien.[70] Damit ermöglicht er eine flexible Auslegung des Begriffs Verfügbarkeit, der sich mit geänderten wissenschaftlichen Erkenntnissen wandeln kann.[71]

Die geforderte **Qualität** des Wassers folgt ebenfalls aus den Rechten, aus denen der Ausschuss das Menschenrecht auf Wasser ableitet: Das Wasser darf nicht gesundheitsgefährdend sein; auch insoweit erfolgt ein Verweis auf WHO-

---

[68] General Comment Nr. 15 (Fn. 39), § 11.
[69] Unklar insoweit General Comment Nr. 15 (Fn. 39), § 6.
[70] General Comment Nr. 15 (Fn. 39), § 12 (a) mit Verweis auf *Jamie Bartram / Guy Howard*, Domestic Water Quantity, Service Level and Health: What Should Be the Goal for Water and Health Sectors, WHO Genf 2003.
[71] *Cahill*, in: Int'l J. Hum. Rts., (Fn. 58), S. 392.

Richtlinien.[72] Hinzu kommt die Anforderung, dass das Wasser in Geruch, Farbe und Geschmack unbedenklich sein soll. Diese Erweiterung ist zutreffend, da sie sich aus dem Recht auf stetige Verbesserung der Lebensbedingungen ergibt.

Ohne das Erfordernis der **Zugänglichkeit** würde ein Menschenrecht auf Wasser sinnlos sein. Es hat eine physische und eine ökonomische Dimension:[73] Physische Zugänglichkeit umfasst die Nähe von Trinkwasserversorgung und die persönliche Sicherheit beim Zugang. Wirtschaftlich zugänglich ist Wasser, wenn sich alle Menschen das nach dem Kriterium der Verfügbarkeit erforderliche Wasser finanziell leisten können [hierzu IV.1.]. Hinzu kommt das Diskriminierungsverbot, welches sich gemäß Art. 2 IPWSKR auf alle Paktrechte erstreckt.

Dieser Weg zur Bestimmung des normativen Inhalts eines Menschenrechts auf Wasser lässt sich auch im Wesentlichen auf ein Recht auf sanitäre Versorgung übertragen:[74] Das Kriterium der Verfügbarkeit hat der Ausschuss bereits selbst auf die Bereitstellung von Wasser für die persönliche Sanitärversorgung bezogen und dies auch zu Recht, weil es Bestandteil des Rechts auf höchstmöglichen Gesundheitsschutz und angemessenen Lebensstandard ist. Eine besondere Qualität des in Sanitäreinrichtungen verwendeten Wassers ist zwar nicht erforderlich; es muss aber jedenfalls so beschaffen sein, dass der Kontakt mit ihm nicht gesundheitsschädlich ist. Die Zugänglichkeit von Sanitäreinrichtungen, sowohl tatsächlich als auch wirtschaftlich erschwinglich und diskriminierungsfrei, folgt ebenso wie die Verfügbarkeit aus den Rechten auf Gesundheit und angemessenen Lebensstandard.

bb) Pflichtendimensionen des Menschenrechts Wasser

Damit ist zwar geklärt, welche Rechte den Menschen aus dem Menschenrecht Wasser zukommen, nicht aber, zu welchem Verhalten die Staaten verpflichtet sind. Generell vertritt der Ausschuss die Ansicht, dass die wirtschaftlichen, sozialen und kulturellen Rechte drei Arten staatlicher Pflichten umfassen: Achtungspflicht, Schutzpflicht und Gewährleistungspflicht.[75]

Die **Achtungspflicht** (duty to respect) ist der historisch älteste Inhalt von Menschenrechten: Der Staat hat Einmischungen in den durch das Recht geschützten Bereich zu unterlassen. Für das Menschenrecht Wasser bedeutet dies, dass der Staat

---

[72] General Comment Nr. 15 (Fn. 39), § 12 (b) mit Verweis auf *WHO*, Guidelines for Drinking Water Quality, 3 Bände, 2. Aufl. Genf 1993.

[73] General Comment Nr. 15 (Fn. 39), § 12 (c).

[74] Vgl. im einzelnen *El Hadji Guissé*, Relationship between the Enjoyment of Economic, Social and Cultural Rights and the Promotion of the Realization of the Right to Drinking Water Supply and Sanitation. Final Report, E/CN.4/Sub.2/2004/20, § 49.

[75] Ausdrücklich seit General Comment Nr. 12 (The Right to Adequate Food (Article 11)), 1999, in: Compilation, (Fn. 39), S. 63 (66), § 15, dt. Übersetzung in: Deutsches Institut für Menschenrechte, (Fn. 39), S. 250. Ebenso General Comment Nr. 13 (The Right to Education (Article 13)), 1999, in: Compilation (Fn. 39), S. 71 (80), § 46, dt. Übersetzung in: Deutsches Institut für Menschenrechte, (Fn. 39), S. 263. Allgemein hierzu: *Asbjørn Eide*, Realization of Social and Economic Rights and the Minimum Threshold Approach, Human Rights Law Journal 10 (1989), S. 35-51 (37), aufbauend auf *Henry Shue*, Basic Rights: Subsistence, Affluence, and US Foreign Policy, Princeton 1980, S. 52.

den Zugang zu bestehender Trinkwasserver- und Abwasserentsorgung nicht verhindern oder die Wasserbereitstellung und –qualität nicht beeinträchtigen darf.[76]

Die **Schutzpflicht** (duty to protect) ist ebenfalls als Dimension von Menschenrechten seit langem anerkannt: Der Staat muss den einzelnen davor schützen, dass sein Menschenrecht durch andere Privatpersonen verletzt wird. Hier ergibt sich die Schwierigkeit, dass die Schutzpflicht auf vielfältige Weise erfüllt werden kann und dabei oft zwischen widerstreitenden Rechten oder gegenläufigen Interessen Einzelner abzuwägen ist. Eine Rechtsverletzung lässt sich zwar nur feststellen, wenn die Verletzung eindeutig ist, etwa weil das gewählte Mittel ungeeignet ist. Aber die Schutzpflicht verlangt, dass der Staat sich mit dem Problem befasst, die Verletzung des Menschenrechts Wasser durch Privatpersonen zu verhindern und Verstöße zu ahnden. Bezogen auf den Zugang zu Trinkwasserversorgung und Abwasserentsorgung bedeutet dies, dass der Staat den rechtlichen Rahmen schaffen muss, um Rechtsverletzungen durch die privaten Anbieter abzuwenden und die Einhaltung dieser Normen zu überwachen.[77]

Die dritte Pflichtendimension von Menschenrechten ist die **Gewährleistungspflicht** (duty to fulfil), mit der die volle Verwirklichung des Rechts erreicht werden soll. Sie lässt sich in drei Bestandteile unterteilen: die Pflicht zu erleichtern, zu fördern, und zur Verfügung zu stellen ("to facilitate, to promote, and to provide").[78] Übertragen auf das Menschenrecht Wasser bedeutet dies die Pflichten, (1) Einzelpersonen bei der Wahrnehmung des Rechts zu unterstützen, (2) Bildungs- und Aufklärungskampagnen über sparsame und umweltverträgliche Wassernutzung und den Bau von Sanitäranlagen durchzuführen sowie (3) Menschen in unverschuldeter existenzieller Not die Leistung zukommen zu lassen.[79] Zur Erfüllung ihrer Gewährleistungspflicht müssen die Staaten nach Ansicht des Ausschusses auch den rechtlichen Rahmen für die Anerkennung und effektive Realisierung des Rechts auf Wasser schaffen.

cc) Allmähliche Verwirklichung der Paktrechte und Kernverpflichtungen

Die Anwendung dieser Pflichtendimensionen auf wirtschaftliche, soziale und kulturelle Rechte stößt auf das Grundproblem dieses Typus von Menschenrechten: Nach Art. 2 Abs. 1 IPWSKR sind die Staaten zur schrittweisen Verwirklichung der Paktrechte verpflichtet. Hintergrund der Norm ist die Erkenntnis, dass die Realisierung dieser Rechte staatliche Leistungen erforderlich macht, insbesondere die Bereitstellung administrativer Infrastruktur und den Einsatz finanzieller Mittel. Hinzu kommt, dass zahlreiche Paktrechte dynamisch angelegt sind, d.h. mit fortschreiten-

---

[76] General Comment Nr. 15 (Fn. 39), § 21 (nur bezogen auf Trinkwasser).

[77] General Comment Nr. 15 (Fn. 39), § 23 f. (bezogen auf Trinkwasser).

[78] General Comment Nr. 15 (Fn. 39), § 25. Hierzu *Ramin Pejan*, The Right to Water: The Road to Justiciability, George Washington International Law Review (Geo. Wash. Int'l L. Rev.) 36 (2004), S. 1181-1210 (1187). Der Ausschuss hat zuvor nur zwischen "duty to facilitate" und "duty to provide" differenziert (Fn. 75).

[79] General Comment Nr. 15 (Fn. 39), § 25 f. (bezogen auf Trinkwasser).

dem Entwicklungsstand eines Staates ansteigen,[80] so dass kein festes Endziel besteht.

Es wäre jedoch falsch, hieraus zu folgern, dass die verschiedenen staatlichen Pflichten aus dem Wirtschafts- und Sozialpakt „weich" und daher der Feststellung einer Rechtsverletzung nicht zugänglich seien.[81] Bei genauerer Betrachtung ergibt sich vielmehr, dass ein Staat jedenfalls die Achtungspflicht sofort erfüllen kann, weil er lediglich Verletzungshandlungen zu unterlassen hat. Hier würde eine Pflicht zur nur allmählichen Erfüllung sinnwidrig sein. Schutzpflichten lassen sich ebenfalls, zumindest teilweise, sofort erfüllen, indem der Staat die hierfür erforderlichen Gesetze, z.B. Strafnormen, erlässt.[82] Deren Durchsetzung ist hingegen ressourcenabhängig und daher nicht sofort zu erfüllen; so bedarf es etwa eines funktionierenden Strafverfolgungssystems (Polizei, Staatsanwaltschaft, Gerichte), um Gesetzesverletzungen zu ahnden.

Zwei weitere Pflichten aus dem Pakt sind nach zutreffendem Verständnis des Ausschusses sofort zu erfüllen: das Diskriminierungsverbot nach Art. 2 Abs. 2 IPWPSKR und die Umsetzungspflicht aus Abs. 1 selbst.[83] Letzteres wird für die Schutz- und die Förderpflichten relevant: Ab dem In-Kraft-Treten des Wirtschafts- und Sozialpaktes hat jeder Staat unter Ausschöpfung aller seiner Möglichkeiten ("to the maximums of its available resources") alle geeigneten Mittel einzusetzen, um diese Pflichten zu erfüllen. Um diesen Ressourcenvorbehalt einzuschränken, wendet der Ausschuss die Rechtsfigur der Kernverpflichtungen ("core obligations")[84] an. Danach müssen die Staaten unabhängig vom Stand ihrer wirtschaftlichen Entwicklung einen Kernbereich jedes Rechts ohne zeitliche Verzögerung umsetzen. In General Comment Nr. 15 baut der Ausschuss auf diesem Konzept auf und konkretisiert den Inhalt des Menschenrechts auf Wasser durch Festlegung der sofort umzusetzenden Kernverpflichtungen.[85] Hierzu zählen nach Ansicht des Ausschusses die folgenden Pflichten in den Bereichen Zugang, Verteilung und Umsetzungskontrolle:

---

[80] *Philip Alston / Gerard Quinn*, The Nature and Scope of States Parties' Obligations under the International Covenant on Economic, Social and Cultural Rights, Human Rights Law Journal 9 (1987), S. 156-229 (174 f. mit Nachweisen zur Entstehungsgeschichte). Siehe auch III.2.b)aa).

[81] Diese Folgerung wurde bereits in den Verhandlungen über den IPWSKR abgelehnt, vgl. *Craven* (Fn. 35), S. 130 f.

[82] *Kristina Klee*, Die progressive Verwirklichung wirtschaftlicher, sozialer und kultureller Rechte, Stuttgart 2000, S. 177.

[83] General Comment Nr. 3 (The Nature of States Parties' Obligations: Article 2(1) of the Covenant), 1990, §§ 1-2, in: Compilation, (Fn. 39), S. 15, dt. Übersetzung in: Deutsches Institut für Menschenrechte, (Fn. 39), S. 183.

[84] Sie wurden 1986 von einem Gremium internationaler Experten in den sogenannten Limburg Principles on the Implementation of the International Covenant on Economic, Social and Cultural Rights entwickelt, E/CN.4/1987/17, Annex, wiedergegeben in: Human Rights Quarterly 9 (1987) S. 122-135.

[85] Hierzu und zum Folgenden: General Comment Nr. 15 (Fn. 39), § 37.

Die Kernpflicht, Zugang zu gewährleisten, bezieht sich auf eine essentielle Mindestmenge von Wasser, um Krankheiten zu verhindern, auf das Diskriminierungsverbot sowie den physischen Zugang zu Wassereinrichtungen, ebenso auf die Regelmäßigkeit der Wasserversorgung und die Vermeidung unzumutbarer Wartezeiten sowie Gewährung der körperlichen Sicherheit beim Wasserholen. In Bezug auf das Diskriminierungsverbot ist es eine "core obligation", eine gerechte Verteilung der vorhandenen Wasserressourcen und -einrichtungen sicherzustellen sowie eine nationale Wasserstrategie zu entwickeln, die die gesamte Bevölkerung erfasst. Hinzu kommt die Pflicht, kostengünstige Programme für den Schutz schutzbedürftiger und marginalisierter Bevölkerungsteile auszuarbeiten. Eine weitere Kernpflicht betrifft die Umsetzungskontrolle, d.h. zu überwachen, ob und wie weit das Recht auf Wasser verwirklicht wird. Hinzu kommt schließlich die Kernpflicht, Maßnahmen gegen wasserbezogene Krankheiten zu ergreifen, einschließlich der Sicherung des Zugangs zu adäquater Sanitärversorgung.

Diese Vielzahl von "core obligations" wird kritisiert, weil sie keine klaren Prioritäten erkennen lasse.[86] Das ist jedoch unzutreffend, da der Ausschuss an anderer Stelle zu Recht hervorgehoben hat, dass diejenigen staatlichen Pflichten Vorrang haben, die den Zugang zu dem überlebenswichtigen Minimum betreffen.[87] Allerdings ist es gerade angesichts des Umfangs der "core obligations" bezüglich des Diskriminierungsverbots und der Zugänglichkeit schwierig, diese von dem außerhalb des Kerns liegenden Inhalt des Rechts abzugrenzen. So mag beim Zugang zwar möglicherweise der Kernbereich eine geringere Wassermenge erfassen – nur zur Verhinderung von Krankheiten, nicht etwa für darüber hinausgehende Hygienebedürfnisse. Aber die Pflicht, den physischen Zugang zu gewährleisten, wird dadurch nicht substanziell verringert. Aus diesem Grund meinen Kritiker, die vom Ausschuss formulierten Kernverpflichtungen würden selbst einen entwickelten Staat überfordern.[88] In der Tat ist beispielsweise die Pflicht, die körperliche Sicherheit der Menschen beim Wasserholen zu gewährleisten, nur mit hinreichenden Polizeikräften und einer funktionsfähigen Strafgerichtsbarkeit zu erfüllen; dies setzt den Einsatz erheblicher finanzieller Mittel voraus.[89]

Dennoch ist der Kritik am Umfang der Kernverpflichtungen nicht zuzustimmen. Sie beruht auf einem Missverständnis ihrer Wirkung: Die vom Ausschuss verwendete Formulierung, die Kernverpflichtungen hätten "immediate effect"[90], bedeutet nicht, dass diese Verpflichtungen insgesamt sofort erfüllt werden müssen. Dies ergibt sich daraus, dass der Ausschuss auf seinen General Comment Nr. 3 zum Inhalt der Staatenverpflichtungen Bezug nimmt. Danach erstrecken sich die "core obligations" zwar auf das essentielle Mindestmaß jedes einzelnen Rechts, aber auch hierbei müssen die dem Staat zur Verfügung stehenden Ressourcen berücksichtigt

---

[86] So aber: *Cahill*, in: Int'l J. Hum. Rts., (Fn. 58), S. 401.
[87] General Comment Nr. 15 (Fn. 39), § 6.
[88] *McCaffrey*, in: *Brown Weiss u.a,*, (Fn. 19), S. 109 f.
[89] Nicht überzeugend daher die Behauptung, die "core obligations" könne jeder Staat ohne große finanzielle Ausgaben erfüllen, so aber *Riedel*, in: *Dicke u.a.,* (Fn. 37), S. 602.
[90] General Comment Nr. 15, (Fn. 39), § 37.

werden.[91] Nach General Comment Nr. 3 bewirken die Kernverpflichtungen lediglich eine Beweislastumkehr: Der Staat muss nachweisen, dass er alle Anstrengungen unternommen hat, um sämtliche verfügbaren Ressourcen zur vorrangigen Erfüllung dieser Verpflichtungen einzusetzen.[92] Eine "core obligation" ist also nur dann verletzt, wenn der Staat seine vorhandenen Ressourcen nicht bestmöglich zur Verwirklichung des Rechts auf Wasser eingesetzt hat.[93] Demnach erfassen die Kernverpflichtungen zwar das essentielle Minimum eines Rechts,[94] begründen aber keine absolute Erfüllungspflicht. Allerdings begründet die Beweislastregel einen Zwang, die Prioritäten bei der Verwendung der verfügbaren Haushaltsmittel entsprechend den Kernverpflichtungen aus Menschenrechten – nicht nur dem auf Wasser – zu setzen.

3. **Herleitung eines Menschenrechts Wasser aus dem Internationalen Pakt über bürgerliche und politische Rechte (IPBPR)**

Der Internationale Pakt über bürgerliche und politische Rechte (Zivilpakt) [95] enthält ebenfalls kein ausdrückliches Menschenrecht Wasser. Es bietet aber für dessen Herleitung zwei Anknüpfungspunkte: das Recht auf Leben und den Schutz der Menschenwürde.

a) **Recht auf Leben**

Nach Art. 6 Abs. 1 IPBPR hat jeder Mensch das Recht auf Leben und darf insbesondere nicht seines Lebens willkürlich beraubt werden. Ein Menschenrecht Wasser lässt sich hieraus zum einen insofern ableiten, als den Staaten danach – entsprechend der „duty to respect" – untersagt ist, den Zugang zu bestehender Trinkwasserver- und Abwasserentsorgung zu verhindern, soweit dies das Leben des Einzelnen gefährdet. Zum anderen sind auch im Rahmen des Zivilpakts Schutzpflichten anerkannt; Art. 6 Abs. 1 S. 2 IPBPR statuiert dies für das Recht auf Leben ausdrücklich.[96] Daher lässt sich dieser Norm auch die Pflicht der Staaten entnehmen, die Menschen vor Zugangsverhinderung durch Private zu schützen. In beiden Konstellationen reicht das Menschenrecht Wasser allerdings weniger weit als nach dem Wirtschafts- und Sozialpakt, weil lediglich lebensbedrohliche Zugangsverwei-

---

[91] General Comment Nr. 3 (Fn. 83), § 10, in: Compilation, (Fn. 39), S. 15 (17), dt. Übersetzung in: Deutsches Institut für Menschenrechte, (Fn. 39), S. 183.

[92] So ausdrücklich auch General Comment Nr. 15 (Fn. 39), § 19. Wie hier auch *Riedel*, in: *Dicke u.a.,* (Fn. 37), S. 601.

[93] *Pejan*, in: Geo. Wash. Int'l L. Rev., S. 1188 f.

[94] Anders hingegen *Scott Leckie*, Another Step Towards Indivisibility: Identifying the Key Features of Violations of Economic, Social and Cultural Rights, Human Rights Quarterly 20 (1998), S. 81-124 (102), der auch die "core obligations" als flexibel betrachtet.

[95] Vom 19.12.1966, BGBl. 1973 II, S. 1534, in Kraft seit 23.3.1976.

[96] Siehe auch Menschenrechtsausschuss, General Comment Nr. 6 (Article 6: Right to Life), 1982, § 5, in: Compilation, (Fn. 39), S. 128 (129); dt. Übersetzung in: Deutsches Institut für Menschenrechte, (Fn. 39), S. 40.

gerungen erfasst sind. Gerade für den Zugang zu sanitären Anlagen wird es aber schwierig sein, eine solche Lebensbedrohung festzustellen.

Gegen eine Herleitung des Menschenrechts Wasser aus dem Recht auf Leben wird angeführt, es sei widersinnig, wenn die Staaten sich im Rahmen des Zivilpaktes zu einer sofort umsetzbaren Garantie des Menschenrechts Wasser verpflichtet hätten, während sie im Rahmen des Wirtschafts- und Sozialpaktes diese Pflicht gemäß Art. 2 Abs. 1 IPWSKR nur allmählich erfüllen müssten.[97] Dieser Einwand übersieht indes, dass der Staat die auf das Menschenrecht Wasser bezogene Achtungspflicht auch unter dem Wirtschafts- und Sozialpakt sofort zu verwirklichen hat, etwa das Verbot, den Einzelnem am Zugang zur bestehenden Trinkwasserversorgung zu hindern, welches schon gegenwärtig als Kernverpflichtung gilt [oben III.2.c)cc)]. Gleiches trifft für die Schutzpflichten zu; auch hier ist der Staat nach dem Wirtschafts- und Sozialpakt verpflichtet, ohne zeitliche Verzögerung die von Privaten ausgehende Lebensbedrohung durch Verweigerung des Zugangs zu Trinkwasser zu unterbinden. Dies gilt zwar nur, soweit der Staat alle seine verfügbaren Mittel zu diesem Zweck eingesetzt hat, aber auch unter dem Zivilpakt sind die Schutzpflichten nur im Rahmen des finanziell Möglichen zu erfüllen.[98]

b) Menschenwürde

Ebenso wie im Wirtschafts- und Sozialpakt [oben III.2.b)aa)] lässt sich im Rahmen des Zivilpaktes die Menschenwürde als Urgrund für ein Menschenrecht Wasser verstehen. Wortgleich betont nämlich der Zivilpakt in seiner Präambel[99] die Menschenwürde und die Notwendigkeit der Freiheit von Not und Furcht.

c) Mehrwert der Herleitung aus dem Zivilpakt

Relevant ist die Verankerung eines Menschenrechts Wasser im Zivilpakt, weil dadurch seine Verwirklichung auch in dessen Rahmen geprüft werden kann. Dies umfasst neben der Prüfung der Staatenberichte das Verfahren der Individualbeschwerde und ermöglicht es somit Einzelpersonen, Verletzungen des Menschenrechts Wasser, die lebensgefährdend oder entwürdigend sind, auf der internationalen Ebene publik zu machen und auf Abhilfe hinzuwirken. Dies ist so lange von gesteigerter Bedeutung, wie der Wirtschafts- und Sozialpakt kein Individualbeschwerdeverfahren kennt. Zudem können über die Kontrollverfahren des Zivilpaktes diejenigen Vertragsparteien erfasst werden, die den Wirtschafts- und Sozialpakt nicht ratifiziert haben.[100]

---

[97] So etwa *McCaffrey*, in: *Brown Weiss u.a*, (Fn. 19), S. 97 f.
[98] So auch explizit: *Manfred Nowak*, UN Covenant on Civil and Political Rights – CCPR Commentary, 2. überarbeitete Aufl., Kehl u.a. 2005, Article 2, No. 19.
[99] Erwägungsgründe 2 und 3.
[100] Von den in Fn. 101 genannten Nichtvertragsparteien des IPWSKR haben Bahrain, Südafrika und die USA den Zivilpakt ratifiziert.

4. Ein gewohnheitsrechtliches Menschenrecht Wasser?

Die Frage nach dem Bestehen eines völkergewohnheitsrechtlichen Menschenrechts Wasser ist besonders bedeutsam für die 37 Staaten, die nicht Vertragsparteien des Wirtschafts- und Sozialpakts sind.[101] Wie die Übersicht über die Aufnahme eines Menschenrechts Wasser in universelle und regionale Erklärungen gezeigt hat [oben II.], ist zwar eine Entwicklung hin zur Anerkennung des Menschenrechts Wasser feststellbar. Aber selbst wenn man diese bereits als Ausdruck einer Rechtsüberzeugung ansehen will, dürfte es gegenwärtig (noch) an einer weitgehend übereinstimmenden Praxis der Staaten in ihrem Handeln nach Innen und Außen fehlen, das von dieser opinio iuris getragen ist. Hierfür würde es insbesondere des Nachweises bedürfen, dass die Staaten auch unabhängig von ihren Pflichten aus den beiden Weltpakten ihre Kernverpflichtungen bezüglich des Zugangs zu Trinkwasser und Abwasserentsorgung erfüllen.

Auch eine Herleitung eines gewohnheitsrechtlichen Menschenrechts Wasser aus den Rechten auf angemessenen Lebensstandard und auf höchstmöglichen Gesundheitsstandard ist nicht überzeugend, da diese nicht als Gewohnheitsrecht angesehen werden können. Dass sie in der Allgemeinen Erklärung der Menschenrechte (AEMR) enthalten sind (Art. 25), verleiht ihnen nicht per se den Status von Gewohnheitsrecht.[102] Überwiegend ist das völkerrechtliche Schrifttum der Ansicht, dass allenfalls die in der AEMR enthaltenen Freiheitsrechte als gewohnheitsrechtlich geltend angesehen werden können, nicht aber die sozialen Rechte.[103] Diese Einschätzung ist trotz der parallelen Dimensionen von „klassischen" Menschenrechten und Menschenrechten der „zweiten Generation" [oben III.2.c)bb)] zutreffend, da sie auf der Überzeugung der Staaten bei Verabschiedung der AEMR aufbaut und sich das neuere Menschenrechtsverständnis noch nicht allgemein durchgesetzt hat, jedenfalls nicht bei den Staaten, die dem Wirtschafts- und Sozialpakt noch nicht beigetreten sind.

Eine Ableitung des Menschenrechts Wasser aus einem Menschenrecht auf Umweltschutz lässt sich nicht vertreten, auch wenn die Staaten in der Stockholmer Erklärung von 1972 verkündet haben: "Man has the *fundamental right* to freedom, equality, and adequate conditions of life, in an environment of a quality that per-

---

[101] 156 Vertragsparteien (Stand 29.3.2007) von 193 souveränen Staaten weltweit, vgl. zum Ratifikationsstand: Multilateral Treaties Deposited with the Secretary-General,
<http://untreaty.un.org/ENGLISH/bible/englishinternetbible/partI/chapterIV/treaty5.asp>.
Nicht ratifiziert haben den IPWSKR u.a. Bahrain, Oman, Pakistan, Saudi-Arabien, Südafrika, die USA und die Vereinigten Arabischen Emirate.
[102] So aber anscheinend der Berichterstatter der Menschenrechtsunterkommission, *El Hadji Guissé*, Relationship between the Enjoyment of Economic, Social and Cultural Rights and the Promotion of the Realization of the Right to Drinking Water Supply and Sanitation. Final Report, E/CN.4/Sub.2/2004/20, S 2 und § 25.
[103] *McCaffrey*, in: Geo. Int'l Envtl. L. Rev, (Fn. 6), S. 8 m.w.N.

mits a life of dignity and well-being".[104] Dieser Inhalt der unverbindlichen Erklärung ist über dreißig Jahre nach ihrer Verabschiedung noch immer nicht zu einem gewohnheitsrechtlichen Individualrecht auf saubere Umwelt erstarkt.[105]

Damit bleibt allein die Herleitung eines gewohnheitsrechtlichen Menschenrechts Wasser aus dem gewohnheitsrechtlich bestehenden Recht auf Leben mit den zum Zivilpakt angestellten Überlegungen [oben III.3.a)]. Jedoch dürfte hierfür die für ein gewohnheitsrechtliches Recht erforderliche, von einer Rechtsüberzeugung der Staaten getragene allgemeine Übung, d.h. die Erfüllung eines Menschenrechts Wasser, noch nicht bestehen. Dieses Fehlen lässt sich nicht im Wege der Auslegung eines gewohnheitsrechtlich anerkannten Rechts überspielen. Allerdings kann der General Comment dazu beitragen, dass sich künftig eine vom Wirtschafts- und Sozialpakt losgelöste Staatenpraxis und Rechtsüberzeugung bildet, wonach ein Menschenrecht auf Wasser nach Gewohnheitsrecht besteht.[106] Insofern lässt sich gegenwärtig nur ein im Entstehen begriffenes gewohnheitsrechtliches Menschenrecht Wasser konstatieren.[107]

5. Menschenrecht Wasser als allgemeiner Rechtsgrundsatz des Völkerrechts?

In der politischen und juristischen Diskussion wird oft auf die Anerkennung des Menschenrechts Wasser in einzelstaatlichen Verfassungen verwiesen.[108] Damit sollen die Möglichkeiten der Implementierung des Rechts illustriert und zugleich den Befürchtungen entgegengewirkt werden, dass die Anerkennung dieses Rechts den Staaten Unmögliches abverlangen würde. Doch auch völkerrechtlich ist dieser Verfassungsvergleich nutzbar: Es könnte sich nämlich auf diesem Wege erweisen, dass das Menschenrecht Wasser als allgemeiner Rechtsgrundsatz im Sinne von Art. 38

---

[104] Prinzip 1 der Declaration of the United Nations Conference on the Human Environment, v. 16.6.1972, A/CONF./48/14/Rev.1 (Hervorhebung hinzugefügt).

[105] *John Lee*, The Underlying Legal Theory to Support a Well-Defined Human Right to a Healthy Environment as a Principle of Customary International Law, in: Columbia Journal of Environmental Law 25 (2000), S. 283-346 (308 f.); *Luis E. Rodriguez-Rivera*, Is the Human Right to Environment Recognized under International Law? - It Depends on the Source, in: Colorado Journal of International Environmental Law and Policy 12 (2001), S. 1-45 (17 f.); *Steve Turner*, The Human Right to a Good Environment - The Sword in the Stone, in: Non-state Actors and International Law 4 (2004), S. 277-301 (278-280).

[106] So auch *McCaffrey*, in: *Brown Weiss u.a* , (Fn. 19), S. 95.

[107] Ein nur "emerging" human right to water nehmen ebenfalls an: *Matthew Craven*, Some Thoughts on the Emergent Human Right to Water, in: *Riedel / Rothen,* (Fn. 2), S. 37-47, und *Salman / McInerney-Lankford*, (Fn. 4), S. 85-87.

[108] *Smets*, in: *Brown Weiss u.a.*, (Fn. 20), S. 185, und *ders.*, The Right to Water in National Legislations, 2006, <http://www.academie-eau.org/IMG/pdf/N27_le_droit_a_leauGBfinal.pdf>. Zur Rechtslage in Südafrika, Indien und Argentinien *Erik B. Bluemel*, The Implications of Formulating a Human Right to Water, Ecology Law Quarterly 31 (2004), S. 957-1006 (977-985).

Abs. 1 (c) IGH-Statut völkerrechtlich verbindlich ist. Innerstaatliche Verfassungen kommen zusammen mit völkerrechtlichem soft law, d.h. den unverbindlichen universellen und regionalen Erklärungen [oben II.], als Erkenntnisquelle für diese Rechtsgrundsätze in Betracht.[109] In dieser gegenseitigen Durchdringung von Völkerrecht und innerstaatlichem Verfassungsrecht spiegeln sich die beiden Rechtsordnungen gemeinsamen Werte wider, die auch der Legitimation von Herrschaftsausübung auf beiden Ebenen dienen.[110] Allerdings bedarf die Qualifizierung eines Menschenrechts Wasser als allgemeiner Rechtsgrundsatz der Verankerung dieses Rechts in einer nicht unerheblichen Anzahl von Verfassungen aus den verschiedenen Rechtsfamilien und Weltregionen, an der es bislang noch fehlt.

IV. Bedeutung eines Menschenrechts Wasser

1. Sozialpflichtigkeit von Wasser und Privatisierung der Wasserversorgung

Eine zentrale Bedeutung in der politischen Diskussion insbesondere auf internationaler Ebene hat die Formulierung des Ausschusses erlangt, Wasser sei ein öffentliches Gut ("public good").[111] Dies ist – wie richtig angemerkt wurde - nicht im Sinne der Wirtschaftswissenschaften gemeint, da Personen von ihm ausgeschlossen werden können und es bei einer Zunahme von Nutzern zu einer Erhöhung der Kosten kommt, die Grenzkosten also nicht gleich Null sind.[112] Mit dem Begriff bezeichnet der Ausschuss vielmehr die Sozialpflichtigkeit von Eigentum oder Verfügungsgewalt über Wasser; dies ist insbesondere bei der Privatisierung von Wasserversorgung zu berücksichtigen. Diese Sozialpflichtigkeit der Wasserversorgung zeigt sich vor allem in der Kernverpflichtung, den Zugang zu einer essentiellen Mindestmenge von Wasser zu ermöglichen („wirtschaftliche Zugänglichkeit", oben [III.2.c)cc)]. Sie verbietet es privaten wie öffentlichen Wasserversorgungsunternehmen, mittellose Menschen von der Wasserversorgung bei Nichtbegleichung der Wasserrechnung ganz abzuschneiden, begründet also in diesem Umfang ein Recht auf kostenloses Wasser. Mit der Formulierung einer Kernverpflichtung, kostengünstige Programme für den Schutz schutzbedürftiger und marginalisierter Bevölkerungsteile auszuarbeiten, tritt der Ausschuss auch dem Argument der privaten Wasserwirtschaft entgegen, dass sie wegen des Rechts auf eine kostenlose Mindestmenge von Wasser einen Anspruch auf staatliche Subventionen hätten. Viel-

---

[109] *Stefan Kadelbach / Thomas Kleinlein*, Überstaatliches Verfassungsrecht, in: Archiv des Völkerrechts (AVR) 44 (2006), S. 235-266 (260).

[110] *Kadelbach / Kleinlein*, in: AVR, (Fn. 109), S. 242.

[111] General Comment Nr. 15 (Fn. 39), § 1 ("water is a public good") und § 11 ("water should be treated as a social and cultural good and not primarily as an economic good").

[112] *McCaffrey*, in: *Brown Weiss u.a*, (Fn. 19), S. 104.

mehr sind Wege der Querfinanzierung zu finden, u.a. durch Erhöhung der Wasserpreise für privilegierte Bevölkerungsgruppen.[113]

Besondere Relevanz hat dieses vom Ausschuss vertretene Verständnis vom Menschenrecht auf Wasser auch für die Art und Weise, in der Wasserversorgung privatisiert wird. Zu Recht schlägt sich der Ausschuss nicht auf die Seite derjenigen, die jede Privatisierung von Wasserversorgung für menschenrechtswidrig halten. Eine solche Festlegung wäre mit dem Selbstbestimmungsrecht der Völker, das auch das Recht umfasst, das Wirtschaftssystem frei zu wählen, nicht vereinbar.[114] Stattdessen knüpft der Ausschuss an die staatliche Schutzpflicht aus Menschenrechten an und folgert aus dieser in überzeugender Weise, dass der Staat den rechtlichen Rahmen von Privatisierung setzen muss.[115] Damit wird er nicht nur verpflichtet, die Sozialpflichtigkeit von Wasser(-versorgung) rechtlich vorzugeben, sondern auch zu kontrollieren, d.h. eine schlagkräftige Regulierungsbehörde zu schaffen. Zugleich stärkt dieser Ansatz die Position von Staaten gegenüber mächtigen transnationalen Akteuren bei Verhandlungen über die Privatisierung der Wasserversorgung, weil er bestimmte nicht verhandelbare Konditionen festlegt.

Für das Menschenrecht auf sanitäre Grundversorgung lässt sich zwar der Gedanke der Sozialpflichtigkeit von Wasser nicht fruchtbar machen, wohl aber die Schutzpflichtenkonstruktion [oben III.2.c)bb)]: Auch durch Private betriebene Abwasserentsorgungssysteme dürfen nicht in einer Weise betrieben werden, die einzelne Bevölkerungsteile, insbesondere Arme, vom Zugang ausschließt.

2. Innerstaatliche Prioritätensetzung

Trotz der Aufmerksamkeit, die die Frage der Privatisierung bislang erfahren hat, steht bei der Trinkwasserversorgung und – noch stärker - bei der Abwasserentsorgung das Bemühen um die Errichtung neuer Ver- und Entsorgungssysteme im Vordergrund, insbesondere für die Bevölkerung von Slums und abgelegener Landstriche. Durch die Formulierung von Kernverpflichtungen eines Menschenrechts auf Wasser hat der Ausschuss zwar keinen absoluten Mindeststandard beschrieben, aber einen Rechtfertigungszwang begründet: Die Staaten müssen über die Allokation ihrer finanziellen Ressourcen Rechenschaft ablegen und dies insbesondere auch auf internationaler Ebene, bei der Prüfung des Staatenberichts. Dies gibt den Akteuren auf innerstaatlicher Ebene die Möglichkeit, Druck auf politische Entscheidungsträger auszuüben, um eine dem Menschenrecht auf Wasser entsprechende

---

[113] So *Smets*, in: *Brown Weiss u.a.*, (Fn. 20), S. 179.
[114] Allgemein hierzu Daniel Thürer, Self-Determination, in: Encyclopedia of Public International Law, hrsg. v. *Rudolf Bernhard*, Bd. 8 (Human Rights and the Individual in International Law – International Economic Relations), Amsterdam u.a. 1985, S. 470-476 (473).
[115] Zur tatsächlichen Bedeutung eines Rechtsrahmens für eine effektive Wasserversorgung vgl. den Beitrag von *Marianne Beisheim*, Ware Wasser: Private Beteiligung bei der Wasserver- und – entsorgung in Entwicklungsländern (in diesem Band, S. 112/113).

Prioritätensetzung zu erreichen.[116] Verstärkt wird diese Einwirkungsmöglichkeit über die aus der "duty to fulfill" hergeleiteten Pflicht, einen nationalen Wasserplan aufzustellen.

Die Möglichkeit innerstaatlicher Akteure, auf die staatliche Entscheidungsfindung einzuwirken, kann durch die gerichtliche Einklagbarkeit des Menschenrechts Wasser noch gestärkt werden. Innerstaatlich ist diese Justiziabilität – wie bei allen wirtschaftlichen, sozialen und kulturellen Rechten - ohne weiteres möglich.[117] Der General Comment ist hier zurückhaltend und empfiehlt sie nur.[118] Richtigerweise fordert das Verständnis des Menschenrechts auf Wasser als Recht aber die Justiziabilität:[119] Normative Beziehungen bestehen nämlich nur zwischen Menschen (und juristischen Personen), nicht zwischen Mensch und natürlicher Ressource. Ohne ausdrückliche Änderung des innerstaatlichen Rechts kann das Menschenrecht auf Wasser aber nur dort eingeklagt werden, wo das Verfassungsrecht eine unmittelbare Anwendbarkeit von Völkerrecht vorsieht.

In vergleichbarer Weise kann die Anerkennung eines Rechts auf sanitäre Grundversorgung als Bestandteil eines umfassenden Menschenrechts Wasser die innerstaatliche Prioritätensetzung beeinflussen. Auf internationaler Ebene ist hierfür freilich erforderlich, dass der Ausschuss für wirtschaftliche, soziale und kulturelle Rechte bei der Prüfung der Staatenberichte auch das Recht auf sanitäre Grundversorgung in den Blick nimmt.

3. Entwicklungszusammenarbeit

Die Anerkennung eines Menschenrechts Wasser wirkt sich nicht allein auf die innenpolitischen Prioritäten von Staaten aus, sondern auch auf die Entwicklungszusammenarbeit. Wenn die Staaten ihre Ressourcen und Aktivitäten vorrangig zur Erfüllung ihrer Kernverpflichtungen aus dem Menschenrecht Wasser einsetzen müssen, dann können die internationalen Finanzinstitutionen dies nicht ignorieren. Dies ist unabhängig von der Frage, ob diese Institutionen, allen voran die Weltbank, selbst an Menschenrechte gebunden sind. Es wäre nämlich schon politisch nicht vermittelbar, wenn eine internationale Organisation durch die Bedingungen ihrer Kreditvergabe Staaten zur Missachtung ihrer völkerrechtlichen Verpflichtungen veranlasste. Dies würde die Legitimität solcher Finanzinstitutionen in Frage stellen. Daher hat die Anerkennung eines Menschenrechts Wasser zu einer Verschiebung der Definitionshoheit im Bereich der Entwicklungszusammenarbeit geführt. Internationale Finanzinstitutionen haben die menschenrechtlich begründete

---

[116] So auch *Pejan*, in: Geo. Wash. Int'l L. Rev., S. 1183.

[117] Umfassend hierzu *Mirja Trilsch*, Die Justiziabilität wirtschaftlicher, sozialer und kultureller Rechte im innerstaatlichen Recht (im Erscheinen).

[118] General Comment Nr. 15 (Fn. 39), § 55 ("should").

[119] *Bielefeldt*, in: *Riedel / Rothen*, (Fn. 2), S. 51 f.

Prioritätensetzung jedenfalls bezogen auf das Menschenrecht auf Wasser auch bereits übernommen.[120]

Das Bestehen eines Menschenrechts Wasser ist auch deshalb innerhalb der Entwicklungszusammenarbeit relevant, weil sich in den vergangenen Jahren ein auf Rechten basierender Ansatz ("rights based-approach to development") durchgesetzt hat. Danach steht die Verwirklichung von Menschenrechten im Zentrum von Entwicklungspolitik und bezeichnet deren Zielsetzung.[121] Im Vergleich zu früheren entwicklungspolitischen Ansätzen stärkt der menschenrechtsbasierte Ansatz die von menschenrechtlichen Ansprüchen erfassten Forderungen: Sie werden legitim und – soweit sie sich auf das menschliche Überleben beziehen - zu nicht verhandelbaren Positionen.[122] Dies kommt insbesondere marginalisierten Bevölkerungsgruppen zugute (Frauen, Slumbewohner, indigene Bevölkerung),[123] zu deren Gunsten das Diskriminierungsverbot als unmittelbar geltende Pflicht aus dem Wirtschafts- und Sozialpakt wirkt.

Die Legitimationsfunktion von Menschenrechten ermöglicht außerdem im Bereich der Entwicklungszusammenarbeit eine Mobilisierung der Öffentlichkeit[124] und eine bessere inhaltliche Ausgestaltung von entwicklungspolitischen Maßnahmen. Die Weltbank verlangt etwa zunehmend eine Öffentlichkeitsbeteiligung im Rahmen von Entwicklungsprojekten; wenn die betroffenen Menschen ihre Rechte kennen, können sie beispielsweise ihre Forderung im Zusammenhang mit einem geplanten Wasserversorgungssystem an der Mindestmenge von Wasser, auf die sie ein Recht haben, ausrichten. Die Betroffenen werden damit von unselbständigen Hilfeempfängern zu selbständigen Akteuren. Dieses "empowerment" entspricht auch dem den Menschenrechten zugrunde liegenden Menschenbild vom freien Individuum.

4.   Auswirkungen auf andere Regelungsmaterien des Völkerrechts

Schließlich wirkt ein Menschenrecht auf Wasser auch auf andere Bereiche des Völkerrechts ein. Es stärkt etwa die Position von Staaten bei den Verhandlungen über die Einbeziehung der Wasserversorgung in das WTO-Dienstleistungsabkommen GATS.[125] Zudem konkretisiert es beispielsweise in einem zwischenstaatlichen Streit

---

[120] So auch *Riedel*, in: *Dicke u.a.*, (Fn. 37), S. 596, mit Verweis auf die Weltbank-Studie von *Salman / McInerney-Lankford*, (Fn. 4).
[121] Vgl. hierzu den UN Common Understanding on a Human Rights-Based Approach, 2003, <http://www.unescobkk.org/fileadmin/user_upload/appeal/human_rights/UN_Common_und erstanding_RBA.pdf>.
[122] Ähnlich *Emilie Filmer-Wilson*, The Human Right to Water and the Human Rights-Based Approach to Development, in: *Riedel / Rothen*, (Fn. 2), S. 62.
[123] *Filmer-Wilson*, (Fn. 122), S. 59.
[124] *Filmer-Wilson*, (Fn. 122), S. 55.
[125] *Karsten Nowrot / Yvonne Wardin*, Liberalisierung der Wasserversorgung in der WTO-Rechtsordnung. Die Verwirklichung des Rechts auf Wasser als Aufgabe einer transnationalen Verantwortungsgemeinschaft, in: Beiträge zum transnationalen Wirtschaftsrecht Heft 14 2003,

über die Nutzung eines grenzüberschreitenden Gewässers die Verteilungsgerechtigkeit und verschafft der Erfüllung menschlicher Grundbedürfnisse nach Wasser bei der Abwägung der widerstreitenden Nutzungsinteressen Priorität.[126] Beim Post-Conflict-Management durch die internationale Gemeinschaft fordert das Menschenrecht auf Wasser, dem Zugang zu Trinkwasser eine zentrale Rolle einzuräumen. Es gibt somit dem Human Security-Ansatz,[127] also dem umfassenden Verständnis von internationaler Sicherheit als Freiheit von Furcht und Not, konkreteren Inhalt.

V. Probleme und offene Fragen

Neben diesen zahlreichen positiven Wirkungen bringt die Anerkennung des Menschenrechts Wasser jedoch auch Probleme mit sich. So besteht die Gefahr, dass dieses Recht gegen die Rechte anderer eingesetzt wird.[128] Es ermöglicht beispielsweise Staaten, den Bau eines Staudamms auch menschenrechtlich zu begründen und mit dem Argument, das Menschenrecht auf Wasser erfüllen zu müssen, die Vertreibung der im betroffenen Gebiet lebenden Bevölkerung zu rechtfertigen. Dieselbe Gefahr droht auf internationaler Ebene wegen des "rights and risk"-Ansatzes der World Commission on Dams,[129] der eine Abwägung zwischen den verschiedenen betroffenen Rechten fordert. Diese Auswirkung ist allerdings kein Argument gegen die grundsätzliche Anerkennung eines Menschenrechts auf Wasser, sondern illustriert nur die Notwendigkeit sorgfältiger Abwägung. Zugleich wird an diesem Beispiel die Notwendigkeit der Justiziabilität des Menschenrechts auf Wasser deutlich; sie ermöglicht nämlich die gerichtliche Überprüfung der getroffenen Abwägungsentscheidung.

Ungelöst bleibt das Problem der Bindung von transnationalen Unternehmen an das Menschenrecht Wasser. Dies dem General Comment Nr. 15 vorzuwerfen,[130] ist aber verfehlt; es ist vielmehr auf die Grundstruktur des Völkerrechts der Gegenwart zurückzuführen. Soweit transnationale Unternehmen die Trinkwasserver- oder

---

S. 42-45 zur Vereinbarkeit der Dienstleistungsfreiheit nach dem GATS mit einer Gewährleistungsverantwortung des Staates zur Sicherung des Zugangs zu Basisdienstleistungen wie der Versorgung mit Wasser, <http://www.wirtschaftsrecht.uni-halle.de/Heft14.pdf>.

[126] Hierzu und zum Folgenden: *Michael Bothe*, Wasser – ein Menschenrecht, eine Verteilungsfrage, ein Problem von Frieden und Sicherheit, in: *Stephan Breitenmoser / Bernhard Ehrenzeller / Marco Sassòli / Walter Stoffel / Beatrice Wagner-Pfeifer* (Hrsg.), Human Right, Democracy, and the Rule of Law. Festschrift für Luzius Wildhaber, Zürich u.a. 2006, S. 103-117 (114-117).

[127] Hierzu: Commission on Human Security, Human Security Now, New York 2003, insbes. S. 63, <http://www.humansecurity-chs.org/finalreport/English/FinalReport.pdf>. Zu Entstehung und Entwicklung des Human Security-Ansatzes vgl. *S. Neil MacFarlane / Khon Yuen Foong*, Human Security and the UN – A Critical History, Bloomington u.a. 2006.

[128] Wie hier auch *Tully*, in: Neth. Q. Hum. Rts., (Fn. 36), S. 52.

[129] Vgl. zu diesem Ansatz *Hermann Kreutzmann*, Wasser im Entwicklungsprozess – Probleme und Chancen (in diesem Band), insbes. S. 143-146.

[130] So *Tully*, in: Neth. Q. Hum. Rts., (Fn. 36), S. 51.

Abwasserentsorgung übernehmen, lässt sich möglicherweise die indirekte Geltung von Menschenrechten über die Ausgestaltung des innerstaatlichen Rechtsrahmens begründen. Eine Durchsetzbarkeit auf der internationalen Ebene ist damit allerdings nicht verbunden.

Offen ist weiterhin die Frage, ob sich aus dem Menschenrecht auf Wasser Verpflichtungen von Staaten innerhalb der bi- oder multilateralen Entwicklungszusammenarbeit ergeben.[131] Dabei kann es sich nicht um zwischenstaatliche Ansprüche handeln – das Menschenrecht bleibt ein Recht der Einzelpersonen. Deshalb lässt sich aus dem Menschenrecht auf Wasser auch kein Anspruch auf bestimmte Entwicklungshilfeleistungen ableiten. Vielmehr zielt die Frage auf die extraterritoriale Anwendung von Menschenrechten.[132] Der General Comment Nr. 15 ist diesbezüglich unklar. Einerseits betont er die Pflicht der Staaten, die Wahrnehmung des Menschenrechts auf Wasser in anderen Staaten zu respektieren und jede direkte oder indirekte Einwirkung hierauf zu unterlassen.[133] Andererseits „sollen" die Staaten nur natürliche und juristische Personen mit ihrer Staatsan- oder zugehörigkeit an der Verletzung des Menschenrechts auf Wasser in anderen Staaten hindern,[134] sind hierzu also nicht rechtlich verpflichtet. Wäre der Heimatstaat dieser Personen an das Menschenrecht auf Wasser gebunden, so würde aus dessen Schutzpflichtendimension eine Rechtspflicht folgen.

Wenn auch eine Bindungswirkung rechtspolitisch wünschenswert ist, so lässt sie sich nach geltendem Völkerrecht nicht begründen. Zwar ist sowohl zwischen internationalen Gerichten als auch in der Völkerrechtslehre umstritten, wann eine extraterritoriale Bindung der Staaten an Menschenrechte anzunehmen ist. Aber dabei wird lediglich zwischen der Ausübung effektiver Kontrolle über ein Gebiet außerhalb des eigenen Staatsgebiets und der punktuellen Ausübung von Hoheitsgewalt über einzelne Personen differenziert.[135] Eine menschenrechtliche Bindung in allen Fällen, in denen eine staatliche Maßnahme sich im Ausland auswirkt, hat bislang noch keine internationale Rechtsprechungsinstanz angenommen. Das sollte freilich NGOs nicht daran hindern, in der Entwicklungspolitik die Achtung von Menschenrechten, einschließlich des Menschenrechts Wasser, bei solchen Entscheidungen zu fordern. Sie können dabei von der Legitimationsfunktion von

---

[131] Gegen eine solche Verpflichtung: *Smets*, in: *Brown Weiss u.a.,* (Fn. 20), S. 178, aber ohne Begründung. Zum Verhältnis zwischen Nachbarstaaten bei der Nutzung grenzüberschreitender Gewässer schon *McCaffrey*, in: Geo. Int'l Envtl. L. Rev., (Fn. 6), S. 17-23.

[132] *Bielefeldt*, in: *Riedel / Rothen* , (Fn. 2), S. 51.

[133] General Comment Nr. 15 (Fn. 39), § 31 ("*To comply with* their international *obligations* in respect to the right to water, States parties *have to* respect the enjoyment of the right in other countries," Hervorhebungen hinzugefügt).

[134] General Comment Nr. 15 (Fn. 39), § 33 ('should').

[135] Paradigmatisch für den erstgenannten Ansatz das Urteil des Europäische Gerichtshofs für Menschenrechte im Fall Bankovic u.a. ./. Belgien und 16 andere Staaten, v. 19.12.2001, Beschwerde-Nr. 52207/99, in: Neue Juristische Wochenschrift 2003, 413; für den letztgenannten Ansatz: General Comment Nr. 31 des Menschenrechtsausschusses (The Nature of the General Legal Obligation Imposed on States Parties to the Covenant), § 10, in: Compilation (Fn. 39), S. 192-197 (195); dt. Übersetzung in: Deutsches Institut für Menschenrechte (Fn. 39), S. 153.

Menschenrechten profitieren; die Missachtung der Inhalte von Menschenrechten setzt Staaten unter politischen Rechtfertigungsdruck.

Eine weitere offene Frage betrifft die Notwendigkeit eines völkerrechtlichen Vertrages über das Menschenrecht auf Wasser.[136] Die Diskussion hierüber ist in den vergangenen Jahren wieder abgeflaut. Befürworter begründen ihre Forderung nach einer vertraglichen Festlegung mit der Notwendigkeit, konkretere Maßstäbe zu definieren als sie der General Comment enthält.[137] Jedoch birgt ein Vertrag die Gefahr in sich, dass nicht nur alle offen gebliebenen Fragen auf den Verhandlungstisch kommen, sondern auch der bereits erreichte Stand wieder zur Disposition gestellt wird.[138] Deshalb setzen die Gegner einer Konvention auf ein Kaskadenmodell: Richtlinien, wie etwa bei dem Recht auf Nahrung, sollen unverbindliche Vorgaben für die Lösung von Einzelproblemen enthalten[139] und durch ihre Anwendung allmählich zu einem Konsens führen, der dann in einen multilateralen Vertrag mündet.[140] Ein erster Schritt in diese Richtung sind die sehr detaillierten Regeln zum Zugang zu Trinkwasser, die die International Law Association (ILA), eine weltweite Vereinigung von Völkerrechtlern, im Jahr 2004 verabschiedet hat.[141]

VI. Fazit

Die Existenz eines Menschenrechts Wasser kann heute nicht mehr ernsthaft in Frage gestellt werden; für das Menschenrecht auf Wasser hat der General Comment Nr. 15 des Wirtschafts- und Sozialausschusses die entscheidende Grundlage gelegt. Ein mit vergleichbarer Autorität ausgestattetes internationales Dokument steht für das Recht auf Sanitärversorgung noch aus, auch wenn es sich weitgehend parallel zum Recht auf Wasser herleiten und inhaltlich konkretisieren lässt. Ein General Comment dieses Inhalts wäre wünschenswert, zumal damit die menschenrechtlichen Kontrollverfahren auch für dieses Recht eröffnet würden. Dies gilt insbesondere für das Staatenberichtsverfahren vor dem Ausschuss für wirtschaftli-

---

[136] *Kerry Tetzlaff*, Towards a Global Convention on the Right to Water?, 2005., <http://www.nzpostgraduatelawejournal.auckland.ac.nz/PDF%20Articles/Issue%202%20(2005) /5%20Kerry's%20Final.pdf>. *Selim Erdil Güvener*, The Human Right to Water?, MA Dissertation, Institut Européen des Hautes Etudes Internationales (Nizza), Juni 2006, <http://iehei.org/dheei/istanbul/memoires/GUVENER.pdf>. Vgl. auch die Website der Organisation *Green Cross International* <http://www.gci.ch/index.htm>, die sich für eine Konvention zum Recht auf Wasser einsetzt.

[137] *Cahill*, in: Int'l J. Hum. Rts., (Fn. 58), S. 405.

[138] *Eibe Riedel*, The Human Right to Water and General Comment No. 15 of the Committee on Economic, Social and Cultural Rights, in: *Ders. / Rothen*, (Fn. 2), (33-35).

[139] Erste Ansätze in: Report of Special Rapporteur *El Hadji Guissé*, Realization of the Right to Drinking Water and Sanitation, E/CN.4/Sub.2/2005/25.

[140] *Riedel*, in: *Dicke u.a.*, (Fn. 37), S. 605.

[141] Art. 17 der Berlin Rules on Water Resources, in: *ILA*, Report of the Seventy-First Conference, London 2004, S. 337 (365 f.)

che, soziale und kulturelle Rechte und für das künftige Individualbeschwerdeverfahren,[142] über dessen Einführung der Menschenrechtsrat gegenwärtig berät.[143]

Gerade im Bereich der Entwicklungszusammenarbeit vermag das Menschenrecht Wasser einen wichtigen Beitrag zur internationalen Politik zu leisten: Es sichert einen Mindeststandard und trägt dazu bei, die Aktivitäten von Staaten und internationalen Geberorganisationen zu fokussieren. Zugleich verdeutlicht es, dass es verkürzt ist, Wasser nur als ein Regelungsproblem anzusehen:[144] Zugang zu Trinkwasser und sanitärer Grundversorgung sind vor allem menschenrechtlich begründete Individualansprüche. An ihrer Erfüllung ist jede Ausübung von Herrschaftsgewalt zu messen.

---

[142] Hierzu Report of the Open-ended Working Group to Consider Options Regarding the Elaboration of an Optional Protocol to the International Covenant on Economic, Social and Cultural Rights on its First Session, E/CN.4/2004/44, und *Markus Engels*, Verbessert Menschenrechtsschutz durch Individualbeschwerdeverfahren? – Zur Frage der Einführung eines Fakultativprotokolls für den Internationalen Pakt über wirtschaftliche, soziale und kulturelle Rechte, München 2000.

[143] HRC/Res/1/3 v. 29.6.2006: Auftrag des Menschenrechtsrats an die "Open-ended Working Group on an Optional Protocol to the International Covenant on Economic, Social and Cultural Rights", ein Fakultativprotokoll zum IPWSKR auszuarbeiten.

[144] So aber Global Water Partnership: "Water is a problem of governance.", zitiert nach: THE ECONOMIST, Priceless, v. 17. Juni 2003.

Kann es ein Menschenrecht auf Wasser geben?

Bernd Ladwig [1]

1.   Vom Bedürfnis zum Recht?

Ohne Wasser können Menschen weder überleben noch ihre Fähigkeiten entfalten. Seine Bedeutung als Grundbedürfnis steht außer Frage. Aber ist es auch ein menschenrechtliches Gut? Führt ein normativ tragfähiger Grundsatz von Bedürfnissen zu Rechten? Einen solchen Grundsatz will ich vorstellen und erläutern. Er soll die Behauptung stützen, dass ein Menschenrecht auf Wasser möglich ist. Die Einwände dagegen scheinen mir allesamt nicht stichhaltig. Sie seien daher wenigstens kursorisch entkräftet. Eine andere Frage ist, ob wir ein Menschenrecht auf Wasser postulieren sollten. Hier scheint mir eine pragmatische Antwort angebracht zu sein.

In den wichtigsten philosophischen und juristischen Texten über Menschenrechte, von John Lockes *Second Treatise of Government* (1689) bis zu den Menschenrechtspakten von 1966, findet Wasser keine Erwähnung. Das muss uns aber nicht entmutigen: Ein solcher Anspruch könnte ja implizit in den Texten stecken. Er könnte sich als faktische Folgerung aus den dort dargelegten Grundsätzen oder abstrakteren Ansprüchen ergeben. Angenommen, die Erde war ursprünglich gemeinsamer Besitz der Menschheit und Eigentum an ihr nur zulässig, „wo für die anderen bei gleicher Qualität noch genug davon in gleicher Güte vorhanden ist" (Locke 1689: 23): So gehört zu unserem ursprünglich gemeinsamen Besitz auch das Wasser, ohne das wir weder Leib und Leben bewahren noch Eigentum erwerben können; und dieses darf den gleichen Zugang zu qualitativ zulänglichem Wasser für alle nicht vereiteln. Oder angenommen, wir haben Immanuel Kants (1797) „einziges Menschenrecht" auf die gleiche äußere Freiheit, die mit der Freiheit eines jeden vereinbar ist: So scheint das Recht auf Wasser folgerichtig, weil Menschen ohne Wasser nicht überleben und also nicht frei handeln können. Kurz: Wasser scheint als faktische Voraussetzung der Wahrnehmung von Menschenrechten selbst menschenrechtliches Gewicht zu haben. Warum sollten wir es dann nicht hervorheben?

Drei Gründe sind denkbar. Die Verfasser der grundlegenden Texte mögen erstens geglaubt haben, dass sich ein Menschenrecht auf Wasser von selbst verstehe und daher nicht eigens erwähnt werden müsse. Vielleicht wollten sie ihre Argumentation von Trivialitäten freihalten. Sie mögen zweitens an der pragmatischen Zweckmäßigkeit einer solchen Erwähnung gezweifelt haben. Womöglich sahen sie keine

[1] *Prof. Dr. Bernd Ladwig, Juniorprofessor für moderne politische Theorie am Otto-Suhr-Institut der Freien Universität Berlin und Leiter des Teilprojekts „Normative Standards guten Regierens unter Bedingungen zerfallen(d)er Staatlichkeit" im Rahmen des Sonderforschungsbereichs „Governance in Räumen begrenzter Staatlichkeit" an der Freien Universität Berlin.*

Veranlassung durch zu ihrer Zeit virulente Konflikte, und sie wollten ihre Texte auf das Vordringliche beschränken. Sie mögen aber auch, drittens, gedacht haben, dass eine Voraussetzung für die Nutzung eines Menschenrechts noch kein eigenes Recht ergebe. Und vielleicht hielten sie Wasser für grundsätzlich ungeeignet, als menschenrechtliches Gut zu gelten.

Heute sind zumindest die ersten zwei Gründe gegenstandslos. Konflikte über die mögliche Privatisierung von Wasser, seine Verwandlung in eine gewöhnliche Ware, geben der Behauptung eines Menschenrechts auf Wasser politische Brisanz. Viele Aktivisten halten die gebotene Allgemeinheit des Zugangs zu Wasser für unvereinbar mit seiner Kommerzialisierung. Die Anerkennung des Menschenrechts auf Wasser müsste jedenfalls gegen starke Interessen erkämpft werden. Das spricht für, nicht gegen seine Hervorhebung. Nicht zuletzt deshalb existiert inzwischen ein völkerrechtliches Dokument, das ein Menschenrecht auf Wasser behauptet: der Allgemeine Kommentar Nummer 15 des Ausschusses für wirtschaftliche, soziale und kulturelle Rechte, eines Sachverständigenkreises zur Beratung des Wirtschafts- und Sozialrates (vgl. Riedel 2005).

Die Kernaussage dieses Textes vom 26. November 2002 lautet: „Das Menschenrecht auf Wasser berechtigt jedermann zu ausreichendem, ungefährlichem, sicherem, annehmbarem, physisch zugänglichem und erschwinglichem Wasser für den persönlichen und den häuslichen Gebrauch." Die Autoren berufen sich auf zwei Artikel des Internationalen Paktes über wirtschaftliche, soziale und kulturelle Rechte (kurz Sozialpakt), die ein Recht auf Wasser der Sache nach vorsähen: Artikel 11 Absatz 1 über das Recht auf angemessenen Lebensstandard, einschließlich angemessener Wohnung und Ernährung, und Artikel 12 Absatz 1 über das Recht auf den höchsten erreichbaren Standard körperlicher und geistiger Gesundheit. Auch die Allgemeine Erklärung der Menschenrechte nehme mit Bestimmungen wie dem Recht auf Leben und dem Grundsatz der gleichen Würde implizit Bezug auf ein Recht auf Wasser.

Ich halte diese Implikationsthese für überzeugend. Ihr liegt die Ansicht zugrunde, dass ein Menschenrecht nicht nur auf dem Papier stehen, sondern für alle seine Subjekte einen hinreichend gleichen Gebrauchswert haben muss. Das bedeutet zum Beispiel: Das Recht auf Leben steht nicht allein gegen intentionale Tötung, sondern genereller gegen vermeidbar vorzeitiges Sterben. Eine Regierung, welche Wasser für einige in unerreichbare physische oder finanzielle Ferne rückt, muss sich die zusätzlichen Todesfälle ebenso zurechnen lassen wie eine Regierung, die den Wasserzugang für alle erleichtern könnte, es aber nicht tut.

Zu widerlegen bleibt dann vor allem der dritte mögliche Grund gegen ein Recht auf Wasser: Vielleicht kommt dieses, seiner überlebenswichtigen Bedeutung ungeachtet, als menschenrechtliches Gut nicht in Frage. Zu dieser Ansicht mögen alle neigen, denen schon der Rahmen des eben erwähnten Rechtstextes suspekt ist: Der Sozialpakt geht davon aus, dass wir soziale Menschenrechte haben. Was aber, wenn das falsch ist und alle Menschenrechte solche auf negative Freiheiten sind, Anspruchsrechte hingegen der menschenrechtlichen Idee Gewalt antun?

Solche Kritiker dürfte auch die zusätzliche Möglichkeit nicht beeindrucken, dass das Recht auf Wasser ja auch ein „Menschenrecht der dritten Generation" sein könnte: ein gemeinschaftliches Recht mit Bezug auf öffentliche Güter wie eine unzerstörte Umwelt oder eine gerechte Weltwirtschaftsordnung. Mehr noch als soziale sind Menschenrechte der „dritten Generation" umstritten, und das aus gutem Grund: Sie scheinen vom Pfad des normativen Individualismus abzuführen. Sie scheinen den wichtigsten Anspruch schwacher Einzelmenschen gegen gemeinschaftliche Zumutungen und staatliche Gewalten zu relativieren. Sie scheinen ihn zu beschneiden, um neuen gemeinschaftlichen und staatlichen Ermächtigungen Raum zu geben.

Will man wenigstens einige dieser Einwände zerstreuen, so muss man ein umfassendes und stimmiges Verständnis von Menschenrechten darlegen, aus dem ihre Haltlosigkeit hervorgeht. Im Folgenden wird daher weniger von Wasser als von Menschenrechten im Allgemeinen die Rede sein. Wie muss eine Menschenrechtskonzeption aussehen, die ein Recht auf Wasser vorsehen könnte? Eine Antwort soll mit den Mitteln der politischen Philosophie gegeben werden. Sie handelt von den Prinzipien, aus denen sich im politischen Prozess konkrete Rechte gewinnen und als Grundrechte positivieren lassen.

2. Grundsätzliches über Menschenrechte

Unter „Recht" sei im Folgenden immer „subjektives Recht" und unter diesem ein gültiger Anspruch („valid claim" im Sinne Feinbergs 1980) verstanden. Gültig ist ein Anspruch, wenn er regelgerecht aus grundlegenden Rechtsnormen oder aus ihrerseits gültigen moralischen Prinzipien hervorgeht. Im zweiten Fall ist das subjektive Recht ein moralisches. Es ist ein moralisch begründeter Anspruch eines Subjekts – des Rechtsträgers – auf etwas – ein Rechtsgut – gegen jemanden – einen Adressaten korrespondierender Pflichten. Zum Begriff eines subjektiven Rechts gehört überdies, dass das Subjekt seinen Anspruch *in eigenem Namen* geltend machen kann. Habe ich ein moralisches Recht auf X, so kann ich andere mit Bezug auf X um meinetwillen in die Pflicht nehmen. Auch wer, wie kleine Kinder, nicht selbst Ansprüche erheben kann, mag gültige Ansprüche haben. Er mag Empfänger einer ihm geschuldeten Rücksicht sein, auch wenn nur Dritte dies erkennen können (so Feinberg 1980a).

Es ist daher zutreffend, aber verkürzt, von einer strikten Korrespondenz von Rechten und Pflichten zu sprechen (so Alexy 1998: 246). Subjektive Rechte sind keine bloßen „Reflexe", die logisch auf unabhängig begründete Pflichten folgen – so wie das „Recht" der Eltern, von ihren Kindern geehrt zu werden, logisch auf deren Pflicht folgt, die Eltern zu ehren. Der Dekalog, der diese Pflicht behauptet, ist keine Ordnung subjektiver Rechte. Er müsste denn die Pflicht der Kinder in einem gültigen Anspruch ihrer Eltern *fundieren*. Die Relation von subjektiven Rechten und

Pflichten ist eine asymmetrische Begründungsrelation: Andere haben Pflichten mit Bezug auf X, weil ich einen gültigen Anspruch auf X habe.

Gegenstand eines subjektiven Rechts ist immer ein Gut, verstanden als Vorteil für das Rechtssubjekt selbst. Es wäre sinnwidrig, von einem Recht auf Übel zu reden.[2] Auch kann der Vorteil, den das Rechtsgut dem Rechtssubjekt verschafft, kein rein objektiver, nur einem Beobachter zugänglicher Umstand sein. Vielmehr muss es auch und gerade für das Rechtssubjekt selbst *irgendwie sein*, das Rechtsgut zu haben. Es muss für die Qualität seines Erlebens belangvoll sein. Rechte schützen Güter, von denen die Rechtssubjekte etwas haben (könnten) (so klassisch Nelson 1932; ebenso Feinberg 1980a; Tooley 1983).

Nun noch einige Sätze über die besondere Klasse subjektiver Rechte, die wir „Menschenrechte" nennen. Die Behauptung der Existenz solcher Rechte ist mit der Behauptung ihrer moralischen Begründbarkeit einerlei. Menschenrechte gibt es nur, soweit sie moralisch begründet sind. Die Begründung ist eine unter Subjekten, die gemeinsam nach willkürfrei gerechtfertigten Normen suchen: nach Normen, die für einen beliebigen Adressaten begründet sind. Eine moralische Rechtfertigung ist eine Rechtfertigung vom Standpunkt der Unparteilichkeit aus, auf dem allein positionsunabhängig teilbare Gründe zählen (vgl. ausführlich Ladwig 2005). Ob wir Menschenrechte haben, hängt daher begründungslogisch weder von Kräfteverhältnissen noch von kontingenten Neigungen ab. Menschenrechte kommen nicht nur Starken und Beliebten zu, weil Stärke und Beliebtheit auf dem moralischen Standpunkt keine erheblichen Gesichtspunkte sind.

Wäre es anders, dann könnte es – wiederum begründungslogisch – gar keine Menschenrechte geben. Diese sind jedenfalls im folgenden Sinne universal: Jeder einzelne geborene und nicht hirntote Mensch hat sie. Genauer: Er hat um seiner selbst willen Anspruch auf alle menschenrechtlichen Güter, von deren Gewährleistung er etwas haben könnte. Das schließt spezielle Kategorien von Rechten für spezielle Kategorien von Menschen nach Maßgabe besonderer Bedürftigkeit und Verwundbarkeit nicht aus. Frauen- oder Kinderrechte bedeuten keinen Bruch mit der menschenrechtlichen Allgemeinheit, soweit sie nur ausbuchstabieren, was unter realistischen Randbedingungen aus der Anwendung generell formulierter Rechte folgt. Weil Menschen verschieden sind, brauchen sie unterschiedliche Güter und Leistungen, um Funktionen wie die Integrität des Leibes oder ein Leben in Selbstbestimmung erfüllen zu können. Das heißt zugleich, dass Menschen manche besonderen Rechtsansprüche im Laufe ihres Lebens erwerben oder verlieren können – denken wir an das Wahlrecht einerseits, an das Recht auf kostenlosen Schulbesuch andererseits. Nicht eigens erwerben müssen, nicht verlieren können sie hingegen ihren Status als menschenrechtliche Subjekte überhaupt. Er kommt ihnen kategorisch und unverlierbar zu. Keiner muss sich das grundlegende Recht auf menschenrechtliche Berücksichtigung verdienen, keiner kann es verwirken. Auch

---

[2] Noch wenn Hegel (1821: § 100) meint, der Verbrecher habe ein Recht auf Bestrafung, so hat er ein – höherstufiges – Gut vor Augen: das Gut für den Verbrecher, als zurechnungsfähig anerkannt und also „als ein Vernünftiges geehrt zu werden".

kann man ein Menschenrecht nicht mehr oder weniger haben. Wer eines hat, hat es als ein Gleicher. Menschenrechte bringen die moralische Gleichwertigkeit aller Menschen zum Ausdruck.

Wem gegenüber haben wir Menschenrechte? Wer ist Träger der ihnen korrespondierenden Pflichten? In erster Linie Staaten und andere politische Institutionen und Akteure. Von Menschenrechten reden wir vor allem, wenn die Legitimität politischer Ordnungen und der von ihnen beschirmten Sozialstrukturen auf dem Spiel steht. Menschenrechte gehören als grundlegende Ansprüche in den Kontext einer politischen Moral. Was immer für eine gewaltgestützte Ordnung sprechen mag: Sie verdient keine Zustimmung, wenn sie ohne systematische[3] Missachtung von Menschenrechten nicht bestehen könnte. Zugespitzt: Jeder Vorwurf einer Menschenrechtsverletzung verweist auf die Möglichkeit eines Rechts auf Widerstand (vgl. Somek 1995). Die Zuspitzung gibt zu verstehen, wie gefährlich es wäre, die menschenrechtliche Idee zu überdehnen. Wer Menschenrechte auf Triviales oder Unerfüllbares behauptete, trüge zur Abstumpfung der wichtigsten moralischen Waffe bei, die wir gegen grausame und ungerechte Verhältnisse und Gewalthaber haben. Menschenrechte können daher nur um grundlegender Güter willen da sein. Zugleich müssen die Güter geeignet sein, um fremde Pflichten zu begründen und Kriterien ihrer Erfüllung festzulegen.

3. Menschenrechte und Interessen

Dies vorausgeschickt, halte ich die folgende Ansicht für plausibel: Menschenrechte sind Institutionen zum Schutz und zur Förderung fundamentaler Interessen. Die letzte Rechtfertigung für ein beliebiges Menschenrecht lautet, dass Menschen es unbedingt brauchen. „Interesse" ist dabei nicht subjektivistisch zu verstehen im Sinne dessen, was wir faktisch wünschen, sondern im Sinne dessen, was tatsächlich gut für uns ist. Entscheidend ist nicht, woran ich interessiert bin, sondern was in meinem Interesse liegt. (Der Zugang zu) X liegt unter sonst gleichen Umständen in meinem Interesse, wenn ich wenigstens einen rechtfertigenden Grund habe, (den Zugang zu) X zu schätzen. Verständigen Personen ist schließlich nicht an ihren Wünschen als solchen gelegen, sondern daran, dass die Wunschgegenstände es wert sind, gewünscht zu werden. Indes gehört zu den Dingen, die sie begründet schätzen, die Freiheit der urteilenden Stellungnahme zu wesentlichen Lebensfragen und damit die Möglichkeit einer selbstbestimmten Lebensführung. In der Moderne ist unabweisbar geworden, dass Menschen fehlerfrei zu verschiedenen Auffassungen vom Guten kommen können. Das wirft die Frage auf, ob eine Interessenkonzeption, auch wenn sie keine Wunschkonzeption ist, nicht zu viel Spielraum für Unter-

---

[3] Also nicht nur in einzelnen Fällen, sondern über einen Schwellenwert hinaus, bis zu dem Menschenrechtsverletzungen auch in menschenrechtlich akzeptablen Ordnungen realisticherweise zu erwarten sind; dazu Pogge 1997.

schiede lässt. Schließlich gibt es sehr anspruchsvolle, sehr eigenwillige und auch moralisch falsche Interessen.

Ganz offenbar sind nicht alle Interessen menschenrechtlich belangvoll. Um das zu sein, müssen sie drei Bedingungen erfüllen, die mir zusammen allerdings schon hinreichend scheinen: Verallgemeinerbarkeit (was inhärent unmoralische Interessen etwa an Vergewaltigung oder Entrechtung anderer ausschließt), Dringlichkeit (was triviale oder Luxusanliegen ausschließt) sowie die Möglichkeit der Verpflichtung Dritter (was Interessen wie das an echter Liebe ausschließt, deren Befriedigung nur als Geschenk denkbar ist).[4]

Ist globale Einigung über die Dringlichkeit von Interessen möglich? Dem Faktum des Pluralismus entsprechend, müssten menschenrechtliche Interessen so allgemein sein, dass sich Menschen mit den unterschiedlichsten Vorstellungen von einem guten Leben auf sie einigen können. Es müsste sich um Voraussetzungen oder Grundbestandteile eines gelingenden Lebens überhaupt handeln (so Wolf 1990: 90). Mit ihnen stünde nicht direkt ein gutes, sondern „nur" ein menschliches und menschenwürdiges Leben auf dem Spiel.[5] So wäre ein Leben außerhalb eines sprachlich gestifteten und kulturell gestützten „Raumes der Gründe" (Wilfrid Sellars) zwar biologisch als menschliches erkennbar, ihm fehlten aber elementare menschliche Qualitäten. Auch sollten wir bedenken, dass Menschen alles Mögliche verwerfen mögen, vielleicht sogar ihre Gesundheit und ihr Leben, jedoch nur, wenn sie überragend wichtige Gründe dafür haben. Ohne solche Gründe die Gesundheit oder das Leben zu verlieren, ist immer ein schreckliches Übel, das jeder, wenn er nur bei Sinnen ist, vermeiden möchte. Ebenso werden selbstbewusste Personen unbedingt vermeiden wollen, ihrer Selbstbestimmung beraubt und als minderwertig oder gar nichtswürdig behandelt zu werden.

Es gibt demnach Güter, die universal schätzenswert sind, so dass niemand sie ohne sehr gute Gründe aufs Spiel setzen will. Und es gibt Güter, die jeder, der sich als achtenswertes Subjekt von Menschenrechten begreift, als unaufgebbar ansieht – zuerst seinen Status als Rechtssubjekt selbst. Diese programmatischen Überlegungen mögen genügen, um die Behauptung zu stützen, dass es Güter gibt, auf deren menschenrechtlichen Rang sich alle verständigen Personen einigen können. Das muss ich hier nicht ausführen, weil ohnehin klar ist, dass Wasserzugang Voraussetzung für sie alle ist.

---

[4] Statt von der Dringlichkeit eines Interesses könnten wir auch von einem *Bedürfnis* sprechen. Das Wort „Interesse" hat schließlich in manchen Verwendungen einen subjektivistischen Beiklang. Ein Bedürfnis hingegen ist ein Interesse, das durch intersubjektiv nachvollziehbare Dringlichkeit gedeckt ist. Andererseits ist auch die Rhetorik der „Bedürfnisse" gegen den Verdacht des Subjektivismus nicht gefeit (dazu Griffin 1986: 42ff.): Sind die schieren Überlebenserfordernisse erfüllt, so betreten wir schnell umstrittenes Terrain. Die Rede von „Interessen" hat den Vorzug, dass sie keine Naturalisierbarkeit suggeriert, wo deutungsbedürftige Ansprüche da sind.
[5] Das gute Leben selbst hängt von Leistungen und Umständen ab, die das Anspruchsniveau der Menschenrechte übersteigen.

Was die Möglichkeit der Verpflichtung angeht, können wir zwei Stufen unterscheiden. Auf der ersten Stufe stehen Pflichten, die sich direkt auf ein menschenrechtliches Gut beziehen – etwa die Pflicht, von Verletzungen abzusehen oder das Gut anzubieten. Auf der zweiten Stufe stehen Pflichten, die sich auf Voraussetzungen für die Erfüllung der ersten Art von Pflichten beziehen – etwa die Pflicht, Institutionen zu schaffen, damit ein Rechtsgut gleichmäßig und verlässlich angeboten werden kann. So lässt sich der Einwand abschwächen, dass einige Menschenrechte bloße „Manifestrechte" seien, da kein Adressat korrespondierender Pflichten existiere (dazu Feinberg 1980: 153). Soweit wir die Möglichkeit haben, einen solchen Adressaten durch kooperatives Handeln aufzubauen, und soweit wir zu kooperativem Handeln in der Lage sind, haben wir die Pflicht zweiter Stufe, dafür zu sorgen, dass das Recht kein bloßes Manifestrecht bleibt.

Richtig bleibt aber: Noch so erhebliche Güter begründen Pflichten nur relativ zu unseren individuellen und gemeinschaftlichen Handlungsmöglichkeiten. In Konfliktfällen geht ein dringlicheres Interesse einem weniger dringlichen *ceteris paribus* vor und ebenso ein leichter zu befriedigendes einem schwerer zu befriedigenden. Menschenrechtliche Pflichten ergeben sich so als Funktion zweier Variablen: der Dringlichkeit verallgemeinerbarer Interessen und der Kosten ihrer Beachtung. Das kann bedeuten, dass ein Anspruch, obwohl überlebenswichtig, menschenrechtlich weniger wiegt als ein Anspruch, von dem das Überleben nicht abhängt: Vielleicht kann jener nur unter anspruchsvollen Voraussetzungen, dieser jederzeit erfüllt werden.

Es mag daher richtig sein, Regierungen für die Verletzung von Freiheitsrechten generell strenger zu verurteilen als für Versäumnisse hinsichtlich sozialer Leistungen. Das aber wäre ein kontingentes Ergebnis der Gewichtung zweier Variablen. Den Freiheitsrechten kommt jedenfalls kein axiomatischer Vorrang zu. Insofern ist mein Vorschlag moderat konsequentialistisch: Innerhalb der durch die Figur subjektiver Rechte gezogenen Grenze sind politische Akteure nach Maßgabe des Möglichen zur Optimierung von Zuständen bezüglich grundlegender Güter verpflichtet. Was grundlegende Güter sind, hängt davon ab, was Menschen brauchen und wie dringend sie es brauchen. In naturrechtlichen Ansätzen wie demjenigen Robert Nozicks (1976) gilt hingegen ein bestimmtes Recht – bei Nozick: auf Selbstverfügung und daraus folgenden Freiheiten der Erarbeitung und Übertragung von Eigentum – als unbedingte Grenze der Politik. Diese mag noch so hochrangige Ziele verfolgen: Sie darf dies nur in Einklang mit dem absolut verstandenen Recht auf Selbstverfügung jeder Person.

Nozick nimmt an, dass eine Politik, die Ziele auch auf Kosten von eigentumsbezogenen Freiheiten verfolgt, gegen den kantischen Imperativ verstößt, jeden Menschen immer zugleich als Zweck, niemals bloß als Mittel zu behandeln. Wer Eigentum über die Erfordernisse der Minimalstaatlichkeit hinaus besteuerte, behandelte einen Teil der Arbeitszeit anderer, als dürfe er über sie verfügen wie ein Lehnsherr über die seiner Vasallen. Hingegen meine ich, dass Nozick zeigen müsste, warum eine „Instrumentalisierung" durch progressive Besteuerung immer die

schlimmstmögliche Interessenverletzung wäre. Wäre sie unbedingt schlechter als eine Vorenthaltung von überlebenswichtigen Gütern, die ein Staat mittels progressiver Besteuerung bezahlen könnte? Die einseitige Aneignung der Früchte fremder Leistungen ist nicht das schlimmste, was man Menschen antun kann. An Gleichgültigkeit dürften jedenfalls in kapitalistischen Gesellschaften mehr Menschen zugrunde gehen.

Was spricht für ein moderat konsequentialistisches Verständnis von Menschenrechten? In einer moralischen Argumentation können nur positionsunabhängig teilbare Gründe zählen. Ihre Annehmbarkeit kann nicht davon abhängen, welche besonderen Aussichten irgendein Normadressat hat. Jeder, wo immer er steht, müsste sich vorstellen können, er hätte sie in einem Zustand der Freiheit und Gleichheit zwanglos akzeptiert. Nun denken wir uns, frei nach John Rawls (1975), Personen hinter einem „Schleier des Nichtwissens", die nicht wissen, ob sie in der von ihnen gewählten Welt als Arme oder als Reiche leben müssten, und die auch die Wahrscheinlichkeit nicht kennen, mit der sie das eine oder das andere erwartete. Diese Personen sollen über die grundlegenden Institutionen ihrer Gesellschaft befinden, die sie mit Zwangsmitteln zu sichern vorhaben. Würden sie eine Pflicht zur Gewährleistung grundlegender Güter vorsehen, auch wenn das Abstriche an der Verfügung über privates Eigentum bedeutete? Oder würden sie sich sagen, jede Besteuerung zu Zwecken der Umverteilung wäre derart demütigend, dass wir selbst vermeidbar vorzeitiges Sterben vorziehen sollten?

Vielleicht meint Nozick, ein Mensch mit Selbstachtung, der die Freiheit liebt, müsste die zweite Antwort geben. Schließlich haben Menschen auch gegen Sklaverei und Leibeigenschaft ihr Leben riskiert. Und Nozick setzt im Grunde Besteuerung für redistributive Zwecke mit Zwangsarbeit gleich. Doch das eigentliche Problem an Zwangsarbeit ist umfassende Fremdbestimmung: Sie hindert mündige Menschen daran, so zu leben, wie sie es für richtig halten. In dieser Hinsicht können sich marktbedingte Abhängigkeiten und Notlagen als wenigstens ebenso drückend erweisen wie staatlicher Zwang (vgl. Tugendhat 1992). Progressive Besteuerung darf daher, unparteiisch betrachtet, oft als kleineres Übel gelten.

4.   Einwände gegen ein Recht auf Wasser

Die Interessenauffassung von Menschenrechten bildet eine normative Brücke zwischen Bedürfnissen und Ansprüchen. Allerdings setzt auch sie Möglichkeiten der Verpflichtung voraus, ganz bestimmte Träger von Pflichten und Kriterien ihrer Erfüllung. Hier könnten Einwände gegen ein Recht auf Wasser einsetzen: Dieses scheint ein voraussetzungsvolles und inhaltlich vages Leistungsrecht zu sein, das alle und also keinen verpflichtet. Als weiterer Einwand ist denkbar, dass Wasser als öffentliches Gut nicht zugleich ein menschenrechtliches Gut sein könne: Schließlich kommen Menschenrechte Individuen zu und nicht Gruppen als ganzen.

Die Einwände verweisen auf die Stellung des möglichen Rechts auf Wasser zwischen einer zweiten und einer dritten „Generation" der Menschenrechte. Im Allgemeinen Kommentar Nr. 15 des Ausschusses für wirtschaftliche, soziale und kulturelle Rechte wird das fragliche Recht aus (anderen) sozialen Rechten per Implikation hergeleitet, also der „zweiten Generation" der Rechte zugeschlagen. Weil auch mir das der beste Weg zu sein scheint, will ich mich auf Einwände gegen ihn konzentrieren. Wenigstens erwähnt sei aber auch, was gegen ein Recht auf Wasser sprechen könnte, wenn wir es als Menschenrecht der „dritten Generation" verstehen.

4. 1. Einwände gegen das Recht auf Wasser als soziales Menschenrecht

Ein *erster* Einwand gegen soziale Menschenrechte generell, ein Recht auf Wasser im Besonderen lautet: Ein solches Recht setzt Ressourcen voraus, die nicht jeder Staat hat. Also kann es nicht kategorisch gelten. Also kann es kein Recht sein, das eine beliebige politische Ordnung beachten muss. Verstehen wir Menschenrechte jedoch schwächer, um auch voraussetzungsvolle Ansprüche zu erfassen, so schwächen wir die normative Stellung dieser Rechte insgesamt.

Dem Argument liegt die Vorstellung zugrunde, einige Menschenrechte könnten durch bloßes Nichtstun zureichend beachtet werden. Um das Recht auf Religionsfreiheit zu beachten, muss der Staat nur darauf verzichten, die Religionsfreiheit seiner Bürger zu beschneiden. Um das Recht auf Freiheit von Folter und erniedrigender Behandlung zu beachten, muss der Staat nur auf Folter und erniedrigende Behandlung verzichten. Hingegen verlangen soziale Rechte einen aktiven Staat, der materielle Güter bereitstellt. Das könnte jedenfalls ärmere Gemeinwesen überfordern.

Doch die Vorstellung, einige Menschenrechte ließen sich kostenlos und also ohne weiteres erfüllen, ist irreführend. Gewiss, in paradigmatischen Fällen sind die primären Pflichten mit Bezug auf Freiheitsrechte passiver, mit Bezug auf soziale Rechte aktiver Art. Aber das muss nicht so sein. Ein Staat kann das Recht auf Ernährung auch verletzen, indem er Menschen ihres Bodens beraubt und sie so daran hindert, für den eigenen Bedarf anzubauen. Nicht immer verlangt ein soziales Recht nach einem eingreifenden Staat; manchmal ist ihm mit staatlichem Unterlassen mehr gedient.

Umgekehrt muss der Staat eingreifen, wann immer ein Mensch in seinem Machtbereich zum Opfer der Verletzung eines beliebigen Menschenrechts zu werden droht oder schon geworden ist. Auch Freiheitsrechte sind wenig wert, wenn der Staat sie zwar nicht selbst versehrt, aber nicht in der Lage oder willens ist, gegen ihre Verletzung durch Dritte vorzugehen. Eine beliebige menschenrechtliche Ordnung bedarf erheblicher Mittel: zur Bezahlung einer Polizei, einer unabhängigen Gerichtsbarkeit mit gut ausgebildeten Anwälten und Dolmetschern, eines menschenwürdigen Strafvollzuges, eines Systems von Kompensationen. Hinzu kommen allgemeine

Voraussetzungen wie ein gutes Bildungswesen und eine wache Öffentlichkeit. In vielen Staaten fehlt es an solchen Voraussetzungen. In ihnen ist es daher nicht nur um soziale Rechte schlecht bestellt, sondern ebenso um Freiheitsrechte. Jede menschenrechtliche Ordnung ist materiell kostspielig und kulturell anspruchsvoll.

Die Vorstellung einer zureichenden Beachtung irgendwelcher Menschenrechte durch Unterlassen krankt an einem verkürzten Verständnis der korrespondierenden Pflichten. Henry Shue (1980: 60), der diese Kritik prominent gemacht hat, unterscheidet für alle Menschenrechte deren drei: Pflichten der Vermeidung (*duties to avoid deprivation*), Pflichten des Schutzes (*duties to* protect *from deprivation*) und Pflichten der Hilfe oder Ermöglichung (*duties to* aid *the deprived*). Beispielhaft: Das Recht auf freie Meinungsäußerung verpflichtet den Staat zum Verzicht auf Zensur. Ebenso verpflichtet es ihn zum Einschreiten, wenn Dritte, etwa bewaffnete Banden, seine Ausübung verhindern wollen. Schließlich verpflichtet es ihn, die allgemeinen und besonderen Voraussetzungen einer sinnvollen Wahrnehmung des Rechts zu gewährleisten: von der Sicherung eines Mindestniveaus an Bildung über die Ermöglichung eines breiten und ungehinderten Informationsflusses bis zur Umlenkung des städtischen Verkehrs, damit Menschen ihre Ansichten in die Öffentlichkeit tragen können. Welche Pflicht jeweils vorrangig ist, hängt von kontingenten Umständen der Rechtsverwirklichung oder ihrer Gefährdung ab. Es liegt nicht *a priori* in der Natur des Rechts beschlossen. Der Unterschied zwischen sozialen und anderen Menschenrechten verschwindet dadurch nicht. Aber mit Blick auf die Pflichten ist er nicht grundsätzlich, sondern graduell.

Die Autoren des Allgemeinen Kommentars Nr. 15 haben Shues Pflichtentrias in etwas anderen Worten aufgegriffen: Sie sprechen von Pflichten der Respektierung, des Schutzes und der Erfüllung. Wie jedes Menschenrecht, kann das Recht auf Wasser auf vielerlei Weise verletzt werden: durch Verschmutzung, durch Vertreibung, durch Ausschluss missliebiger Gruppen, durch diskriminierende oder unverhältnismäßige Preiserhöhung (Verstöße gegen Pflichten der Respektierung), durch Privatisierung ohne begleitende Sicherungen für Arme, durch Zulassung vermeidbarer Bodenerosion, durch die Weigerung, Banditen zu bekämpfen, die den Zugang zu Wasserstellen blockieren (Verstöße gegen Pflichten des Schutzes), durch das Fehlen oder vermeidbare Fehlschlagen einer Politik, die eine Grundversorgung mit sauberem und brauchbarem Wasser für alle sicherte (Verstöße gegen Pflichten der Erfüllung).

Ein *zweiter* Einwand gegen soziale Rechte im Allgemeinen, ein Recht auf Wasser im Besonderen lautet, dass die Kriterien der Pflichterfüllung nicht klar seien. Aber wiederum ist das bei anderen Arten von Rechten, die fraglos als Menschenrechte gelten, nicht grundsätzlich anders. Wo beginnt Zensur? Welche Arten der Bestrafung sind grausam und also menschenrechtswidrig? Wie vieles gehört zu einem anständigen Rechtsschutz? Was genau muss der Staat tun, um die Demonstrationsfreiheit zu sichern? Menschenrechte sind immer abstrakte Rechte (so Alexy 1998: 253f.): Sie bedürfen der Konkretisierung im politischen Prozess

und der Übersetzung in positives Recht, wo sie überdies Gegenstand richterlicher Auslegung werden.

Im Allgemeinen Kommentar Nr. 15 werden die zulässigen Auslegungen deutlich begrenzt. Im Kern ist das Recht auf Wasser ein Subsistenzrecht: Von seiner unbedingten Beachtung hängt ab, ob alle Menschen im Machtbereich eines Staates überleben können. Das Existenzminimum an Wasser steht daher für keinen Staat zur Disposition. Auch und gerade benachteiligte Gruppen brauchen diskriminierungsfreien Zugang zu ausreichendem und sicherem Wasser sowie zu sanitären Anlagen. Soweit Staaten aus eigener Kraft ihre Kernverpflichtungen nicht erfüllen können, haben sie Anspruch auf internationale Hilfe und Zusammenarbeit.

Damit ist teilweise schon ein *dritter* Einwand beantwortet. Der Einwand lautet, dass nicht klar sei, wen das Recht auf Wasser in die Pflicht nehme. Der Allgemeine Kommentar Nr. 15 macht deutlich, dass dies in erster Linie der jeweilige Einzelstaat, in zweiter Linie die internationale Gemeinschaft ist. Das Recht auf Wasser ist also mitnichten ein bloßes „Manifestrecht". Es ist kein ins Weltall hineingerufener Anspruch an alle und keinen; konkrete Akteure können für seine Verletzung oder unzulängliche Beachtung verantwortlich gemacht werden. Auch ist die Erinnerung hilfreich, dass menschenrechtliche Pflichten auf zwei Stufen stehen: Einige beziehen sich direkt auf ein menschenrechtliches Gut, andere auf Voraussetzungen für die Erfüllung der ersten Art von Pflichten. Soweit ein Staat oder die internationale Gemeinschaft die Bedingungen der Rechtsverwirklichung verbessern können, indem sie ihr Handeln abstimmen oder Institutionen bilden, müssen sie dies tun.

4. 2. Einwände gegen das Recht auf Wasser als Menschenrecht der „dritten Generation"

Pflichten der Kooperation und Hilfestellung sind ein Aspekt dessen, was manche Menschenrechte der „dritten Generation" nennen (nach der ersten Generation der Freiheits- und Abwehrrechte und der zweiten Generation der sozialen Anspruchsrechte). Karel Vasak (1979), ein früherer Leiter der UNESCO-Abteilung für Menschenrechte und Frieden, auf den das Konzept zurückgeht, hat deshalb auch von „Solidaritätsrechten" gesprochen. Er hat damit hervorgehoben, dass manche Rechte nur bei grenzüberschreitender Zusammenarbeit, und vielleicht nur unter Einschluss formal privater Akteure, verwirklicht werden können. In diesem Sinne könnte das Recht auf Wasser ein „Menschenrecht der dritten Generation" sein. Doch die Zweckmäßigkeit dieser Einteilung ist zweifelhaft. Immer weniger Rechte lassen sich unter Bedingungen der Globalisierung im nationalen Rahmen und von Regierungen allein gewährleisten. Was sich so ändert, sind nicht unbedingt die Rechte, doch die Randbedingungen ihrer Realisierung.

Eine eigene Kategorie von Menschenrechten liegt nur vor, wo auch die Inhalte und vielleicht außerdem die Subjekte der Rechte besonders sind. Inhaltlich zählt Vasak so heterogene Vorzüge wie Frieden, Entwicklung, Kommunikation, saubere Um-

welt und auch sauberes Wasser zu den Menschenrechtsgütern der „dritten Generation". Ihnen ist gemeinsam, dass sie öffentliche Güter sind oder jedenfalls öffentliche Güter sein sollten. Es wäre faktisch oder normativ ausgeschlossen, sie für einige Angehörige einer Rechtsgemeinschaft zu sichern und andere von ihnen auszuschließen. Man könnte darum sagen, es ist die Rechtsgemeinschaft als ganze, die in den Genuss der Güter kommen muss. Im Falle sauberen Wassers ist das keine faktische, aber eine normative Vorgabe. Gewiss könnte man einige vom Wasserzugang fernhalten. Aber eine anständige Rechtsgemeinschaft sorgt dafür, dass jeder in ihrem Bereich Zugang hat, auch die Ärmsten und die am wenigsten Beweglichen.

Warum könnte das ein Einwand gegen ein Menschenrecht auf Wasser sein? Weil es scheinbar ganzen Gruppen und nicht Individuen Ansprüche gäbe. Menschenrechte haben aber den Sinn, die Ansprüche von Gruppen zu begrenzen, um die einzelnen Menschen in ihnen – und über sie hinaus – mit einer gewissen Macht zu versehen. Sie sollen die Kräfteverhältnisse so beeinflussen, dass Gruppen Individuen nicht erdrücken können. Diese Korrekturfunktion wäre fraglich, wenn einige Menschenrechte selbst Titel zur Ermächtigung von Gruppen gegen Individuen wären.

Der Einwand trifft zu, wenn man unter Menschenrechten der „dritten Generation" solche versteht, deren primäre Subjekte nicht Einzelmenschen, sondern Kollektive sind. Das scheint gegen das Konzept als solches zu sprechen: Menschenrechte sollten strikt als individuelle Rechte verstanden werden; jede Aufweichung des normativen Individualismus würde die Stellung des Einzelnen unnötig gefährden. Aber dazu stehen Menschenrechte *mit Bezug auf öffentliche Güter* nicht zwingend in Widerspruch.[6] Ein Beispiel ist eine unzerstörte Umwelt: Sie kann auch von Einzelgängern genossen werden, jedoch nur, soweit sie als öffentliches Gut da ist. Gibt es ein Menschenrecht auf saubere Umwelt, so ist es ein individuelles Recht auf ein öffentliches Gut. Warum sollte das gleiche nicht für sauberes Wasser gelten? Wer gefährliche Abfälle in einen Fluss leitet, schädigt alle Menschen, die am und vom Fluss leben, und jeder einzelne hat einen menschenrechtlichen Grund zur Klage, weil die Handlungsweise seine fundamentalen Interessen verletzt. Sein Anspruch wird nicht schwächer dadurch, dass alle ihn haben. Eher hat er so mehr faktisches Gewicht.

Dennoch schiene es mir bestenfalls überflüssig, ein Recht auf Wasser unter dem Titel „Menschenrecht der dritten Generation" einzuführen. Wie der Allgemeine Kommentar Nr. 15 zeigt, geben uns schon die sozialen Rechte alle Argumente, die wir brauchen. Mit der Wortschöpfung „Menschenrechte der dritten Generation" verbinden sich drei Verwendungsweisen, deren Zusammenhang nicht klar ist. Mit Bezug auf menschenrechtliche Pflichten können solche zur Kooperation, mit Bezug auf Güter solche öffentlicher Art, mit Bezug auf Subjekte solche kollektiver Natur gemeint sein. Diese letzte Bedeutung sprengt den Bezugsrahmen der Menschenrechte. Sie ist mit dem normativen Individualismus unvereinbar. Insofern

---

[6] Manche menschenrechtlichen Güter sind sogar wesentlich gemeinschaftsbezogen – etwa die politischen Rechte und das Recht, eine Sprache zu sprechen. Jeder Einzelne hat Anspruch auf sie, damit etwas Gemeinsames entstehen kann – ein politisches Projekt oder ein intersubjektives Netz von Bedeutungen.

könnte die Behauptung einer neuen Kategorie von Menschenrechten sogar gefährlich sein.

Die übrigen zwei Bedeutungen mögen unproblematisch sein. Sie sind jedoch nicht koextensiv, und jedenfalls der Aspekt der Kooperationspflichten steht auch nicht für eine eigene Kategorie von Rechten. Eher werden zwei Probleme hervorgehoben, die einer Politik der Menschenrechte mehr denn je zu schaffen machen. Das eine Problem ist das der Koordinierung von Akteuren, von denen nicht alle im formalen Sinne politisch zuständig sind, obwohl alle die Verwirklichung von Menschenrechten behindern oder begünstigen können. Das andere ist das der Sicherung öffentlicher Güter unter Bedingungen forcierter Privatisierung.

5. Schluss

Damit bin ich bei der abschließenden Frage, ob es zweckmäßig ist, von einem Menschenrecht auf Wasser zu reden. Die politische Philosophie mag helfen, abstrakte Kategorien von Rechten aus moralisch begründeten Prinzipien zu gewinnen. Die genauen Rechte sind jedoch dem politischen Prozess und der rechtlichen Positivierung seiner Ergebnisse anheim gegeben. Sie sind Antworten auf maßgebliche Erfahrungen, nicht zuletzt dramatisch negativer Art, und auf aktuelle Gefährdungen eines menschlichen Lebens in Würde.

Zwei Gründe sprechen heute dafür, ein Menschenrecht auf Wasser auf die Agenda zu setzen. Erstens verhindern vermeidbare Umweltzerstörung, kriegerische Konflikte und politisch gewollte Verknappung einen allgemein erschwinglichen Zugang zu brauchbarem und sauberem Wasser. Zweitens sind viele Aktivisten, die gegen diesen lebensgefährlichen Missstand angehen, auf die Frage des Eigentums fixiert (etwa Barlow/Clarke 2003; Shiva 2003). Normativ vorrangig ist aber die Gewährleistung von Standards. An ihnen sind alle Regierungen, wie immer sie den Zugang zu Wasser regeln, unbedingt zu messen. Ein explizit anerkanntes Menschenrecht auf Wasser machte deutlich, dass auch Privatisierung die Regierungen nicht aus der Pflicht nähme, die Grundversorgung mit Wasser für alle zu sichern. Zumindest eine unregulierte Privatisierung, ohne strenge Vorgaben und Kontrollen, ohne Garantien für die Ärmsten, ohne wachsame soziale Bewegungen ist damit ausgeschlossen.

Literaturverzeichnis:

Alexy, Robert (1998): Die Institutionalisierung der Menschenrechte im demokratischen Verfassungsstaat. In: *G. Lohmann / S. Gosepath* (Hg.), Philosophie der Menschenrechte. Frankfurt am Main: 244-264

Barlow, Maude / Tony Clarke (2003): Blaues Gold. Das globale Geschäft mit dem Wasser. München

Feinberg, Joel (1980): The Nature and Value of Rights. In: ders., Rights, Justice, and the Bounds of Liberty. Princeton, N.J.: 143-158

Feinberg, Joel (1980a): The Rights of Animals and Unborn Generations. In: ders., Rights, Justice, and the Bounds of Liberty. Princeton, N.J.: 159-184

Griffin, James (1986): Well-Being. Its Meaning, Measurement, and Moral Importance. Oxford

Hegel, Georg Wilhelm Friedrich (1821): Grundlinien der Philosophie des Rechts. Werke 7. Frankfurt am Main 1986

Kant, Immanuel (1797): Die Metaphysik der Sitten. Werkausgabe Band VIII. Herausgegeben von W. Weischedel. Frankfurt am Main 1993

Ladwig, Bernd (2005): Begründung von Normen. In: *S.-U. Schmitz / K. Schubert* (Hg.), Einführung in die Politische Theorie und Methodenlehre. Opladen: 255-270

Locke, John (1689): Über die Regierung [*The Second Treatise of Government*]. Stuttgart 1974

Nelson, Leonard (1932): System der philosophischen Ethik und Pädagogik. 3. Auflage. Hamburg 1970 (Gesammelte Schriften Bd. 5)

Nozick, Robert (1976): Anarchie, Staat, Utopia. München

Rawls, John (1975): Eine Theorie der Gerechtigkeit. Frankfurt am Main

Riedel, Eibe (2005): The Human Right to Water. In: Weltinnenrecht. Liber amicorum Jost Delbrück. Herausgegeben von *K. Dicke* u.a. Berlin: 585-606.

Shiva, Vandana (2003): Der Kampf um das blaue Gold. Ursachen und Folgen der Wasserverknappung. Zürich

Shue, Henry (1980): Basic Rights. Subsistence, Affluence, and U.S. Foreign Policy. Princeton

Somek, Alexander (1995): Die Moralisierung der Menschenrechte. Eine Auseinandersetzung mit Ernst Tugendhat. In: *Chr. Demmerling / Th. Rentsch* (Hg.), Die Gegenwart der Gerechtigkeit. Diskurse zwischen Recht, praktischer Philosophie und Politik. Berlin: 48-56

Tooley, Michael (1983): Abortion and Infanticide. Oxford

Tugendhat, Ernst (1992): Liberalism, Liberty and the Issue of Economic Human Rights. In: ders., Philosophische Aufsätze. Frankfurt am Main: 352-370

UN-Wirtschafts- und Sozialausschuss. Ausschuss für wirtschaftliche, soziale und kulturelle Rechte (2002): Allgemeiner Kommentar Nr. 15. Das Recht auf Wasser

Deutsche Übersetzung in: *Deutsches Institut für Menschenrechte* (Hg), Die „General Comments" zu den VN-Menschenrechtsverträgen, Baden-Baden 2005, S. 314-336.

Vasak, Karel (1979): Pour les Droits de l'Homme de la Troisième Génération: les Droits de Solidarité. Leçon Inaugurale, Institut International des Droits de l'Homme, Dixième Session d'Enseignement 2.-27. juillet 1979. Strasbourg

Wolf, Ursula (1990): Das Tier in der Moral. Frankfurt am Main

Einige Aspekte der Arbeit von *amnesty international* zum Recht auf Wasser

Katharina Spieß [1]

1. Einleitung

„Access to safe water is a fundamental human need and, therefore, a basic human right. Contaminated waters jeopardizes both the physical and social health of all people. It is an affront to human dignity."
Kofi Annan hat damit die Bedeutung des Rechts auf Wasser unterstrichen. Ohne Wasser kann ein Mensch nicht überleben. Dennoch hat nach Schätzungen der Weltgesundheitsorganisation ein Sechstel der Weltbevölkerung keinen Zugang zu Trinkwasser in einem Radius von einem Kilometer vom Wohnort. Jährlich sterben 1.6 Millionen Menschen, überwiegend Kinder, die jünger als fünf Jahre sind, an Durchfallerkrankungen, die durch verschmutzes Wasser verursacht wurden. [2]
Seit 2001 arbeitet *amnesty international* zum Recht auf Wasser. Der Entschluss der Organisation, neben bürgerlichen und politischen Rechten auch zu wirtschaftlichen, sozialen und kulturellen Rechten, zu denen das Recht auf Wasser zählt, zu arbeiten, trägt der Tatsache Rechnung, dass alle Rechte unteilbar und miteinander verknüpft sind. *Amnesty international* setzt sich dafür ein, schwerwiegende Verletzungen der Rechte auf körperliche und geistige Unversehrtheit, auf Gewissens- und Meinungsfreiheit und auf Freiheit von Diskriminierung zu verhindern. Bei den wirtschaftlichen, sozialen und kulturellen Rechten will *amnesty international* insbesondere die Einklagbarkeit dieser Rechte zu fördern. Die so genannte Justiziabilität der Rechte ist ein wichtiger Baustein dafür, dass Opfer von Menschenrechtsverletzungen sich gegen Verletzungen wehren können. Die Information insbesondere über wirtschaftliche, soziale und kulturelle Rechte ist wichtig, denn gerade arme und benachteiligte Personen sind Opfer von Verletzungen wirtschaftlicher und sozialer Rechte. Ihre Position wird gestärkt, wenn sie wissen, dass zum Beispiel der Zugang zu sauberem Wasser ein Recht ist, das jedem zusteht und das der Staat zu gewährleisten hat. Es ist nicht eine bloße Staatszielbestimmung oder gar eine Wohltat, die den Menschen gewährt wird.
Amnesty international unterstreicht immer wieder, dass wirtschaftliche, soziale und kulturelle Menschenrechte und nicht nur Staatszielbestimmungen sind. Auch das Recht auf Wasser wird immer noch bestritten. [3] Das Recht auf Wasser ist ein Men-

---

[1] Dr. *Katharina Spieß, Referentin für Wirtschaft und Menschenrechte der deutschen Sektion von amnesty international.*
[2] WHO, <http://www.who.int/household_water/advocacy/brochure_Nov_2004.pdf> [besucht am 1.10.2006].
[3] So hat das Weltwasserforum, eine internationale Vereinigung privater Unternehmen und internationaler Organisationen, immer noch nicht das Recht auf Wasser anerkannt. Für weitere In-

schenrecht, das insbesondere in Art. 11 – Recht auf einen angemessenen Lebensstandard – und Art. 12 – Recht auf Gesundheit – des UN-Sozialpakts enthalten ist. In einem allgemeinen Kommentar hat der UN-Sozialausschuss den Inhalt des Rechts auf Wasser umfassend dargelegt.[4] Wie bei anderen Menschenrechten auch haben die Staaten die Pflicht, das Recht auf Wasser zu achten, zu schützen und zu gewährleisten. Ihre Achtungspflicht beinhaltet unter anderem, dass sie eine Person nicht daran hindern dürfen, ihr Recht auf Wasser wahrzunehmen. Die Schutzpflicht umfasst die Pflicht, eine Person vor Eingriffen privater Dritter in ihre Recht auf Wasser zu schützen. Die Gewährleistungspflicht schließlich bedeutet, dass der Staat das Erforderliche tun muss, um das Recht auf Wasser zu verwirklichen, insbesondere muss der Staat benachteiligten Gruppen, die aus eigener Kraft keinen Zugang zu sauberen Wasser haben, den Zugang zu sauberem Wasser verschaffen.
Im Folgenden wird die Arbeit von *amnesty international* am Beispiel von zwei Fällen im Kosovo und in Bhopal vorgestellt. Anhand des Beispiels von Bhopal wird zudem auf die Verantwortung der Wirtschaft für die Menschenrechte eingegangen. Schließlich wird kurz auf Fragen der Privatisierung der Wasserversorgung aus menschenrechtlicher Sicht eingegangen.

2. Kosovo

Ein Beispiel für die Verletzung des Rechts auf Wassers hat *amnesty international* im Kosovo dokumentiert.[5] Im August 2005 hat *amnesty international* in einer Eilaktion auf die Situation von 530 Bewohnern von drei Flüchtlingslagern im Kosovo aufmerksam gemacht. Diese Lager befanden sich auf dem Gebiet einer früheren Bleischmelzanlagen. Bis heute ist deswegen der Boden mit Blei verseucht. Als Folge haben die meisten der Bewohner der Flüchtlingslager, unter ihnen 138 Kinder unter sechs Jahren, gefährlich hohe Konzentrationen von Blei in ihrem Blut. Einige der Kinder leiden an Symptomen einer Bleivergiftung, einschließlich Krämpfen und Komazuständen, woraus zu schließen ist, dass sie einer sehr hohen Schadstoffbelastung ausgesetzt sind. Laut der Weltgesundheitsorganisation kann dies für die im Lager lebenden Kinder die „große Gefahr einer Hirnschädigung (Enzephalopathie) mit möglicher Todesfolge bedeuten". Die meisten Bewohner, die Angehörigen der Roma-, Aschkali und Ägyptergemeinden sind, lebten seit ihrer Flucht 1999 in den Flüchtlingslagern.
Die hohe Bleikonzentration ist nicht nur im Wasser nachweisbar, sondern auch im Boden und in der Luft. Obwohl den Behörden seit spätestens 2000 die Bleiverseuchung bekannt war, haben sie weder die örtliche Bevölkerung über die Bleibelas-

---

formationen siehe <http://www.worldwaterforum4.org> amnesty international hat dies beim 3. Weltwasserforum in Kyoto kritisiert: Human Right to Water, ai-Index 10/002/2003.
[4] UN-Ausschuss für wirtschaftliche, soziale und kulturelle Rechte, Allgemeine Bemerkung Nr. 15, UN-Dokument E/C.12/2002/11. Das Deutsche Institut für Menschenrechte hat die Allgemeinen Bemerkungen der UN-Ausschüsse übersetzt und kommentiert, siehe: Deutsches Institut für Menschenrechte, Die „General Comments" zu den UN-Menschenrechtsverträgen, Baden-Baden 2005.
[5] Amnesty international, Urgent action vom 04.08.2005, EUR 70/012/2005.

tung aufgeklärt noch haben sie geeignete Maßnahmen ergriffen, um die Bewohner des Lagers vor der Gesundheitsgefahr zu schützen. Begründet wurde dies unter anderem mit Geldmangel. Zwar hat UNMIK (United Nations Interim Administration Mission in Kosovo) im Jahr 2005 den Bewohnern der Flüchtlingslager angeboten, dass sie in ein anderes Lager umgesiedelt werden. Die Bewohner haben sich aber dagegen gewehrt, weil sie in die Entscheidung nicht einbezogen wurden und zudem befürchteten, dass sich bei einer erneuten Umsiedelung in wieder ein neues Flüchtlingslager die Rückkehr in ihre Heimat weiter verzögert werden würde.

In diesem Fall hat *amnesty international* gefordert, dass

- UNMIK geeignete Maßnahmen für eine Verlagerung des Lagers ergreift,
- dass sie dafür Sorge trägt, dass die erkrankten Personen behandelt werden
- und dass sie die betroffenen Bewohner umfassend über die Gesundheitsbelastung und über die Umsiedlung informiert und die Bewohner in diese Entscheidung mit einbindet.

Als Zwischenlösung für die auf dem mit Blei verseuchtem Gelände wohnenden Personen wurde auf dem ehemaligen Gelände der französischen KFOR im Frühjahr 2006 das Lager ‚Osterode' erstellt, das ca. 200 Meter von Česmin Lug/Llugë entfernt liegt, so dass die dort wohnenden Personen weiter einer erhöhten Bleikonzentration ausgesetzt sind. In diese Entscheidung wurden die Bewohner der Lager nicht einbezogen. Auch aus diesem Grund trifft das Zwischenlager auf wenig Akzeptanz. Die Bewohner bemängeln fehlende Wasch- und Kochgelegenheiten und die fehlende Privatsphäre. Zudem ist das Gelände von hohem Stacheldraht umzäunt und der Zutritt zum Lager wird kontrolliert. Schließlich hat UNMIK nicht dafür Sorge getragen, dass die Personen, die an einer Bleivergiftung leiden, medizinisch behandelt werden. Der Menschenrechtsausschuss hat im August 2006 in seiner Bewertung des von der UNMIK vorgelegten Berichts über die Menschenrechtssituation im Kosovo das Vorgehen von UNMIK wegen der Gefährdung des Rechts auf Leben kritisiert.[6]

Der Fall im Kosovo zeigt, dass die Verletzung des Rechts auf Wasser immer auch eine Verletzung des Rechts auf Gesundheit und häufig des Rechts auf Leben darstellt. Es zeigt zudem, wie wichtig es ist, die betroffenen Personen über ihre Rechte zu informieren. Nur so sind sie in der Lage, sich gegen die Verletzung ihrer Rechte effektiv zu wehren.

3.   Bhopal

Im Dezember 1984 kam es zu einem katastrophalen Unfall in einer Pestizidfabrik der indischen Tochtergesellschaft des amerikanischen Konzerns Union Carbide Cooperation (UCC). In der Nacht zum 3. Dezember entwichen damals mehr als 35

---

[6] Siehe den Bericht vom 14.08.2006, CCPR/C/UNK/CO/1, abrufbar unter: <http://www.unhchr.ch>. Der Menschenrechtsausschuss ist der Ausschuss, der für die Überwachung der Einhaltung des internationalen Pakts über bürgerliche und politische Rechte zuständig ist.

Tonnen hochgiftiger Gase aus den Tanks der Pestizidfabrik. Innerhalb von wenigen Tagen starben mehr als 7.000 Menschen. Bis heute sind an den Folgen mehr als 15.000 Menschen gestorben, über 100.00 Menschen leiden an chronischen Erkrankungen und Schwächezuständen.[7] Grund für den Unfall waren mangelnde Wartung und unzureichende Sicherheitsvorkehrungen. So war ein Sicherheitsventil in der Nacht vom 3. Dezember ausgeschaltet, andere Warneinrichtungen funktionierten nicht. Noch nach über 20 Jahren warten die Überlebenden auf eine angemessene Entschädigung und ausreichende medizinische Versorgung.

Das Gebiet um das Fabrikgelände ist dicht von armen Menschen besiedelt, die in Slums leben. Da das Fabrikgelände bis heute nicht dekontaminiert wurde, ist das Grundwasser vergiftet, das die umliegenden Gemeinden benötigen. Viele der Substanzen, die im Wasser enthalten sind, sind krebserregend. Zwar hat die Lokalregierung einige der Wasserhähne, aus denen verseuchtes Wasser kommt, rot gekennzeichnet. Aber um zu sauberem Trinkwasser zu gelangen, müssen die Bewohner zum Teil mehrere Kilometer laufen. Viele sind dazu aber zu schwach, weil sie an den Folgen des Unglücks leiden. Sie trinken weiterhin das verseuchte Wasser. Ein Teufelskreis, der die Menschen immer mehr in Armut stürzt.

Die in diese Katastrophe verwickelten Firmen, zunächst der US-Konzern Union Carbide (UCC), später Dow Chemicals (Dow hat im Jahr 2001 Union Carbide übernommen) weisen jede Verantwortung für den Unfall mit seinen schrecklichen Folgen und der anhaltenden Verseuchung des Werksgeländes von sich. Im Jahr 1989 schloss Union Carbide vor dem obersten indischen Gericht mit der indischen Regierung einen Vergleich ab und verpflichtete sich, 460 Mio. Dollar in einen Fond zu zahlen, der an die Opfer ausgezahlt werden sollte. Im Gegenzug sicherte die indische Regierung den beteiligten Unternehmen strafrechtliche Immunität zu. Dieser Vergleich wurde von den Opfern scharf kritisiert, weil er ohne ihre Beteiligung zustande kam und weil er den Unternehmen Immunität zusicherte. Die Gelder des durch den Vergleich eingerichteten Fond sind bis heute nicht vollständig an die Opfer ausgezahlt worden. Auch ist das Gelände der Chemiefabrik in Bhopal nie dekontaminiert worden. Schadensersatzklagen einzelner Opfer gegen Dow Chemicals wurden sowohl in Indien als auch den USA abgewiesen.

In ihrem Kampf um Zugang zu sauberem Wasser, einer angemessenen Gesundheitsversorgung und Entschädigung werden die Menschenrechte der Opfer bis heute verletzt. So wurde im Mai 2005 eine Demonstration der Opfer und Bewohner von Bhopal mit brutaler Gewalt niedergeschlagen. Gefordert wurde von den Demonstranten sauberes Trinkwasser und die Umsetzung eines Urteils des indischen obersten Gerichts aus dem Jahr 2004.[8] Dieses hatte angeordnet, dass der indische Bundesstaat Madhya Pradesh den betroffenen Anwohnern sauberes Trinkwasser bereit stellen müsse. Doch trotz dieses Urteils des höchsten indischen Gerichts kam der Bundesstaat seiner Pflicht nur ungenügend nach: Die Wasser-

---

[7] Amnesty international hat in einem Bericht von Dezember 2004 ausführlich über die Spätfolgen berichtet, siehe amnesty international, Clouds of Injustice, AI Index ASA 20/015/2004.

[8] Amnesty international, India: Protestors who want clean drinking water face excessive and unnecessary police force, AI Index ASA 20/022/2005.

lastwagen, die in die betroffenen Gebiete fahren sollten, kamen unregelmäßig und zum Teil gar nicht und brachten zu wenig Trinkwasser, so dass die Bewohner wieder auf das verseuchte Wasser zurückgreifen mussten. Zudem wurden Brunnen zur Trinkwassergewinnung im kontaminierten Gebiet gebohrt, in dem auch das Grundwasser verseucht war.

Nach einem 800 km langen Marsch von Bhopal nach Neu Delhi im Frühjahr 2006, den Überlebende des Unglücks organisierten, sicherte der indische Premierminier schließlich zu, dass das Gelände der Fabrik dekontaminiert, der Zugang zu sauberem Wasser gesichert und Dow Chemicals zur Verantwortung gezogen werden würde. Es bleibt abzuwarten, ob dies nach über zwanzig Jahren endlich geschehen wird.

Die indische Regierung hat die Menschenrechte der in Bhopal lebenden Menschen immer wieder verletzt. So hätten bereits vor der Katastrophe die Chemiefabrik Kontrollen der Sicherheitssyteme durchgeführt werden müssen, um sicherzustellen, dass diese funktionieren. Durch den Abschluss des Vergleichs mit dem Unternehmen hat Indien den Betroffenen zudem das Recht genommen, ihre Ansprüche gegen UCC durchzusetzen. Dabei handelt es sich nicht nur um Schadensersatzansprüche. UCC hat nie die genaue Zusammensetzung der entwichenen Gase bekannt gegeben. Wegen des 1989 geschlossenen Vergleichs hatten die Opfer nicht die Möglichkeit, gerichtlich die Auskunft über die Zusammensetzung der Gase zu erzwingen. Die mangelnde Kenntnis der Gifte erschwert die Therapie der Krankheiten, die durch die Katastrophe entstanden, erheblich. Auch die strafrechtliche Verantwortung für die Verletzung des Lebens und der Gesundheit tausender von Menschen wurde durch den Vergleich unterbunden. Schließlich hat Indien den Zugang zu sauberem Trinkwasser nicht gewährleistet, weil es das Betriebsgelände der Pestizidfirma nicht dekontaminiert hat, nichts gegen die Verseuchung des Grundwassers unternommen hat und den Bewohnern kein sauberes Trinkwasser zur Verfügung gestellt hat.

Amnesty international hat auf diese Verletzungen im Jahr 2004 mit einem Bericht und einer Kampagne weltweit aufmerksam gemacht. Die Organisation hat die indischen Behörden und das Unternehmen Dow Chemicals aufgefordert, endlich das Gelände zu dekontaminieren, angemessene Entschädigungen für das entstandene Leid zu zahlen und sicherzustellen, dass alle Bewohner Bhopals Zugang zu sauberem Trinkwasser haben.

Zudem hat *amnesty international* die Opfer der Katastrophe darin unterstützt, ihre Rechte gegenüber den indischen Behörden durchzusetzen. Die indischen Behörden haben Proteste der Bhopalopfer zuletzt im Mai 2005 mit exzessiver Polizeigewalt unterdrückt. *amnesty international* hat dies international angeprangert.[9]

---

[9] Amnesty international, India: Protestors who want clean drinking water face excessive and unnecessary police force, 19.05.2005, ASA 20/022/2005.

4. Die menschenrechtliche Verantwortung von Unternehmen

Die Katastrophe von Bhopal zeigt, wie wichtig es ist, dass Unternehmen eine menschenrechtliche Verantwortung für ihr Handeln übernehmen. *Amnesty international* setzt sich dafür ein, dass völkerrechtlich verbindliche Regeln für die Verantwortung von Unternehmen für die Menschenrechte geschaffen werden. Selbstverpflichtungen der Unternehmen reichen häufig nicht aus, weil sich nur ein Teil der Unternehmen einer Selbstverpflichtung unterwirft. Selbst wenn sie dies tun, ist in der Praxis zu beobachten, dass diese Selbstverpflichtungen nur ungenügend umgesetzt werden.

Zwar sind die Staaten primär für den Schutz der Menschenrechte verantwortlich. Aber sie sind nicht immer willens oder in der Lage, sicherzustellen, dass das Handeln von Unternehmen keine Menschenrechte verletzt. Insbesondere in Ländern des Südens sind Unternehmen so in der Lage, ihre Interessen ohne Rücksicht auf Menschenrechte durchzusetzen. Der Fall Bhopal zeigt dies eindrücklich: Dow Chemicals als Rechtsnachfolger von UCIL ist nie zur Verantwortung gezogen worden. Klagen gegen das Unternehmen in Indien und den USA scheiterten. Bis heute hat das Unternehmen das Betriebsgelände in Bhopal nicht dekontaminiert. Zudem hat es die genaue Zusammensetzung der im Jahr 1984 entwichenen Substanzen nie veröffentlicht. Diese sind aber wichtig, um aufgetretene Krankheiten wirksam bekämpfen zu können.

Die Verantwortung der Unternehmen für Menschenrechte ergibt sich bereits aus der Allgemeinen Erklärung der Menschenrechte. Diese betont in der Präambel, dass alle Organe der Gesellschaft eine Verantwortung dafür tragen, die in der Allgemeinen Erklärung der Menschenrechte enthaltenen Rechte zu achten und zu fördern.

In den letzten Jahren ist die Frage, wie die Verantwortung von Unternehmen für die Menschenrechte konkret aussieht, international umfassend diskutiert worden. Dies resultierte insbesondere daraus, dass vor allem transnationale Unternehmen mit ihrer globalen Aktivität Einfluss auf die menschenrechtliche Situation in den Ländern, in denen sie aktiv sind, haben. Die von der UN-Unterkommission zum Schutz und zur Förderung der Menschenrechte im Jahr 2003 angenommenen UN-Normen für die Verantwortlichkeit transnationaler Unternehmen und anderer Wirtschaftsunternehmen im Hinblick auf die Menschenrechte sind nach Auffassung von *amnesty international* hilfreich, um die Pflichten der Unternehmen näher zu konkretisieren. Dort heißt es zum Recht auf Wasser in Punkt E. 12.: „Transnationale Unternehmen achten insbesondere das Recht auf Trinkwasser."[10]

Wäre das Unternehmen Dow Chemicals durch die UN-Normen gebunden, so wäre es nach internationalem Recht verpflichtet, die Zusammensetzung der 1984 ausgetreteten Gifte bekannt zu geben und das Betriebsgelände in Bhopal zu dekonta-

---

[10] Die UN-Normen sind umfassend erläutert in: amnesty international, The UN Human Rights Norms: Towards legal accountability, London 2004, abrufbar unter: <http://web.amnesty.org/library/pdf/IOR420022004ENGLISH/$File/IOR4200204.pdf> [besucht am 01.10.2006].

minieren. Die Betroffenen könnten diese Pflicht gerichtlich geltend machen, denn die UN-Normen sehen vor, dass die Staaten sicherstellen, dass Opfer von Menschenrechtsverletzungen ihre Ansprüche gegen Unternehmen gerichtlich, auch in den Sitzstaaten der transnationalen Unternehmen, durchsetzen können.

Die UN-Normen sind seit ihrer Veröffentlichung 2003 sehr kontrovers diskutiert worden: während sie Menschenrechtsorganisationen als dringend notwendig begrüßt haben, lehnten insbesondere Unternehmen die Normen als zu weitgehend ab.[11] Aufgrund dieser Diskussion hat die UN-Menschenrechtskommission die UN-Normen nicht verabschiedet, sondern einen Sonderberichterstatter zu Menschenrechten und transnationalen Unternehmen eingesetzt.[12] Dieser hat unter anderem die Aufgabe, die für Unternehmen geltenden menschenrechtlichen Standards zu klären und die Rolle der Staaten bei der Regulierung von Unternehmen darzulegen. In seinem ersten Bericht im Frühjahr 2005 hat der Sonderberichterstatter die Notwendigkeit der Regulierung von Unternehmen hervorgehoben, auch wenn er einer völkerrechtlichen Verantwortlichkeit von Wirtschaftsunternehmen kritisch gegenübersteht.[13] *Amnesty international* hat gemeinsam mit anderen Menschenrechtsorganisationen daraufhin erneut unterstrichen, dass es eines klaren international verbindlichen Rahmens für die direkten Verpflichtungen von Unternehmen geben muss, weil nur so sichergestellt werden kann, dass international gleiche Standards gelten und dass Betroffene ihre Rechte durchsetzen können.[14]

5. Privatisierung der Wasserversorgung

Schon heute sind die Staaten nach internationalem Recht verpflichtet, den Einzelnen vor Eingriffen in seine Rechte durch Dritte zu schützen. Diese Frage spielt insbesondere eine Frage bei der Privatisierung der Wasserversorgung. Ob die Wasserversorgung privatisiert werden sollte, ist in den letzten Jahren immer wieder diskutiert worden. Kritiker befürchten, dass die Wasserpreise steigen und dass in die Wasserversorgung armer Stadtteile oder Landbezirke nicht ausreichend investiert wird. Diese Befürchtungen haben sich teilweise verwirklicht. Ein prominentes Beispiel dafür ist der so genannte Wasserkrieg in Bolivien. Die Wasserversorgung in

---

[11] Exemplarisch ist die Stellungnahme des BDI zu den UN-Normen an die Unterkommission vom 30. September 2004, abrufbar unter:
<http://www.ohchr.org/english/issues/globalization/business/docs/bundesverband.pdf> [besucht am 01.10.2006].

[12] Special Representative of the Secretary-General on human rights and transnational corporations and other business enterprises, eingesetzt durch die Human Rights Resolution 2005/69. Der Amerikaner John Ruggie ist als Sonderberichterstatter ernannt worden.

[13] Interim report of the Special Representative of the Secretary-General on the issue of human rights and transnational corporations and other business enterprises, 22. 02.2006, UN- Dokument E/CN.4/2006/97, abrufbar unter
<http://daccessdds.un.org/doc/UNDOC/GEN/G06/110/27/PDF/G0611027.pdf?OpenElement> [besucht am 01.10.2006].

[14] Offener Brief von amnesty international und anderen Menschenrechtsorganisationen an den Sonderberichterstatter vom 18.03.2006, AI-Index: 50/003/2006.

der Stadt Cochabamba wurde 1999 privatisiert. Das führte zu erheblichen Preissteigerungen. Nach Protesten der Bevölkerungen, bei denen ein 17-jähriger Junge getötet wurde und mehr als 100 Menschen verletzt wurden, machte die Regierung die Privatisierung schließlich rückgängig.[15]

Befürworter der Privatisierung argumentieren, dass private Anbieter effizienter arbeiten als staatliche Unternehmen. Zudem wird argumentiert, dass es sich um ein Wirtschaftsgut handele.[16]

Aus menschenrechtlicher Sicht kann die Wasserversorgung privatisiert werden, wenn die Privatisierung nicht zu einer Verletzung von Menschenrechten führt. Denn auch bei einer privaten Wasserversorgung ist der Staat verpflichtet, das Recht auf Wasser zu schützen. Er muss sicherstellen, dass das private Unternehmen die Menschenrechte nicht verletzt. *amnesty international* hat sieben Grundsätze aufgestellt, die bei einer Privatisierung von Leistungen der Daseinsvorsorge erfüllt sein müssen:

1. Bei jeder Privatisierung müssen die Staaten ihre Menschenrechtsverpflichtungen beachten. Durch die Privatisierung darf es nicht zur Verschlechterung der Menschenrechtssituation kommen. Ziel des Staates bei der Privatisierung muss es auch sein, dass die Situation verbessert wird, dass die Privatisierung also zur Verwirklichung sozialer und wirtschaftlicher Menschenrechte führt.

2. Staaten müssen bei der Privatisierung einen verbindlichen Rahmen festlegen, um sicherzustellen, dass kein Anbieter von solchen Dienstleistungen Menschenrechte missachtet.

3. Staaten müssen gewährleisten, dass auch benachteiligte Gruppen, insbesondere arme und marginalisierte Menschen, Zugang zu privatisierten Dienstleistungen erhalten.

4. Staaten müssen sicherstellen, dass Dienstleistungen, unabhängig davon, wer sie anbietet, in einer nicht diskriminierenden Weise angeboten werden.

5. Staaten müssen die Auswirkungen einer Privatisierung oder umgekehrt der Verstaatlichung einer Dienstleistung der Daseinsvorsorge in Bezug auf die Menschenrechte evaluieren. Jede Entscheidung muss dazu dienen, die Menschenrechte zu stärken.

6. Staaten müssen dafür Sorge tragen, dass der Privatisierungsprozess transparent, offen und fair erfolgt und dass die betroffenen Gruppen während des Prozesses beteiligt und informiert werden.

---

[15] Siehe FIAN/Brot für die Welt, Identifying and Addressing Violations of the Human Right to Water, Heidelberg 2005, S. 11.
[16] Informativ dazu: Howard Mann, International Economic Law: Water for Money's Sake?, Brasilia 2004.

7. Staaten sind verpflichtet, ein Sicherheitsnetz für arme, marginalisierte, benachteiligte und besonders verletzliche Menschen zur Verfügung zu stellen, so dass sie Zugang zu den Dienstleistungen haben, die zur Befriedigung der Grundbedürfnisse nötig sind und damit zur Erfüllung ihrer Menschenrechte gehören.

Anhand dieser sieben Grundsätze wird *amnesty international* die Privatisierung von Leistungen der Daseinsvorsorge evaluieren.

6. Schluss

Das Recht auf Wasser ist ein zentrales Menschenrecht. Es wird nicht nur von staatlichen Akteuren, sondern auch von Privaten, insbesondere von Unternehmen, verletzt. Das Handeln von transnational tätigen Unternehmen muss deswegen international verbindlich reguliert werden. Unternehmen müssen auch in Staaten, die nicht in der Lage oder nicht willens sind, die Rechte ihrer Bevölkerung zu schützen, Menschenrechte achten.

Amnesty international macht auf Verletzungen des Rechts auf Wasser aufmerksam, unterstützt Betroffene in der Durchsetzung ihrer Rechte und setzt sich international dafür ein, dass Unternehmen international verbindlichen menschenrechtlichen Regeln unterworfen werden.

Wasser und Gesundheit

Susanne Herbst & Thomas Kistemann [1]

Einleitung: Wasser ist nicht nur blau

Die Erdoberfläche ist zu 70,8% mit Wasser bedeckt. Davon entfallen 94% auf Salzwasser in den Meeren, lediglich 6% sind Süßwasser. Das Süßwasser wiederum ist zu 99,7% in Eiskappen und Gletschern gebunden, so dass nur 0,3% des Süßwassers für die terrestrischen Ökosysteme verfügbar ist (Lozán et al. 2004). Als Medium für Stoff- und Energietransporte erfüllt Wasser im globalen, aber auch zellulären Bereich wichtige Funktionen. So prägt und erhält Wasser die Vielfalt der Ökosysteme und ermöglicht damit auch die Nutzung lebensnotwendiger Ressourcen durch den Menschen.

Traditionell wird nur derjenige Teil des globalen Wasserkreislaufs als erneuerbare Ressource angesehen, den wir als Seen, Flüsse und Grundwasser kennen ("blaues Wasser"); diese akkumulieren aber nur 40% des Niederschlags. Der größere Teil des Regens erreicht die Oberflächengewässer oder Grundwasserleiter nicht, sondern verbleibt in den Poren der oberen Bodenschichten und steht dort den Pflanzen zur Verfügung ("grünes Wasser"). Das Bodenwasser wird entweder über die Vegetation (Transpiration) oder die Landoberfläche (Evaporation) verdunstet und wird in gängigen Wassermanagement-Strategien nicht berücksichtigt.

Der Mensch entzieht dem natürlichen Wasserkreislauf jährlich etwa 3.390 km³ Wasser für die landwirtschaftliche (74%) und industrielle Produktion (18%) sowie zur Deckung des häuslichen Trinkwasserbedarfs (8%). Analog zur ständig wachsenden Weltbevölkerung und den veränderten Ernährungsgewohnheiten, vor allem in Industrie- und Transformationsländern, wird die benötigte Wassermenge für die landwirtschaftliche Produktion von Nahrungsmitteln weiterhin steigen. Schätzungen zufolge wird sich die jährlich benötigte Nahrungsmittelmenge in den nächsten 50 Jahren verdoppeln. Wird die Wasserproduktivität, d. h. die benötigte Wassermenge zur Erzeugung einer Einheit eines landwirtschaftlichen Produktes, bis dahin nicht wesentlich verbessert, bedeutet dies einen Anstieg des jährlichen landwirtschaftlichen Wasserverbrauchs um 5.000 km³ durch Evapotranspiration (Evaporation + Transpiration) der angebauten Pflanzen (IWMI 2006).

Die erhöhte landwirtschaftliche Produktion durch Bewässerungsfeldbau wird zur Verschärfung der physischen Wasserknappheit vor allem in den ariden Zonen der Erde beitragen. Andere Faktoren, die zwar außerhalb des Wassersektors liegen, aber langfristig die Verfügbarkeit von Wasser beeinflussen, sind das stetige Bevölke-

---

[1] *Dr. Susanne Herbst & Dr. Thomas Kistemann, Institut für Hygiene und Öffentliche Gesundheit der Universität Bonn und WHO Kollaborationszentrum für Wassermanagement und Risikokommunikation zur Förderung der Gesundheit.*

rungswachstum einschließlich Urbanisierung, die globale wirtschaftliche Entwicklung sowie veränderte Niederschlagsmuster aufgrund des Klimawandels. Viele Menschen südlich der Sahara und in Teilen Asiens sind nicht nur von dem physischen Mangel der Ressource Wasser, sondern auch von ökonomischer und institutioneller Wasserknappheit betroffen. Ökonomische Wasserknappheit entsteht durch den Mangel von Infrastruktur zur Nutzung der Ressource Wasser. Dagegen kann trotz ausreichenden Vorkommens der Ressource und vorhandener Infrastruktur institutionelle Wasserknappheit durch Mangel an Rechten und strukturelle Armut entstehen.

Das Konsumverhalten der Menschen in den OECD-Ländern trägt wesentlich zur globalen Verschlechterung der Wasserverfügbarkeit bei. Zwar verfügen die industrialisierten Länder vielfach über ausgereifte Technologien zur Ersparnis von Trinkwasser, verbrauchen aber im Durchschnitt über den Genuss von Lebensmitteln 70 mal soviel Wasser ("virtuelles Wasser") wie über den Trinkwasserkonsum. So werden z.B. für die Produktion von einem Kilo Getreide 500-4.000 Liter und für ein Kilo Fleisch aus Massentierhaltung etwa 10.000 Liter Wasser benötigt (IWMI 2006). Ein Bürger der Bundesrepublik Deutschland verbraucht täglich zwar nur 124 Liter Trinkwasser, aber ca. 4.000 Liter virtuelles Wasser.

Die chemische und mikrobiologische Beschaffenheit der Ressource Wasser wird durch natürliche und anthropogene Einflüsse verändert. Allgemein gilt Grundwasser als weniger durch menschliche Aktivitäten gefährdet, ist aber je nach Herkunft und Zusammensetzung der wasserführenden geologischen Schicht mit natürlich vorkommenden Stoffen (Chloride, Arsen) belastet. Zu den wichtigsten anthropogenen Faktoren, die die Wasserqualität beeinflussen, zählen industrielle und landwirtschaftliche Aktivitäten sowie die Entsorgung menschlicher und tierischer Exkremente. Auswaschung und Abschwemmung von Agrarchemikalien landwirtschaftlich genutzter Flächen belasten Grund- und Oberflächengewässer mit Phosphaten, Nitraten und Pestiziden. Die Einleitung industrieller und häuslicher Abwässer in Flüsse und Seen führt zu chemischer und mikrobieller Kontamination der Gewässer, die für viele Menschen gleichzeitig den einzigen Zugang zu Wasser darstellen.

Sowohl Wasserquantität als auch Wasserqualität beeinflussen die menschliche Gesundheit. Auswirkungen wie wasserassoziierte Erkrankungen sind offensichtlich; andere Folgen wie schlechter Ernährungszustand der Bevölkerung durch unzureichende Versorgung mit Nahrungsmitteln aufgrund hoher Exporte landwirtschaftlicher Produkte und damit verbundenem Verlust virtuellen Wassers werden eher vernachlässigt. Zusammenfassend kann der Problemkomplex folgendermaßen charakterisiert werden: anthropogen veränderte Ökosysteme verlieren ihre Regenerationsfähigkeit, führen zur Verknappung der Ressource Wasser und damit zur Verteilungskonkurrenz und zur Verschlechterung der Wasserqualität.

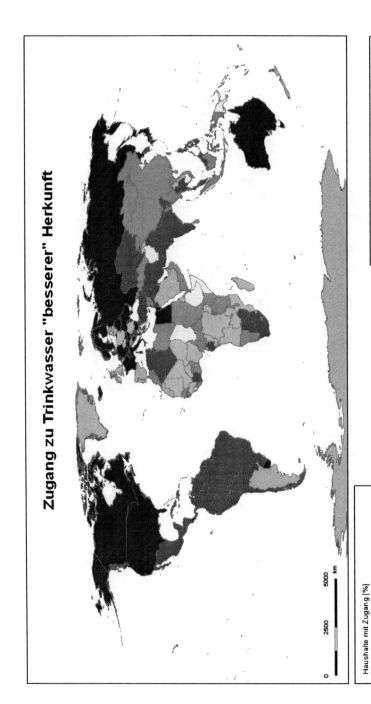

Abb. 1: Zugang zu Trinkwasser "besserer" Herkunft

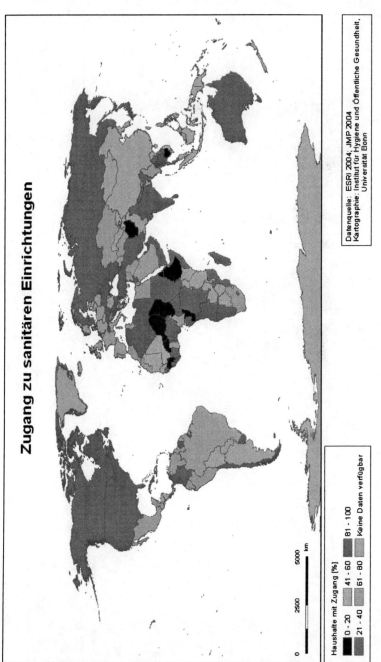

Abb. 2: Zugang zu Einrichtungen der sanitären Versorgung

Die globale Wassersituation und der Zugang zu sanitären Einrichtungen

Weltweit sterben etwa 1,8 Millionen Menschen jährlich, davon 1,6 Millionen Kinder unter 5 Jahren, an Krankheiten, die durch verschmutztes Wasser oder unzureichende Hygiene verursacht werden (UNICEF 2006). Mehr als eine Milliarde Menschen, von denen der Großteil südlich der Sahara lebt, hat immer noch keinen Zugang zu Trinkwasser "besserer" Herkunft (Abb. 1) und 2,4 Milliarden keinen Zugang zu grundlegenden sanitären Einrichtungen (Abb. 2).

Derzeit leben ungefähr 2 Milliarden Menschen in über 40 Ländern in Gebieten, die von Wasserknappheit betroffen sind; das sind 50% der Bevölkerung in weniger entwickelten Regionen. Den Menschen dort steht die Minimalmenge von 1.8 m^3 pro Kopf und Jahr nicht zur Verfügung. Das Wasser für den menschlichen Bedarf wird meist von Frauen und Mädchen aus unzureichend geschützten, verschmutzten Brunnen, Flüssen, Seen und Kanälen entnommen und häufig über viele Kilometer transportiert. Diese legen im Durchschnitt 6 Kilometer pro Tag zur Beschaffung von Trinkwasser zurück. Die dazu benötigte Zeit geht den Frauen für wichtige gesundheitserhaltende Tätigkeiten wie Nahrungsmittelproduktion, Nahrungszubereitung, Versorgung der Kinder und Hygiene im häuslichen Umfeld verloren. Mädchen gehen wegen der Pflicht Wasser zu holen oft nicht zur Schule.

In Ziel 7, Zielvorgabe 10, der Millenniumsentwicklungsziele wird die Halbierung der Zahl der Menschen ohne nachhaltigen Zugang zu Trinkwasser "besserer" Herkunft und grundlegenden sanitären Einrichtungen bis zum Jahr 2015 gefordert. Der Fortschritt zur Erreichung der Millenniumsentwicklungsziele wird durch das "Joint Monitoring Programme on Water Supply and Sanitation (JMP)", welches gemeinsam von WHO und UNICEF durchgeführt wird, überwacht.

Laut der verwendeten Definition im JMP-Bericht (WHO & UNICEF 2004) ist der Begriff "besseres" Trinkwasser auf die Herkunft des Wassers und nicht auf seine hygienische Unbedenklichkeit zu beziehen. Demnach gilt Trinkwasser als "besser", wenn es aus einem zentralen Haushaltsanschluss, einer öffentlichen Standleitung, einem geschützten Brunnen oder einer geschützten Quelle entnommen sowie durch die Sammlung von Regenwasser gewonnen wird.

In Abhängigkeit von der Rohwassergüte, der Trinkwasseraufbereitung, dem Zustand des Versorgungssystems sowie der Behandlung und Lagerung des Wassers im Haushalt hat Trinkwasser zum Zeitpunkt des Verzehrs jedoch häufig eine hygienisch unzureichende Beschaffenheit. Würde das JMP-Monitoring diesen Aspekt in seine Bewertung einbeziehen, wäre die Zahl derer, die keinen Zugang zu "besserem" Trinkwasser haben, noch wesentlich höher. ·

Die Entsorgung von Fäkalien stellt sowohl Industrieländer als auch Niedrigeinkommensländer vor weitreichende Probleme. Während in ersteren die Annehmlichkeit wassergespülter Toiletten Trinkwasser in riesige Mengen flüssigen Abfalls verwandelt, der behandelt werden muss, bevor das Wasser wieder dem natürlichen Kreislauf zugeführt wird, haben die Menschen in weiten Teilen Afrikas noch nicht einmal Zugang zu einfachen Latrinen, so dass Fäkalien direkt in die Umwelt gelangen.

Exkremente von Mensch und Tier können Krankheitserreger enthalten, die bei nicht sachgemäßer Entsorgung unter anderem über Wasser und Nahrungsmittel aufgenommen werden und Krankheiten hervorrufen. Die Verbreitung von Krankheiten über den fäkal-oralen Übertragungsweg ist schon lange bekannt, präventive hygienische Maßnahmen werden aber durch ökonomische Zwänge häufig vernachlässigt oder geraten in Vergessenheit. Die zunehmende Wasserknappheit hat zu Innovationen im Wassermanagement, wie der Verwendung von Abwässern zur Bewässerung landwirtschaftlich genutzter Flächen oder das Recycling von Nährstoffen aus menschlichen und tierischen Exkrementen, geführt. Diese Maßnahmen sind wichtige nachhaltige Strategien zur Schließung regionaler, nationaler und globaler Nährstoffkreisläufe. Die Verwendung frischer Fäkalien als Düngemittel auf Gemüse- und Obstkulturen und deren Entsorgung in Oberflächengewässer stellen jedoch eine direkte Gefahr für die öffentliche Gesundheit dar und müssen unterbleiben.

Wasserassoziierte Erkrankungen

Wasserassoziierte Erkrankungen treten weltweit in Abhängigkeit von der Versorgungslage, dem Zustand und der Wartung der technischen Trinkwasserversorgungseinrichtungen und weiterer Faktoren endemisch und/oder epidemisch auf. In der neueren internationalen Literatur werden wasserassoziierte Erkrankungen in 4 Gruppen unterteilt (Gleeson & Gray 1997, RIVM 2000):

1. Wasserbürtige Erkrankungen (waterborne diseases)

sind Infektionen, die durch Genuss von mikrobiologisch oder chemisch verunreinigtem Wasser hervorgerufen werden. Cholera und Typhus sind Beispiele für bakteriell hervorgerufene Durchfallerkrankungen mit niedriger Infektionsdosis. Weiterhin gehören Hepatitis A und E, Shigellose, Poliomyelitis, Amöbenruhr und Giardiasis zu den infektiösen durch Wasser übertragenen Erkrankungen.

2. Erkrankungen durch Wassermangel (water-washed/scarce diseases)

treten bei unzureichender persönlicher Hygiene durch Wasserknappheit auf. Die Krankheitserreger werden von Mensch zu Mensch oder auf dem fäkal-oralen Übertragungsweg über kontaminierte Oberflächen verbreitet. Das Krankheitsspektrum umfasst Augen-, Haut- und Durchfallerkrankungen sowie durch Läuse und Zecken übertragene Krankheiten.

3. Wasser-basierte Erkrankungen (water-based diseases)

wie Dracunculiasis und Schistosomiasis werden durch aquatische Organismen, vor allem durch Würmer unterschiedlicher Art, die ihren Lebenszyklus in unterschiedlichen Lebensräumen verbringen, verursacht. Einen Entwicklungszyklus verleben sie in aquatischen Weichtieren, einen weiteren als ausgewachsener Parasit in anderen tierischen Endwirten. Da stagnierende Oberflächengewässer wie z.B. Stauseen der bevorzugte Lebensraum von

Wirtstieren der parasitischen Würmer sind, steigt das Auftreten dieser Erkrankungen in der Nähe von neu errichteten Staudämmen häufig an.

4. *Vektorübertragene Erkrankungen (water-related vector diseases)* werden von im Wasser lebenden oder brütenden Insekten (Mücken, Tse-Tse Fliegen) übertragen. Viele Millionen Menschen leiden an Malaria, Dengue Fieber, Gelbfieber, Schlafkrankheit und Filariasis. Die Verbreitung der vektorübertragenen Erkrankung nimmt weiter zu. Gründe sind die zunehmende Resistenz der Erreger gegen Medikamente, die Resistenz der Vektoren gegen Insektizide und Umweltveränderungen.

Das bekannteste Beispiel für wasserbürtige Erkrankungen durch chemische Substanzen ist die chronische Arsenvergiftung der Bevölkerung Bangladeschs. **Arsen** kommt natürlich in Gesteinen der Erdkruste vor und wird vom Grundwasser aus diesen gelöst; arsenbelastetes Grundwasser ist weltweit zu finden. Seit den 1970er Jahren wurden in Bangladesch mehrere Millionen Grundwasserbrunnen gebohrt, bis zur Entdeckung von Arsen im Grundwasser im Jahr 1993 wurde das Grundwasser dort als sichere Trinkwasserressource angesehen, unter dessen Verwendung das Auftreten von Durchfallerkrankungen erheblich sank.

Heute sind in Bangladesch zwischen 35 und 77 Millionen Menschen arsenhaltigem Trinkwasser ausgesetzt. Die Langzeitaufnahme von Arsen durch Trinkwasserkonsum führt zu Vergiftungserscheinungen, deren Symptome und Erkrankungen in verschiedenen Populationen und geographischen Regionen unterschiedlich ausgeprägt sind. Das Spektrum umfasst Hyperkeratose, Hautläsionen, Pigmentstörungen, periphere Gefäßerkrankungen und bei Exposition von etwa 10 Jahren Krebserkrankungen von Haut, Lunge, Blase und Niere. Etwa 1,5 Millionen der Bangladeschis leiden unter Hautläsionen und 200.000 – 270.000 Menschen sterben dort pro Jahr an arsenbedingten Krebserkrankungen (WHO 2006a).

Nitrat ist ein in unserer Umwelt natürlich vorkommendes Salz, das insbesondere durch Anwendung von Dünger und Gülle in der Landwirtschaft in Wasserressourcen für die Trinkwassergewinnung (Grund- und Oberflächenwasser) gelangt. Gemäß der EU-Trinkwasserrichtlinie (98/83/EG) darf Trinkwasser 50mg/l Nitrat enthalten. Erhöhte Nitratwerte im Trinkwasser stellen eine Gesundheitsgefahr für Säuglinge dar, die während der ersten sechs Lebensmonate an einer gastrointestinalen Infektion leiden und Flaschennahrung erhalten. Die so genannte Methämoglobinämie ist durch die Abnahme von Hämoglobin und damit einhergehenden reduziertem Sauerstofftransport im Blut gekennzeichnet. Der Sauerstoffmangel führt zu einer Blaufärbung der Säuglingshaut, weshalb die betroffenen Kinder auch als "blue babies" bezeichnet werden. In Ländern, in denen Trinkwasser über zentrale Versorgungssysteme verteilt wird und die Nitratgrenzwerte im Trinkwasser eingehalten werden, stellt die Methämoglobinämie kein Problem dar. In ländlichen Gebieten ohne zentrale Trinkwasserversorgung, in denen oberflä-

chennahe Bohrlöcher als Trinkwasserquelle dienen, besteht dagegen das Risiko der Methämoglobinämie.

Das Spektrum der wasserbürtig humanpathogenen Erreger umfasst Bakterien, Viren und Parasiten. In Ländern, in denen der Zugang zu hygienisch-mikrobiologisch einwandfreiem Trinkwasser nicht selbstverständlich ist, treten klassische fäkal-oral übertragene Erkrankungen wie Cholera, Hepatitis A, Typhus und andere gastrointestinale Erkrankungen endemisch auf. Indessen werden in Ländern mit hoch entwickelten Versorgungsstrukturen zunehmend Ausbrüche durch so genannte "neue Krankheitserreger" (emerging pathogens) wie *Enterohämorrhagische Escherichia coli* (EHEC), *Cryptosporidium parvum*, *Giardia lamblia*, Legionellen, Noroviren und Rotaviren registriert.

Etwa 5 Liter Trinkwasser pro Tag werden direkt vom Menschen aufgenommen und dienen der Zubereitung von Lebensmitteln. Für die Durchführung minimaler persönlicher Hygiene benötigt der Mensch mindestens 20 Liter Wasser pro Person pro Tag (Howard & Bartram 2003). Wenn weniger Wasser zur Verfügung steht, treten vermehrt Augen-, Haut und Durchfallerkrankungen auf. Die so genannte "Flussblindheit" (Trachom) wird durch das Bakterium *Chlamydia trachomatis* hervorgerufen und von Mensch zu Mensch oder über Fliegen und infizierte Gegenstände übertragen. Die Krankheit ist durch einen sehr langsamen Verlauf gekennzeichnet und führt im Spätstadium häufig zur Erblindung. Laut WHO bedürfen weltweit etwa 150 Millionen Erkrankte einer Behandlung und 6 Millionen Menschen sind aufgrund von Trachom erblindet (WHO 2006b).

Schistosomiasis ist nach der Malaria die zweithäufigste tropische Erkrankung und von großer Relevanz für Sozio-Ökonomie und öffentliche Gesundheit der betroffenen Länder. Von den geschätzten 200 Millionen Infizierten und 120 Millionen Symptomträgern leben 80% in Afrika. Die krankheitsauslösenden Pärchenegel der Gattung *Schistosoma* brauchen für ihren Lebenszyklus zwei Wirte: den Menschen und eine aquatische Schnecke, die in warmen, stehenden oder sehr langsam fließenden Binnengewässern lebt. Beim täglichen Kontakt mit Wasser, z.B. während der Köperpflege, der Feldarbeit, beim Fischen, dringen die von den Schnecken freigesetzten Larven durch die Haut des Menschen ein und wandern über Lymph- und Blutgefäße in Harnblase, Darm, Leber, Niere, Lunge und andere Gewebe. Die akuten kennzeichnenden Symptome sind Juckreiz, Hautausschlag, Fieber, Husten, Kopfschmerzen und die Vergrößerung von Leber, Lymphknoten und Milz. Die Erkrankung ist durch einmalige Verabreichung eines Medikaments therapierbar, untherapiert folgt jedoch ein chronischer und häufig symptomloser Verlauf mit Spätfolgen. Der infizierte Mensch scheidet über Urin und Stuhl Eier aus, die bei unzureichendem Zugang zu sanitären Einrichtungen in die Umwelt und damit in Gewässer, den Lebensraum des Zwischenwirts Schnecke, gelangen. Staudämme und Bewässerungsprojekte können die Verbreitung der Schnecke und damit auch das Vorkommen der Schistosomiasis begünstigen (WHO 2006c).

Eine nahezu besiegte wasser-basierte Erkrankung ist die Dracunculiasis. Noch zu Beginn der 80er Jahre wurden 10 - 15 Millionen Fälle pro Jahr registriert. Erfreulicherweise sank die Inzidenz der Dracunculiasis zwischen 1992 und 2000 um etwa 80%, so dass im Jahr 2000 nur noch 75.000 Fälle, davon 73% im Sudan, registriert wurden (WHO 2006d). Die Erkrankung wird durch den 600-800 mm langen und 2 mm dicken Guinea-Wurm (*Dracunculus medinensis*), der mehrere Wirtsstadien durchläuft und sich im menschlichen Köper vermehrt, hervorgerufen. Wenn der Parasit nach etwa einem Jahr den menschlichen Köper verlässt, entsteht an der Austrittsstelle ein sehr schmerzhaftes Geschwür. Die Betroffenen sind mehrere Wochen bis Monate schul- und arbeitsunfähig. Die Verbreitung der Krankheit erfolgt ausschließlich durch kontaminiertes Wasser, es gibt keine medikamentöse Heilung. Die Erfolge in der Bekämpfung beruhen auf konsequenter Umsetzung einfacher Präventivmaßnahmen wie Filterung von Trinkwasser, Abdeckung von Brunnenschächten und die Ausrüstung von gebohrten Brunnen mit Handpumpen.

Malaria ist die am häufigsten vorkommende Infektionskrankheit; etwa die Hälfte der Weltbevölkerung lebt in Gebieten mit Malariarisiko. In 107 Ländern erkranken jährlich zwischen 300 und 500 Millionen Menschen an Malaria, davon erliegen 1,3 Millionen dieser Krankheit. In Afrika südlich der Sahara treten sowohl 90% der Erkrankungsfälle als auch 90% der Todesfälle auf (WHO 2006e). Kinder in den ersten 5 Lebensjahren und Schwangere sind besonders gefährdet.
Die krankheitsauslösenden Plasmoiden werden durch Stiche infizierter weiblicher *Anopheles*-Mücken übertragen, die in stehenden Gewässern brüten. Das Auftreten von Malaria ist daher wesentlich durch den Umweltfaktor Wasser geprägt. Sowohl natürliche Veränderungen (Naturkatastrophen) als auch anthropogene Einflüsse (Staudämme, Bewässerung landwirtschaftlicher Flächen, Bergbau, Abholzung) können die Umwelt so verändern, dass die Mücken bessere Lebensbedingungen finden und sich daher stärker vermehren. Der Anstieg von Malariafällen während der vergangenen Dekade ist vor allem auf die Fähigkeit der Erreger zur Resistenzbildung gegen Insektizide und Medikamente zurückzuführen. Die von der WHO unterstützten Präventionsstrategien umfassen vor allem die Verwendung von imprägnierten Moskitonetzen und die kontrollierte Anwendung von Insektiziden in Innenräumen. Aufgrund der Resistenzbildungen bleibt die Erforschung neuer Insektizide und Medikamente weiterhin eine Herausforderung.

Vor 1970 traten Dengue-Fieber-Epidemien in nur 9 Ländern der Erde auf. Bis heute hat sich der Dengue-Fieber-Erreger in über 100 Ländern der Tropen und Subtropen, vor allem in Südamerika und Süd-Ost Asien, ausgebreitet (WHO 2006f). Auffällig ist eine Erkrankungshäufung in urbanen und periurbanen Räumen dieser Regionen. Als wesentliche Faktoren, die zur Verbreitung der Erkrankung beitragen, werden die unsachgemäße Lagerung von Trinkwasser und unzureichende Abwasser- und Abfallentsorgung in den ständig wachsenden Städten angesehen. Diese bieten den krankheitsübertragenden *Aedes*-Mücken günstige Lebensbedingungen. Etwa 2,5 Milliarden Menschen leben in Dengue-Risikogebieten. Pro Jahr erkranken

mehrere hunderttausend Menschen, von denen etwa 20.000 sterben. Die häufigste Komplikation ist das Dengue-hämorrhagische Fieber. Präventionsmaßnahmen sollten sachgerechte Lagerung von Trinkwasser, Abwasser- und Abfallentsorgung sowie die Kontrolle von Vektoren einschließen. Im Gegensatz zu *Anopheles*-Mücken stechen *Aedes*-Mücken auch tagsüber, wodurch die Expositionsprophylaxe erschwert wird.

Der Wasser-Abwasser-Nexus

Präventive Maßnahmen zur Verhütung wasserassoziierter Infektionen sind seit langem bekannt. Die etablierten Konzepte, z. B. zur Verhütung fäkal-oraler Krankheiten, gelten weiterhin, werden aber häufig vernachlässigt oder sind unter den gegebenen Umständen nicht umsetzbar. Tabelle 1 zeigt die gängigen Interventionen zur Verringerung wasserassoziierter Erkrankungen. Diese Maßnahmen zur Verbesserung der Wasserqualität und -quantität sind in der Regel mit hohen Kosten verbunden und bleiben daher den wohlhabenden Bevölkerungsschichten vorbehalten. Hingegen ist die Gesundheit der armen Bevölkerung − in ländlichen Regionen und städtischen Elendsvierteln − am stärksten durch Krankheiten aufgrund von unzureichender Wasserquantität und -qualität gefährdet (Tabelle 2). Hier ist die Verbesserung der hygienischen Situation in Bezug auf Wasser, Abwasser und die Entsorgung menschlicher und tierischer Exkremente die Grundvoraussetzung für Gesundheit und Wohlbefinden.

Wasserversorgung und Abwasserentsorgung, bzw. die Entsorgung menschlicher Fäkalien bei Abwesenheit von Abwassersystemen, sind zwei Seiten der gleichen Medaille und sollten daher auch gemeinsam betrachtet, geplant und umgesetzt werden. Bei genauer Betrachtung sind die Verknüpfungen zwischen Wasser und fäkal belastetem Abwasser zwar offensichtlich, aber trotzdem nicht ausreichend präsent. Obwohl die hygienisch unbedenkliche Entsorgung von Fäkalien die Basis für die öffentliche Gesundheit ist, wird dieses Thema in der Politik bisher vernachlässigt.

Tabelle 1: Übertragungswege, Erkrankungen und Gegenmaßnahmen

Kategorie	Beispiel	Verbesserungsmaßnahmen
I Wasserbürtig	Cholera, Hepatitis, Poliomyelitis, Typhus, Legionellose, Diarrhoe durch Bakterien und Amöben	Verbesserung der Wasserqualität
II Durch Waschen vermeidbar	Trachom (Konjunktivitis), Skabies, Krankheiten durch Flöhe und Zecken	Erhöhung der Wasserquantität
III Wasser-basiert	Dracunculiasis, Schistosomiasis	Expositionsprophylaxe
IV Vektor-übertragen	Dengue-Fieber, Malaria, Gelbfieber, Schlafkrankheit, Trypanosomiasis, Onchozerkose, Filariose	Zentrale Wasserversorgung, Nutzung von Fließgewässern

Verändert nach: RIVM (2000): Health risks of water and sanitation.

Solange Maßnahmen zur Verbesserung der Trinkwasserversorgung ein höheres gesellschaftliches und politisches Prestige haben als der Bau von Latrinen und die Hygienisierung von Abwasser, ist ein ganzheitlicher Ansatz, der beide Aspekte als gleichwertig berücksichtigt, nur schwer umsetzbar.

Ein viel versprechender Ansatz auf dem Weg zu einer nachhaltigen Lösung des Abwasserproblems ist die Umsetzung der Prinzipien des ökologischen Abwassermanagements. Dieses Konzept betrachtet Abwasser nicht als flüssigen Müll sondern als Ressource. Die Bestandteile des herkömmlichen häuslichen Abwassers werden dabei als Teilströme: Gelbwasser (Urin), Schwarzwasser (Fäkalien) sowie Grauwasser (Spül- und Duschwasser) erfasst. Menschliche und tierische Exkremente enthalten Nährstoffe (Nitrat, Phosphat, Kalium), die unter Berücksichtigung von Hygienisierungsmaßnahmen als Dünger in der Landwirtschaft genutzt werden können. Die Anwendung dieses Prinzips erübrigt eine zentrale Abwasserentsorgung und -behandlung und ermöglicht dem Anwender, entweder den Verkauf von Dünger oder die Nutzung desselben. Die so erzielten ökologischen und ökonomischen Vorteile können wesentlich zur Verbesserung des Abwassermanagement-Images auf gesellschaftlicher und politischer Ebene beitragen.

Tabelle 2: Zugang zu Trinkwasser und Implikationen

Zugang zu Trinkwasser/Versorgungslevel	Entfernung/Zeit	Menge in Liter pro Kopf und Tag	Deckung der Bedürfnisse	Dringlichkeit für Interventionen
nicht vorhanden	mehr als 1km mehr als 30 min.	sehr gering, oft unter 5 Liter	Wasser für häuslichen Bedarf ist nicht gesichert, Hygiene gefährdet, Grundversorgung gefährdet	**sehr hoch** Bereitstellung eines grundlegenden Versorgungsniveaus
minimal	innerhalb 1km weniger als 30 min.	im Mittel nicht mehr als 20 Liter	Wasser für häuslichen Bedarf sollte sichergestellt werden, Hygiene evtl. gefährdet, Textilreinigung evtl. außerhalb des häuslichen Umfelds	**hoch** Hygiene-Schulungen, Bereitstellung eines mittleren Versorgungsniveaus
mittelmäßig	Wasserzugang auf dem Grundstück mind. ein Wasserhahn	im Mittel 50 Liter	Wasser für häuslichen Bedarf gesichert, Hygiene nicht gefährdet, Textilreinigung innerhalb des häuslichen Umfelds	**gering** Hygiene-Aufklärung kann Gesundheit verbessern, optimale Versorgung anstreben
optimal	Wasserzugang mittels diverser Wasserhähne im Haus	im Mittel 100-200 Liter	Wasser für häuslichen Bedarf gesichert, Hygiene nicht gefährdet, Textilreinigung innerhalb des häuslichen Umfelds	**sehr gering** Hygiene-Aufklärung kann Gesundheit weiter verbessern

Verändert nach: Howard G. & Bartram J. (2003): Domestic water quantity, service level and health.

Fazit

Solange sich ganzheitliche Wassermanagement-Konzepte nicht global etabliert haben, führen wasserintensive wirtschaftliche Tätigkeit, mangelnder Technologietransfer, sowie nicht nachhaltige Wasser- und Abwasserwirtschaft zur Verschmutzung, Übernutzung und Degradation der Ressource Wasser. Die Schaffung neuer ganzheitlicher Wasser- und Abwasser-Managementstrategien auf regionaler, nationaler und globaler Ebene stellt alle Beteiligten vor große Aufgaben, die nur durch interdisziplinäre Ansätze unter Einbeziehung aller Beteiligten und partizipativer Methoden gelöst werden können. Global wirkende Einflussgrößen wie Bevölkerungswachstum, Welthandel und Klimawandel entziehen sich dem Handlungsspielraum der Akteure im Wassersektor und sind nur durch Umsetzung nachhaltiger Strategien und ausreichenden politischen Willen, sowohl der Geber- als auch der Nehmerländer, zu erreichen.

Literatur:

Gleeson C. & Gray N. (1997). The coliform index and waterborne disease - Problems of microbial drinking water assessment. E & FN SPON An Imprint of Chapman & Hall, London, Weinheim, New York.

Howard G. & Bartram J. (2003). Domestic water quantity, service level and health. World Health Organization, Geneva.

IWMI (2006). 'Insights' from the Comprehensive Assessment of Water Management in Agriculture. Stockholm World Water Week, 2006. Colombo, Sri Lanka.

Lozán J. L., Grassl H., Hupfer P., Menzel L., Raschke E. & Schönwiese C.-D. (2004). Das Wasserproblem der Erde: Vom Wasserkreislauf über das Klima bis zum Menschenrecht auf Wasser. In: *Lozán J. L., Grassl H., Hupfer P., Menzel L., Raschke E. & Schönwiese C.-D.* (Hrsg.). Warnsignal Klima: Genug Wasser für alle ?. Wissenschaftliche Auswertungen, Hamburg.

Richtlinie 98/83/EG des Rates vom 3. November 1998 über die Qualität von Wasser für den menschlichen Gebrauch. Amtsblatt der Europäischen Gemeinschaften. 05.12.1998, L 330/32-54.

RIVM (2000). Health risks of water and sanitation. *National Institute of Public Health and the Environment* (RIVM), Bilthoven.

UNICEF (2006). Water, environment and sanitation. URL: http://www.unicef.org /wes/index_wes_related.html. (25.09.2006)

WHO & UNICEF (2004). Meeting the MDG drinking water and sanitation target: a mid-term assessment of progress. Joint Monitoring Programme for Water Supply and Sanitation.

WHO (2006a). Arsenic in drinking water. URL: http://www.who.int/mediacentre/factsheets/fs210/en/index.html. (25.09.2006)

WHO (2006b). Water and sanitation related diseases fact sheets. URL: http://www.who.int/water_sanitation_health/diseases/trachoma/en/. (27.09.2006)

WHO (2006c). Water-related diseases – Schistosomiasis. URL: http://www.who.int/water_sanitation_health/diseases/schisto/en/. (27.09.2006)

WHO (2006d). Dracunculiasis eradication. URL:
http://www.who.int/ctd/dracun/index.html. (25.09.2006)

WHO (2006e). Water-related diseases – Malaria. URL:
http://www.who.int/water_sanitation_health/diseases/malaria/en/. (27.09.2006)

WHO (2006f). URL:
http://www.who.int/csr/resources/publications/dengue/CSR_ISR_2000_1/en/index.ml.
(25.09.2006)

II. Ware Wasser?

Ware Wasser : Die Global Players und ihre Strategien –
Privatisierung als Fluch oder Segen?

Sir Paul Lever [1]

I.   Einleitung

RWE Thames Water ist ein privates Wasserunternehmen und Tochter von *RWE*. Es ist nach zwei französischen Wasserunternehmen, *Suez* und *Veolia*, das drittgrößte Wasserunternehmen der Welt.

Der Firmensitz des Unternehmens befindet sich in England. In London und entlang des Einzugsgebietes der Themse versorgt *RWE Thames Water* neun Millionen Menschen mit Trinkwasser und reinigt das Abwasser von 13 Millionen Menschen. International ist *Thames Water* in ungefähr 20 Ländern vertreten, darunter Australien, Chile, China, Thailand, die Türkei und Indonesien. Das Unternehmen ist Teilhaberin von Berlinwasser in Berlin und versorgt durch ihre Firma *American Water* zehn Millionen Kunden in den USA mit Trinkwasser.

Thames Water hat einen klaren Standpunkt entwickelt, welche Rolle der private Sektor in der Wasserversorgung und Abwasserentsorgung übernehmen kann. Das Unternehmen kann dabei nicht im Namen aller privaten Wasserunternehmen sprechen, sondern nur für *Thames Water* selbst.

II.   Wasser als öffentliches Gut

Niemand kann Wasser besitzen. Wasser ist ein Geschenk der Natur und lebensnotwendig – als Trinkwasser und als Produktionsfaktor für Nahrungsmittel.

Trinkwasser und Abwasser müssen jedoch gefördert, aufgearbeitet, transportiert und abgeleitet werden:

In ruralen, nicht entwickelten Ländern geht eine Frau mit einem Eimer zu der nächstgelegenen Quelle. In der entwickelten Welt bedeuten Trinkwasserversorgung und Abwasserentsorgung jedoch ein Höchstmaß an kostenintensiver Infrastruktur.

Wer aber trägt diese Kosten? Aus ökonomischer und ökologischer Sicht ist es sinnvoll, dass der Verbraucher diese Kosten übernimmt, oder zumindest die Verbraucher, die es sich leisten können:

1. Aus **ökologischen** Gründen, da Wasser knapp ist und Verbraucher verantwortlicher mit dem kostbaren Gut umgehen, wenn sie dafür selbst bezahlen.

---

[1] *Sir Paul Lever, Global Development Director, RWE Thames Water.*

2. Aus **ökonomischen** Gründen, da zum einen nur noch wenige Länder in der Lage sind, den kostenintensiven Wassersektor aus Steuern zu subventionieren und zum anderen die Mehrzahl der Verbraucher in entwickelten Ländern die Kosten tragen können. Zudem können für die Minderheit, die sich den Betrag der Wasserrechnungen wirklich nicht leisten können, Subventionsprogramme entwickelt werden.

III.   Wasserversorgung aus öffentlicher oder privater Hand?

Wasser ist nicht nur als Trinkwasser für die Bevölkerung, sondern auch für die ökonomische Entwicklung eines Landes von großer Bedeutung. Daher liegt im Allgemeinen die Verantwortung der Versorgungssicherheit mit Wasser beim Staat.

Ob aber die eigentliche Wasserversorgung in private oder öffentliche Hand gelegt wird, ist eine politische Entscheidungsfrage. Deshalb finden sich hierzu innerhalb Europas unterschiedliche Modelle.

Die Modelle der Wasserversorgung und Abwasserentsorgung unterscheiden sich hauptsächlich im "ownership". Es geht dabei allerdings nicht um den Besitz des Wassers, sondern um die Zugehörigkeit der physikalischen Anlagen. Es geht darum, wer die Verantwortung hat, in Gebäude, Installationen, Maschinen, Kundenzentren und Fuhrpark des Unternehmens zu investieren, diese zu betreiben und diese in Stand zu halten.

Was sind nun die Vorteile und Nachteile der unterschiedlichen Wasserversorgungsmodelle? *Thames Water* argumentiert nicht, dass der private Sektor von Natur aus der bessere Wasserversorger oder Abwasserentsorger sei. *Thames Water* betreibt auch keine aktive Lobbyarbeit, um Regierungen für die Privatisierung zu gewinnen. Das Unternehmen ist davon überzeugt, dass die Wahl des Modells - privat, öffentlich oder gemischt - in den Händen der Wähler bzw. der Politiker liegt.

Es gibt aber Bereiche in denen *Thames Water* potentielle Vorteile des privaten Sektors sieht. Diese sind:

1. Effizienz

2. Transparenz

3. Kapitalbeschaffung

4. Kundenorientierung

5. Kompetenz.

IV. Die Bedingungen für die Beteiligung des privaten Sektors

Die Beteiligung des privaten Wassersektors kann für die Wasserversorgung von großem Nutzen sein kann. *Thames Water* hat aber die Erfahrung gemacht, dass diese Beteiligung nur unter bestimmten Rahmenbedingungen realisierbar ist. Auf vier dieser notwendigen Rahmenbedingungen soll hier eingegangen werden:

1. Politikstabilität: Die Wasserversorgung und Abwasserentsorgung ist ein langfristiges und kapitalintensives Geschäft mit Abschreibungsraten von 10 bis 20 Jahren. Wird aber über diesen langen Zeitraum das politische und soziale Klima des jeweiligen Landes stabil bleiben? Oder könnte z.B. ein Regimewechsel zu einer Enteignung führen?

2. Regulierung: Der Wassermarkt ist ein natürliches Monopol. Aufgrund der hohen Kosten wäre es z.B. nicht realistisch, zwei Kläranlagen zu betreiben. Deshalb kann ein Wettbewerb im Markt nur im besonderen Fall für kommerzielle oder industrielle Großkunden stattfinden, nicht aber für Privathaushalte.

Durch die natürliche Monopolstellung muss der Wassersektor von einem stabilen Regulator kontrolliert werden, um einerseits die Verbraucher zu schützen und um andererseits einen fairen Gewinn für die Investoren zu gewährleisten.

Dieses Gleichgewicht zu finden ist eine Herausforderung an alle. Sie verlangt, dass 1. dem Regulator objektive Daten zur Verfügung gestellt werden, dass 2. eine neutrale und professionelle Beurteilung der Situation stattfindet, dass 3. die Bereitschaft bei dem Regulator besteht, politischem Druck standzuhalten und dass 4. immer als Rückhalt die Möglichkeit für den Regulator besteht, vor Gericht zu gehen.

In England wird der Wassersektor von einem nationalen Regulator namens OFWAT reguliert. In Deutschland werden die Wasserunternehmen oftmals auf föderaler Ebene reguliert. Das Prinzip ist aber überall dasselbe. Die Wasserunternehmen können nur ihre Wasserpreise erhöhen, wenn der Regulator einer Erhöhung zustimmt.

3. Kapitalkosten: Ein privates Unternehmen muss Kapital aufnehmen, um in das Wassergeschäft investieren zu können. Die Investitionen werden durch die vom Verbraucher gezahlten Wasserpreise gedeckt. Wenn das Kapital und die Einnahmen in der gleichen Währung sind, besteht kein Risiko. Ein hohes Risiko besteht jedoch, wenn das Kapital in einer Fremdwährung aufgenommen werden muss. Dies ist vor allem in Entwicklungsländern der Fall, die oft keinen entwickelten Kapitalmarkt haben.

4. Als vierter und letzter Punkt ist die **Rendite** zu erwähnen. Private Unternehmen sind nicht nur für ihre Kunden, sondern auch für ihre Anteilseigner verantwortlich. Diese erwarten eine Rendite für ihr investiertes Kapital.

Im Allgemeinen ist das Wassergeschäft durch ein niedriges Risiko charakterisiert, da die Nachfrage nach Wasser auf keinen Fall sinken wird und Wasser nicht substituiert werden kann. Es ist aber auch ein Geschäft mit niedrigem Gewinn. In einem

fair regulierten Umfeld kann ein gut geführtes Wasserunternehmen zumindest einen kleinen Gewinn erzielen. In England oder Amerika z. B. liegen die Renditen zwischen 7 und 11 %. Damit liegen sie weit unter denjenigen der Telekommunikationsbranche oder des Energiesektors. Der Wassersektor ist damit nur für Investoren interessant, die sich eine stabile Rendite mit geringem Risiko erhoffen, oft im Zusammenhang eines komplexeren Portfolios.

Aufgrund der Renditefrage wird sich *RWE* noch in diesem Jahr von *Thames Water* trennen. *Thames Water* steht damit zum Verkauf. *RWE* möchte sein Geld bevorzugt im Gas- und Elektrizitätsmarkt von Zentral- und Osteuropa investieren. Von diesen Investitionen erhofft *RWE* sich höhere Rendite, wenn auch mit größerem Risiko.

Was folgt daraus nun für die Unternehmensstrategie von *Thames Water*? In Zukunft wird sich *Thames Water* nur noch in solchen Ländern an der Wasserversorgung beteiligen, in denen zusammengefasst folgende Rahmenbedingungen erfüllt sind:

1. Es muss Vertrauen in die Stabilität der Politik bestehen.

2. Es muss Vertrauen in das Regulierungssystem bestehen.

3. *Thames Water* muss in die Stabilität der Währung sowie

4. in eine stabile Rendite mit einem möglichst geringen Risiko Vertrauen haben.

Letztlich sieht *Thames Water* demnach sein Kerngeschäft in den entwickelten Ländern.

V. Was aber geschieht mit den Armen?

Thames Water ist sich darüber bewusst, dass in vielen Teilen der Welt andere Bedingungen herrschen. Weltweit haben 1,4 Milliarden Menschen keinen Zugang zu frischem Trinkwasser und 2,4 Milliarden Menschen keinen Zugang zu adäquater Abwasserentsorgung. Die Millenniumsziele, von den Vereinten Nationen im Jahre 2000 in Johannesburg verabschiedet, haben unter anderem das Ziel, diese Zahlen zu halbieren.[2]

Thames Water als Wasserunternehmen möchte mitwirken, diese Ziele zu erreichen. Das aber nicht, weil es kommerzielle Möglichkeiten wittert, sondern weil Wasserversorgung und Abwasserentsorgung die Spezialität des Unternehmens ist und weil die Mitarbeiter und Anteilseigner helfen wollen.

---

[2] Siehe A/Res/55/2, Millenniumsziel III, Nr. 19 (zu finden unter <http://www.un.org/>).

Eine der Möglichkeiten, die *Thames Water* zur Verfügung stehen, ist die finanzielle Unterstützung von karitativen Einrichtungen. So hat *Thames Water* zusammen mit anderen Wasserunternehmen Großbritanniens Wateraid[3] gegründet. Wateraid ist eine der wenigen NGOs der Welt, die sich nur auf Wasserprojekte konzentrieren. Wateraid ist unabhängig und wird von *Thames Water* durch Spendenaktionen im Unternehmen und Spendenaufrufe unterstützt. Des Weiteren unterstützen einige der Arbeitnehmer von *Thames Water* zeitweise die Organisation bei ihrer Arbeit.

Wateraid, wie auch andere NGOs, arbeitet vor allem mit der Bevölkerung in den ruralen Gebieten der Entwicklungsländer, also dort, wo einfache Technologien am effektivsten helfen. Die schlimmsten Fälle von Trinkwasserdegradierung und inadäquater Abwasserentsorgung findet man hingegen in den wachsenden Slums der großen Städte. Für diese dicht besiedelten Slumgebiete müssen andere Lösungen angeboten werden als für die ländlichen Gebiete.

Eine Privatisierung in ihrer traditionellen Form, z.B. durch das Konzessionsmodell, würde hier nicht funktionieren, da die Rahmenbedingungen für private Wasserunternehmen nicht erfüllt werden. Andererseits ist die Herausforderung zu groß, als dass sie von den NGOs allein getragen werden könnte.

Thames Water hat deshalb einen neuen Lösungsansatz entwickelt. Es hat eine Non-Profit-Organisation mit dem Namen „Water and Sanitation for the Urban Poor" (WSUP)[4] gegründet. WASUP ist eine Partnerschaft zwischen:

- drei privaten Unternehmen (*Thames Water, Halcrow,* eine Baufirma und *Unilever,* spezialisiert auf Hygieneprodukte),

- vier NGOs (*Wateraid, Care International,* dem *World Wildlife Fund* and *Water for People*) sowie

- einer Universität (Cranfield University).

WSUP entwickelt Modelle der Trinkwasserversorgung und Abwasserentsorgung, die für typische Slums der peri-urbanen Gebiete mit 50.000 bis 500.000 Menschen geeignet sind.

Die Aufgaben von WSUP sind:

- ein Konzept für die Wasserversorgung und Abwasserentsorgung zu entwickeln,

- eine lokale Organisation zu unterstützen, Geldgeber für den Bau der Infrastruktur zu finden,

- die Installation der Wasserversorgung zu überwachen und

- die lokale Organisation im Management, Betrieb und Instandhaltung der Wasserversorgung zu unterstützen.

---

[3] <http://www.wateraid.org>.
[4] <http://www.wsup.com>.

WSUP zieht sich nach fünf Jahren aus dem Projekt zurück. Der lokale Wasserversorger sollte bis dahin in der Lage sein, die Wasserversorgung und Abwasserentsorgung selbstständig und nachhaltig zu betreiben.

WSUP führt zurzeit in drei Projekten Machbarkeitsstudien durch und in mehreren anderen Fällen eine vorbereitende Auswahl. Die Leistung von *Thames Water* wird einfach zu messen sein, nämlich durch die Anzahl der Wasseranschlüsse und Toiletten. Dabei wird *Thames Water* natürlich nur einen kleinen Anteil an der Erfüllung der Millenniumsziele haben. Es soll aber mit WSUP gezeigt werden, dass es Möglichkeiten gibt, den privaten Sektor in einer Partnerschaft mit NGOs und der Bevölkerung an der Wasserversorgung in Entwicklungsländern zu beteiligen.

VI.　　Mehr Taten, weniger Ideologie

Es war nicht einfach, WSUP aufzubauen. Wasser ist ein hochpolitisches und emotionsgeladenes Thema. Das spiegelt sich oftmals in der ideologischen Leidenschaft der Teilnehmer an Konferenzen und Seminaren wider: Einige NGOs verschwenden mehr Zeit mit Streit über Prinzipien und Doktrinen, als Lösungen zu entwickeln. Die Argumentierenden geben den Eindruck, als sei ihnen die Wahl des Wasserversorgers wichtiger als die eigentliche Versorgung der Menschen mit Wasser. Das ist jedoch in keinerlei Weise hilfreich, um rationale Entscheidungen darüber zu treffen, wie die Menschen der Welt mit sauberem Trinkwasser versorgt werden können.

So sagte z.B. ein bekannter kanadischer Wasserideologe auf einer Konferenz in Berlin, dass private Wasserunternehmen gegen die Menschenrechte verstießen. Diese Bemerkung dürfte die 50 Millionen Engländer und Waliser sehr wundern, da sie alle ihr Wasser von privaten Unternehmen bekommen. Im Übrigen ist das Wasser in London ungefähr dreimal billiger als in Berlin.

Die **Weltbank** und andere internationale Geldgeber werden kritisiert, weil sie Privatisierung unter allen Umständen befürworten. Die Kritik ist überspitzt aber nicht ohne Grund. Es ist wahr, dass die Weltbank die Beteiligung des privaten Sektors als Bedingung an Kredite für den Wassersektor in Entwicklungsländern geknüpft hat. Die Weltbank traute der Regierung des jeweiligen Landes nicht die Fähigkeiten und nicht die Integrität zu, die Projekte selbst durchzuführen. Die Art und Weise aber, in der die Weltbank die Beteiligung des privaten Sektors erzwang, hat Misstrauen und Argwohn verursacht.

Es wäre natürlich besser für alle, auch für den privaten Sektor, wenn die Weltbank auf Effizienz, technische Kompetenz, Transparenz und Nullkorruption beharrt, aber die Wahl des Versorgers den lokalen Regierungen überlassen hätte. Der private Sektor wäre auf diese Art dort beteiligt, wo er gewünscht und nicht, wo er von außen aufgezwungen wurde.

Zudem kann es dem Image und Geschäft privater Wasserunternehmen nur scha-
den, wenn der Eindruck entstehen würde, dass internationale Institutionen Privatisierung in Ländern und Städten forcieren, die einer Privatisierung negativ
gegenüberstehen.

Thames Water stellt grundsätzlich den Sinn und Nutzen legislativer Initiativen zwischen nationalen Regierungen in Frage, da in den meisten Ländern der Welt die
Wasserversorgung auf kommunaler Ebene organisiert wird (Großbritannien ist hier
eine Ausnahme).

Aus der Sicht von *Thames Water* sollte deshalb auf **kommunaler, lokaler Ebene
entschieden** werden:

- auf welche Weise die Wasserversorgung gesichert wird,

- ob ein privates Unternehmen beteiligt wird oder nicht und

- ob ein lokales oder nicht lokales Wasserunternehmen gewählt
  wird.

Unter dem Begriff „privater Wassersektor" stellen Menschen sich oft die großen
internationalen Wasserunternehmen vor. In vielen Slums der Entwicklungsländer
sind die privaten Unternehmen jedoch lokale Wasserhändler. Diese Wasserhändler
verkaufen oft gestohlenes und manchmal auch unsauberes Wasser zu überhöhten
Preisen. Für viele Slumbewohner führt der einzige Zugang zu Wasser über diese
Händler. Oft sind es auch diese privaten Händler, die eine Beteiligung der internationalen Wasserunternehmen verhindern wollen.

Die Existenz der Wasserhändler zeigt aber auch, dass in den Slums Zahlungskapa-
zitäten für Wasser bestehen. Die realistische Einschätzung der Zahlungsbereit-
schaft des lokalen Marktes für Trinkwasser ist Grundbedingung, wenn man ein
neues Wasserversorgungssystem plant. Nur dann kann eine sich selbst tragende
Wasserversorgung aufgebaut werden. In den meisten Fällen ist es möglich, mit dem
neuen System sauberes Wasser zu günstigeren Preisen zu liefern, wenn die An-
fangsinvestitionen für die Wasserversorgung durch Hilfsgelder subventioniert werden.

Die Beteiligung des privaten Sektors soll, wie bereits erwähnt, auf einer lokalen
Entscheidung basieren und nicht von außen übergestülpt sein. Viele Gemeinden
entscheiden sich aus praktischen Gründen: Welche Alternativen gibt es und welche
davon stellt eine erschwingliche Trinkwasserversorgung und Abwasserentsorgung
für die größte Zahl von Menschen bereit? Ob das Wasser von privaten, öffentlichen oder gemischten Unternehmen bereitgestellt wird, ist für die Verbraucher von
nebensächlicher Bedeutung.

VII.　Schlussfolgerung

Wasserpolitik ist schwer zu verstehen. Die zwei größten privaten Wasserunternehmen der Welt sind französisch. Dennoch ist Frankreich ein Land, in dem die Bereitstellung öffentlicher Leistungen normalerweise in öffentlicher Hand liegt (an dieser Stelle sei nur an die Schwierigkeiten erinnert, die die Regierung mit der Privatisierung von *Electricité de France* hat). In Amerika, dem Land der freien Unternehmen, hat sich lautstarke Opposition gegen private Wasserunternehmen gebildet. *Public Citizen*[5], eine Organisation gegründet von Ralph Nader, führt einen Kreuzzug gegen private Unternehmen, im Besonderen gegen ausländische Firmen. Ausländerfeindlichkeit scheint allgemein ein Element der ganzen Wasser-Debatte zu sein.

Thames Water will die Probleme verstehen und vor allem an der Bereitstellung von Lösungen beteiligt sein, nicht aber an der Diskussionen von Theorien.

Daher ist die Antwort auf die Frage „Privatisierung: Fluch oder Segen?": keines von beiden.

Die politische Kontroverse ist aus der Sicht von *Thames Water* oftmals irrelevant. *Thames Water* agiert dort, wo es gebraucht wird. Es möchte sich nicht aufzwingen, wenn es nicht gewünscht ist. *Thames Water* nimmt aber sein Geschäft und seine Kunden ernst und möchte eine bestmögliche Wasserversorgung und Abwasserentsorgung für alle.

Als Wasserunternehmen interessiert sich *Thames Water* im Besonderen für die Milliarden Mitmenschen, die keinen Zugang zu adäquater Wasserversorgung und Abwasserentsorgung haben. Deshalb ist die Beteiligung des privaten Sektors wünschenswert, wenn sie der Bereitstellung von sauberem und bezahlbarem Trinkwasser dient.

---

[5] <http://www.citizen.org>.

Ware Wasser: Die Global Players und ihre Strategien – Privatisierung als Fluch oder Segen

Annette v. Schönfeld [1]

I. Einleitung

Die Kampagne *MenschenRecht Wasser* [2] setzt sich für die Anerkennung und Umsetzung des Menschenrechts auf Wasser ein. Sie engagiert sich im Rahmen von nationaler und internationaler Lobby- und Netzwerkarbeit für den Zugang der Ärmsten zu hygienisch sicherem Wasser und zu Abwasserentsorgung und für die Verteidigung von Wasser als öffentliches Gut. In Deutschland wird Bildungsarbeit zu diesem Thema geleistet.

Ein zentrales Element für die Arbeit zum Menschenrecht Wasser ist das Engagement für die Bekanntmachung und Umsetzung des Allgemeinen Kommentars Nr. 15 des Komitees für Wirtschaftliche, Soziale und Kulturelle Rechte der Vereinten Nationen, speziell in den Partnerländern von „Brot für die Welt". Dieser Kommentar formuliert erstmals explizit das Menschenrecht auf Wasser.

Zur Verteidigung von Wasser als öffentliches Gut vertreten wir die Forderungen, Wasser aus internationalen Handelsverträgen herauszunehmen, wie z.B. aus den GATS[3]-Verhandlungen der WTO[4], sowie die sofortige Beendigung der Verknüpfung von Entwicklungshilfe an eine Beteiligung der Privatwirtschaft im Wassersektor.

„Brot für die Welt" hat sich in der Aktion „Schutzdeich" gegen Wasserprivatisierung engagiert. Zu dieser Aktion haben sich von März 2005 bis März 2006 Organisationen der Entwicklungszusammenarbeit, Menschenrechtsorganisationen, Gewerkschaften und Bürgerinitiativen zusammengeschlossen, um gemeinsam gegen die zunehmende Tendenz der Privatisierung von Trinkwasserversorgung, in Deutschland und weltweit, zu protestieren.

Ausgangspunkt für die Aktion „Schutzdeich" und auch für „Brot für die Welt" ist es, Wasser weder als Wirtschaftsgut noch als Handelsware, sondern als öffentliches Gut zu definieren. Wasser kann und darf Geld kosten, aber es sollte nicht zu Gewinnzwecken vermarktet werden. Es muss obendrein sichergestellt sein, dass alle

---

[1] *Annette v. Schönfeld, Leiterin der Kampagne MenschenRecht Wasser bei Brot für die Welt.*

[2] Siehe hierzu auch <http://www.menschen-recht-wasser.de/>.

[3] General Agreement on Trade in Services – allgemeines Dienstleistungsabkommen, BGBl. 1994 II, S. 1643.

[4] World Trade Organisation - Welthandelsorganisation, BGBl. 1994 II, S. 1625.

Menschen, unabhängig von ihrer wirtschaftlichen Situation, Zugang zur Mindestmenge Wasser haben. Die Weltgesundheitsorganisation WHO definiert diese mit 20 Litern pro Kopf und Tag

Zum Titel dieses Beitrags ist anzumerken, dass Strategien als Strategien zur Lösung der globalen Wasserkrise[5] verstanden werden und unter Global Player der internationalen Wasserpolitik nicht nur die Konzerne zu verstehen sind, sondern auch

- Regierungen / die Vereinten Nationen
- Internationale Finanzierungsinstitutionen (Weltbank, IWF, regionale Entwicklungsbanken)
- Die internationale Wasserbewegung.

Im Folgenden soll aufgezeigt werden, wie sich die einzelnen Global Player zur Wasserkrise verhalten, inwieweit sie zur Lösung derselben auf Privatisierung setzen und welche Erfahrungen bisher damit gemacht wurden.

Mit „Ware Wasser" ist hier ausschließlich die Trinkwasserversorgung gemeint. Auf andere Bereiche der Kommerzialisierung von Wasser, wie z.B. Flaschenwasser, wird nicht eingegangen. Es soll lediglich die eindrückliche Zahl in den Raum gestellt werden, dass der Konsum von Flaschenwasser seit den 70er Jahren von 1 Milliarde Liter auf heute weit über 100 Milliarden Liter angestiegen ist. Der Preis liegt bis zu 1100-mal höher als der von Leitungswasser und hat sehr oft, gerade in den Ländern des Nordens, keine höhere Qualität.

1. Kurzer historischer Rückblick auf die Kommerzialisierung von Wasser in der internationalen Wasserpolitik der vergangenen 25 Jahre

- Ziel der 1. UN – Wasserdekade in den 80er Jahren ist es, die Trinkwasserversorgung für alle Menschen zu erreichen. Das soll über die Finanzierung öffentlicher Strukturen geschehen und hat große staatliche Infrastrukturprojekte wie Staudämme etc. zum Schwerpunkt. Die Dekade scheitert, zum einen aufgrund von Korruption und Ineffizienz der öffentlichen Strukturen, aber auch durch wachsende Kritik an der Politik der Megastaudämme, die erhebliche ökologische Schäden anrichten und Millionen von Menschen zur Umsiedlung zwingen.

- 1992 findet in Dublin die Internationale Konferenz Wasser und Umwelt (ICWE) statt. Dort erkennen die Vertreter von mehr als 100 Staaten erstmals

---

[5] Heute haben 1,2 Milliarden Menschen keinen Zugang zu ausreichendem und hygienisch einwandfreiem Wasser, 6.000 Menschen sterben täglich an den Folgen. Die meisten der Betroffenen leben in den Elendsvierteln der Städte und auf dem Land. Durch Klimawandel, Wasserverschmutzung und –verschwendung wird die Ressource Wasser immer knapper. Wasser, bzw. die Verteilung von Wasser birgt dadurch zunehmendes Konfliktpotential.

die Kommerzialisierung der Trinkwasserversorgung als Strategie zur Lösung der Wasserkrise an. In den verabschiedeten „Prinzipien von Dublin"[6] heißt es u.a.: „Wasser hat in all seinen miteinander konkurrierenden Nutzungsformen einen ökonomischen Wert und sollte als ökonomisches Gut anerkannt werden"[7]. Das ist eine konsequente Haltung im Rahmen der neoliberalen Marktwirtschaft. Das Scheitern der 1. Wasserdekade wird mit dem Scheitern der öffentlichen Wasserversorgung gleichgesetzt und eine Lösung nicht in der Reform der öffentlichen Versorgungsstrukturen, sondern in der Beteiligung der Privatwirtschaft gesucht. Diese sei effizienter und weniger korrupt, so die Befürworter der Privatisierung. Beides hat sich nicht bewahrheitet, wie zahlreiche gescheiterte Privatisierungsbeispiele in den letzten Jahren gezeigt haben.

- Nach der Dublin-Konferenz kommt es zu einer deutlichen Zunahme der Privatsektorbeteiligung in der Trinkwasserversorgung in den 90er Jahren.
  1993 gibt die Weltbank ihr „Policy Paper on Water Resources Management" heraus,[8] in dem die Beteiligung der Privatwirtschaft für die Lösung der Wasserkrise als unabdingbar erklärt wird. In den folgenden Jahren wurde bei zahlreichen Vertragsabschlüssen der Weltbank im Wassersektor eine Beteiligung der Privatwirtschaft zur Bedingung für die Kreditvergabe gemacht.
  Auch die Bundesregierung knüpfte bis vor kurzem große Erwartungen an die privatwirtschaftliche Beteiligung im Wassersektor, und bezog sie häufig in die entsprechenden Projekte der Entwicklungszusammenarbeit ein.

- 1995 beginnen mit der Gründung der Welthandelsorganisation WTO auch die Verhandlungen über ein Allgemeines Dienstleistungsabkommen. Auch hier sind die Trinkwasserver- und Abwasserentsorgung im Rahmen der „Umweltdienstleistungen" Bestandteil und sollen ebenso wie z.B. Tourismus, die Telefonbranche oder das Bankwesen international und per Wettbewerb geregelt werden. Aufgrund zahlreicher Proteste ist die Debatte, ob und wie das Wasser tatsächlich Bestandteil des GATS bleibt, allerdings noch nicht abgeschlossen.[9]

---

[6] Abgedruckt in: Environmental Policy and Law, Bd. 22 oder unter <http://www.wmo.int> (Dokumentsuche). An der Konferenz nahmen etwa 500 Wasserexperten aus 100 Nationen von nationalen und internationalen Regierungs- und Nichtregierungsorganisationen teil.

[7] *Uwe Hoering, Ann Kathrin Schneider.* „King Customer? The Word Banks's „new" Water Policy and its Implementation in India and Sri Lanka", Berlin/Stuttgart 2004, S.6.

[8] Zu finden unter der Dokumentsuche bei <http://www.worldbank.org>.

[9] Vgl. dazu auch *Christina Deckwirth*, Sprudelnde Gewinne? - Transnationale Konzerne im Wassersektor und die Rolle des GATS, weed Arbeitspapier, Bonn 2004, und *Sebastian Vollmer*, Die globale Wasserkrise und das GATS, 1. Aufl. Göttingen 2004.

- 2000 werden die Millenniumsziele von Seiten der UN erklärt. Eines davon lautet, dass bis zum Jahr 2015 die Zahl der Menschen, die keinen Zugang zu sauberem und hygienisch sicherem Wasser haben, halbiert werden soll.[10]

- 2001 findet in Bonn die Internationale Süßwasserkonferenz statt.[11] Hier wird die Tendenz der Beteiligung der Privatwirtschaft zur Lösung der Wasserkrise zwar bestätigt, es wurde aber gleichzeitig auch mehr Partizipation der Zivilgesellschaft gewünscht. Vor diesem Hintergrund wurde ein Multi-Stakeholder Dialog verabredet, um die Wirkung privatwirtschaftlichen Engagements im Wassersektor zu evaluieren. Der Dialog ist bis heute nur wenig vorangekommen.

- 2002 werden die Millenniumsziele auf dem Erdgipfel in Johannesburg um das Ziel der Abwasserentsorgung erweitert.[12]

- Im November 2002 wird der Allgemeine Kommentar Nr. 15 des Ausschusses für wirtschaftliche, soziale und kulturelle Rechte der UN zum Menschenrecht auf Wasser verabschiedet.[13]

- 2003 bestätigt die Weltbank in ihrer „Water Ressources Sector Strategy" den Privatisierungskurs. Dieser wird auch auf dem 3. Weltwasserforum in Kyoto vehement vertreten.[14] Dort werden aber erstmals im Rahmen eines Weltwasserforums auch internationale Proteststimmen deutlich vernehmbar.

- 2004 findet in Neu-Delhi, Indien, das erste alternative Weltwasserforum (Peoples' World Water Forum) statt. In der Erklärung wird verabredet, sich weltweit für die Verteidigung von Wasser als öffentliches Gut und Menschenrecht einzusetzen.

- 2006 findet das 4. Weltwasserforum in Mexiko Stadt statt.[15] Es wird deutlich, dass es zum Thema Privatisierung in der Trinkwasserversorgung Veränderungen gibt. Das Modell langjähriger Konzessionen für städtische Trinkwasserversorgung an große Konzerne wird immer stärker hinterfragt. Zum ersten Mal findet gleichzeitig ein Gegenforum von Wasseraktivisten und

---

[10] Siehe A/Res/55/2, Millenniumsziel III, Nr. 19 (zu finden unter <http://www.un.org/>).
[11] Siehe hierzu <http://www.water-2001.de/>. Teilnehmer waren Vertreter von 118 Staaten und 47 Regierungsorganisationen sowie Vertreter von 73 Nichtregierungsorganisationen als Beobachter.
[12] Vgl. zu diesem Erdgipfel z.B. *Udo E. Simonis*, Gute Absichten und dürftige Ergebnisse: Erdgipfel in Johannesburg, in: Universitas 2002, S. 1024-1030.
[13] Deutsche Übersetzung abgedruckt in: *Deutsches Institut für Menschenrechte* (Hrsg.), Die „General Comments" zu den VN-Menschenrechtsverträgen, Baden-Baden 2005, S. 314-336.
[14] Weltwasserforen werden vom World Water Council veranstaltet, einer privaten Organisation, welche Regierungen, internationale Organisationen, NGOs, und Vertreter der Wasserwirtschaft zusammenbringt, vgl. <http://www.worldwatercouncil.org/index.php?id=92&L=0>.
[15] Informationen hierzu unter <http://www.worldwaterforum.org/home/home.asp>.

Nichtregierungsorganisationen aus der ganzen Welt statt, auf dem die Privatisierung von Wasser und Wasserversorgung eindeutig abgelehnt wird.

Begründet wird die Hinwendung zur privatwirtschaftlichen Beteiligung an der Trinkwasserversorgung seit Anfang der 90er Jahre u. a. mit den erheblichen finanziellen Mitteln, welche die Privatwirtschaft in die Schaffung neuer Versorgungssysteme investieren könne. In diesem Zusammenhang wird von Seiten des Weltwasserrates und der Global Water Partnership[16] ein Bedarf von bis zu 110 Milliarden US-Dollar pro Jahr errechnet, der erforderlich sei, um das Millenniumsziel zu Wasser zu erreichen. Der internationale „Water Supply and Sanitation Collaborative Council" (WSSCC), der Anfang der 90er Jahre durch eine UN-Resolution ins Leben gerufen wurde,[17] geht von anderen Berechnungen aus und kalkuliert, dass "nur" 10 Milliarden zusätzlich pro Jahr zur Erreichung der MDGs notwendig seien. Der Unterschied ergibt sich vor allem aus einer unterschiedlichen Prioritätensetzung:

Der geringere Betrag stellt die Wasserversorgung für alle Menschen in den Vordergrund, das heißt speziell die Neuschaffung von Zugang zu sicherem Wasser für die Menschen in den Armenvierteln der Städte und auf dem Land. Gerade auf dem Land sind häufig kleine, lokal angepasste Initiativen die adäquate Lösung. Dafür muss nicht viel Kapital fließen, es lockt auf der anderen Seite kein lukratives Geschäft.

In die hohen Berechnungen fließen dagegen Kalkulationen umfangreicher Infrastruktur und Dammbauten ebenso ein wie die Gewinne der Unternehmen und enorme Beraterhonorare für die Großprojekte. Außerdem liegt die Priorität bei dieser Berechnung weniger auf der unmittelbaren Erreichung der Millenniumsziele denn auf einer möglichst gewinnträchtigen Nutzung des Wassers in der Industrie (und Landwirtschaft).

II. Die Strategien der Global Player:

1. Weltbank/ Internationaler Währungsfonds/ Regionale Entwicklungsbanken

Eine wesentliche Strategie für diese Player war (und ist) die Konditionierung von Krediten im Wassersektor an privatwirtschaftliche Beteiligung und die Öffnung der nationalen Märkte.

Da privatwirtschaftliches Engagement im Wassersektor inzwischen häufig gescheitert ist, denkt die Weltbank darüber hinaus immer mehr über mögliche Garantien nach, die Anreize für den privaten Sektor im Wassersektor bieten sollen, beispielsweise direkte Kredite oder Garantien bei Wechselkursschwankungen.

---

[16] Beides sind Think Tanks zu internationaler Wasserpolitik, in denen Vertreter von Politik, Wirtschaft und Wissenschaft, mit geringer Beteiligung von NGOs, Wasserpolitik gestalten.

[17] Siehe dazu <http://www.wscc.org>.

Die offene Konditionierung von Krediten wurde häufig und öffentlich kritisiert, sodass man heute stärker „verdecktere" Konditionierungen findet: Um einen Weltbankkredit zu erhalten, muss das antragstellende Land in der Regel einen Poverty Reduction Strategy Plan (PRSP) vorlegen. In den PRSP wird privatwirtschaftliche Beteiligung oft als eigenes Anliegen der antragstellenden Regierung formuliert. Die Erstellung der PRSP wird dabei meist im Rahmen von multilateraler (z. B. direkt von der Weltbank), oder bilateraler Entwicklungszusammenarbeit beraten.[18]

Die deutliche Hinwendung zur „Ware Wasser" ist gerade im Hinblick auf Armutsbekämpfung fragwürdig. Private Unternehmen müssen aus betriebswirtschaftlichen Gründen Gewinn erwirtschaften. Dort, wo das Wasser fehlt, nämlich auf dem Land und bei den Armen, ist aber wenig Gewinn zu holen. Das heißt, die Förderung im Wassersektor findet ganz wesentlich in den Städten der Schwellenländer, und auch dort nicht in den Armensiedlungen statt. Dabei ist Armutsbekämpfung ein erklärtes Ziel der Weltbank.

Auch mit der neuen Tendenz der Rückkehr zur Finanzierung von Großstaudämmen setzt die Weltbank auf die Stärkung der Privatwirtschaft durch lukrative Bauaufträge und setzt sich über begründete ökologische und soziale Kritik hinweg.

Interessant ist es, sich in diesem Zusammenhang noch einmal in Erinnerung zu rufen, dass die Weltbank von den Regierungen der Mitgliedsstaaten finanziert wird, also letztlich aus Steuergeldern. Deutschland ist drittgrößter Anteilseigner der Weltbank.

2.   Die EU in der WTO

Die EU forderte 2002 in den GATS-Verhandlungen der WTO von 72 Ländern eine Liberalisierung ihrer Wasserversorgung, 65 davon so genannte Entwicklungsländer. Es war dabei immer davon die Rede, dass diese Länder im Rahmen der Verhandlungen ihre Dienstleistungen freiwillig liberalisieren könnten oder nicht, und davon, dass die Liberalisierung nur dort gefordert würde, wo die Länder bereits Dienstleistungen liberalisiert hätten. Der Aspekt, dass viele der Länder auf Druck von WB und IWF in ihrem Dienstleistungssektor liberalisiert haben, wurde nicht erwähnt.

Gegen diese Forderungen hat es weltweit zahlreiche Proteste, vor allem aus der Zivilgesellschaft gegeben. Die Forderungen sind 2005 überarbeitet und konkretisiert worden und aus den multilateralen Verhandlungen wurde „Wasser für menschlichen Gebrauch" ausgenommen. Andere Bereiche des Wassers, u.a. die Abwasserentsorgung, sind weiterhin Teil der Verhandlungen. In bilateralen und regionalen Handelsabkommen der EU wird auch weiterhin allgemein über Wasser verhandelt.[19]

---

[18] Einzelheiten bei *Thomas Fritz*, Schleichende Privatisierung, FDCL-BLUE 21, Berlin, 2006.
[19] Vertiefend hierzu *Christina Deckwirth*, „Water nearly out of GATS?" Corporate Europe Observatory, Amsterdam 2006.

Innerhalb der EU werden zurzeit die Diskussionen um die Dienstleistungsrichtlinie geführt. Auch hier war vorgesehen, die Wasserversorgung darin mit aufzunehmen. Äußerst strittige Punkte in der Debatte waren und sind z.b. die Einrichtung eines einheitlichen Qualitätsstandards für Trinkwasser und die dafür notwendigen Investitionen in Wartung und Infrastruktur. Von Ländern mit hohem Qualitätsstandard wird befürchtet, dass die neuen Normen nach unten korrigiert werden und zu Qualitätsverlust führen könnten. Dies stellt eine besondere Bedrohung angesichts der zunehmenden Privatisierung in der Wasserversorgung dar, da private Unternehmen per Auftrag eher den Gewinn als das öffentliche Wohl zur Messlatte machen. Ein anderer heftig diskutierter Punkt sind die Ausschreibungen, in denen keine lokalen Standortvorteile berücksichtigt, sowie öffentlich und privat gleich behandelt werden. Ob Wasserver- und Abwasserentsorgung tatsächlich Teil der Dienstleistungsrichtlinie werden, ist noch nicht endgültig entschieden.

3. Die Bundesregierung

Die Bundesregierung ist nach Japan zweitgrößter bilateraler Geber im Wassersektor. Sie formuliert Armutsbekämpfung als eines der wichtigen Ziele der Entwicklungszusammenarbeit. Trotzdem setzt sie bislang häufig auf Beteiligung der Privatwirtschaft im Wassersektor. Inzwischen gibt es allerdings auch Stellungnahmen, nach denen das privatwirtschaftliche Management von Trinkwasserversorgung in den so genannten Entwicklungsländern kurzfristig nicht durchsetzbar sein wird.
Ein Arbeitsfeld ist in der technischen Zusammenarbeit die Beratung von Regelwerken, welche die Kommerzialisierung von Wasser überhaupt erst möglich machen. In den Verfassungen zahlreicher Länder ist Wasser als öffentliches Gut definiert. Um die Privatwirtschaft an der Wasserversorgung zu beteiligen müssen erst neue Gesetze geschaffen werden.

Hierzu noch eine interessante Zahl zur Unterstützung des Wassersektors in der Entwicklungszusammenarbeit der Bundesregierung: Die Kreditanstalt für Wiederaufbau, die deutsche Entwicklungsbank, hat von 2000 bis 2004 eine Summe von 1,095 Milliarden Euro im Wassersektor ausgezahlt. Davon flossen 485 Millionen Euro direkt an deutsche Unternehmen[20].

4. Die Konzerne

Etliche große Konzerne, die drei größten sind *Suez* und *Veolia* (früher *Vivendi*) aus Frankreich und *RWE / Thames Water*, sind in den 90er Jahren massiv in das Trinkwassergeschäft eingestiegen. Im Süden haben die Konzerne meist langfristige

---

[20] Aus: *Thomas Fritz*, Schleichende Privatisierung, Kritik der deutschen und internationalen Entwicklungshilfe im Wassersektor, Berlin 2006, S. 38.

Konzessionen von 25 bis 30 Jahren für die Trinkwasserversorgung in großen Städten erhalten. Es wurde die Hoffnung auf hohe Investitionen geschürt sowie auf stärkere Effizienz und Modernisierung der Versorgungs- und Abrechnungssysteme durch die Privatisierung.

Tatsächlich wurden in den meisten Fällen die Wasserpreise für die Verbraucher deutlich erhöht. Die Investitionen seitens der Privatwirtschaft und die Qualitätsverbesserung blieben gering. In einigen Fällen, wie in Manila oder Buenos Aires, hat es vermehrt Fälle von Wasserverunreinigung gegeben, da weniger als zuvor in die Instandhaltung der Leitungsnetze investiert wurde.

In Argentinien beispielsweise übernahm der französische *Suez*-Konzern 1993 den wesentlichen Anteil an *Aguas Argentinas*, dem Unternehmen, das die Wasserversorgung von Buenos Aires gewährleisten und zügig verbessern sollte. Später übernahm *Suez* auch die Mehrheiten an der Wasserversorgung von Cordoba und Santa Fe. In diesem Jahr, am 31. März 2006, kündigte *Suez* mit dem Rückzug aus Cordoba das letzte verbleibende Konzessionsgeschäft in der Trinkwasserversorgung in Argentinien.

Die 13 privatisierten Jahre haben für die betroffene Bevölkerung keine Vorteile erbracht: lediglich in den ersten beiden Jahren wurde in die Infrastruktur investiert, als „modernisiertes" Abrechnungssystem wurden nicht die versprochenen Zähler installiert, sondern ein System von Luftaufnahmen und so ermittelten bebauten Quadratmetern eingeführt, nach denen die Wasserpreise berechnet wurden. Die Qualität des Trinkwassers von Buenos Aires ist miserabel. Immer wieder hat es Skandale wegen hoher Schadstoffbelastung gegeben. In zehn Jahren stiegen die Wasserpreise um 54 bis 65 Prozent. 2001 kam es zur Wirtschaftskrise in Argentinien. Der Peso verfiel rapide. Die Wasserpreise wurden 2002 zum Schutz der Bevölkerung von der Regierung eingefroren.

Über all die Jahre hatte es immer wieder massive Proteste der Bevölkerung gegen *Aguas Argentinas* gegeben, vor allem wegen der ständigen Preiserhöhungen und der äußerst schlechten Wasserqualität.

Drei Jahre haben *Suez* und die Argentinische Regierung verhandelt. Mit Preiserhöhungen von bis zu 500 % sollte der Währungsverlust von den Konsumenten ausgeglichen werden. Die argentinische Regierung lehnte diesen Vorschlag rundweg ab. Daraufhin kündigte *Suez* seinen Rückzug an.

Inzwischen ist das Modell der Privatisierung durch langfristige Konzessionsvergabe in den Ländern des Südens weitgehend gescheitert. In 75% der Fälle kommt es zu Nachverhandlungen, immer häufiger zu Vertragskündigungen, z.B. in Argentinien, Bolivien, Dar Es Salam (Tansania), Paraná (Brasilien).

Entweder sind aufgrund von Wechselkursschwankungen die Gewinne ausgeblieben oder die massiven Proteste der Bevölkerung gegen die überhöhten Preise haben das Image der Konzerne deutlich geschädigt.

Als Ergebnis dieser Entwicklung ziehen sich einige Konzerne aus dem Geschäft der Trinkwasserversorgung wieder zurück: *RWE* verkauft *Thames Water* und will nur in Europa im Wassergeschäft bleiben, *Suez* ist in Südamerika auf dem Rückzug (z. B. in Argentinien, Bolivien und Uruguay), *International Water Limited* (*Bechtel* und *Edison*/Italien) hat einen Großteil des Wassergeschäfts aufgegeben, *Saur* zieht sich aus Mozambique zurück.

Im Zusammenhang mit ihrem Rückzug stellen die Konzerne oft immense Schadensersatzforderungen, die sie zum einen für geleistete Investitionen, zum anderen für entgangene Gewinne fordern. In Bolivien z.b. läuft zurzeit eine externe Prüfung der *Suez*-Investitionen, um die Summe für den Rückzug von Suez aus dem Land abzustimmen. Dabei gehen die Zahlen von Konzern und öffentlicher Hand weit auseinander.

Die Schadensersatzklagen werden in der Regel vom „International Center for Settlement of Investment Disputes", ICSID, entschieden, das maßgeblich durch die Weltbank gefördert wird. Wie diese Prozesse ausgehen, ist noch offen. *Suez* hat die argentinische Regierung verklagt. Insgesamt laufen gegen Argentinien Klagen vor dem ICSID in Höhe von 13 Milliarden US-Dollar, knapp 20% davon im Wassersektor.

Zu Cochabamba hatte *Bechtel* die bolivianische Regierung auf Zahlung von 50 Millionen US Dollar verklagt, die nachgewiesenen Investitionen werden auf weniger als 1 Million US Dollar geschätzt[21]. Anfang diesen Jahres hat *Bechtel* unerwarteter Weise einem Vergleich zugestimmt, wonach Bolivien 30 Cent insgesamt an den US-amerikanischen Konzern überweisen muss.[22]

Bei genauerem Hinsehen scheint sich das Engagement der Konzerne allerdings eher zu verschieben als aufzuheben. Derzeit werden verstärkt kurzfristigere Verträge mit der Privatwirtschaft abgeschlossen, in denen vor allem Management- und Dienstleistungsaufgaben übernommen werden, keine Investitionen. Damit ist das finanzielle Risiko für die Unternehmen geringer, das Wasser muss aber weiterhin erheblichen Gewinn erwirtschaften.

5. Die Weltwasserbewegung

Inzwischen ist die Vielzahl von Bewegungen, die sich für den Erhalt von Wasser als öffentliches Gut einsetzen, zu einer internationalen Wasserbewegung angewachsen, die sich zunehmend austauscht.

Ein wichtiger Moment war das Erkennen, das Wasser die hergebrachten Aufteilungen in reichen Norden und armen Süden durchbricht. Von den Auswirkungen der Privatisierung der Trinkwasserversorgung sind sowohl der Süden als auch der Norden betroffen. Auch in Deutschland z.B. werden mit der Begründung leerer öffent-

---

[21] The Democracy Center On-Line, 19. 1.2006, <http://www.democracyctr.org>.
[22] Zu den Spekulationen über die Hintergründe vgl.
<http://www.democracytr.org/bechtel/bechtel-vs-bolivia.htm>.

licher Kassen zunehmend Wasserbetriebe privatisiert oder teilprivatisiert; Berlin ist ein interessantes Beispiel dafür. Darauf kann allerdings im Rahmen dieses Beitrags nicht näher eingegangen werden.[23]

Als wichtigste Strategien, die inzwischen rund um den Erdball ausgetauscht und zum Teil koordiniert werden, sind zu nennen:

- Lobbyarbeit gegenüber lokalen Entscheidungsträgern / Politikern über die Problematik der Privatisierung von Wasserversorgung
- Bekannt machen von funktionierenden Alternativen im öffentlichen Wassersektor und die Förderung von fachlichem Austausch und Lobbyarbeit diesbezüglich. Dabei geht es z.B. um öffentliche kommunale Wasserversorgung, die Reform öffentlicher Systeme hin zu demokratischem und transparentem Management und effizienterer Verwaltung, Public-Public-Partnerships oder Genossenschaftsmodelle.[24]
- Bemühungen um die Umsetzung des Menschenrechts auf Wasser durch Bekannt machen des Allgemeinen Kommentars Nr. 15 als derzeit existierendes „weiches" internationales Recht mit empfehlendem Charakter, sowie die Debatte um eine UN-Konvention zu Wasser, die dann bindendes internationales Recht wäre.
- Unterstützung lokaler Protestaktionen von Basisgruppen.

Wesentliche Anliegen der Bewegung sind:

- Wasser ist ein öffentliches Gut.
- Der Zugang zu ausreichendem, hygienisch sicherem und bezahlbarem Wasser ist ein Menschenrecht.
- Wasserversorgung darf nicht allein an betriebswirtschaftliche Kostendeckung gebunden sein. Jeder Mensch muss Zugang zu Wasser haben, egal ob er /sie es bezahlen kann oder nicht. Daher muss die Wasserversorgung manchmal subventioniert werden. Quersubventionen können dabei nicht nur der jeweiligen Nutzergemeinde aufgebürdet werden.
- Lokales Wassermanagement soll gleichwertig in die Konzepte zur Lösung der Wasserkrise aufgenommen werden.
- Transparenz und Partizipation der Nutzergruppen.

---

[23] Ein Hintergrundpapier ist verfügbar unter <http://www.menschen-recht-wasser.de/downloads/Hintergrund_13_Berlinprivatisierung.pdf>.

[24] Aus der Studie von *Ernst Ulrich v. Weizsäcker, Oran Young, Matthias Finger* (Hrsg.). Limits to Privatization – How to Avoid Too Much of a Good Thing. Earthscan, London, 2005, geht hervor, dass der Staat nicht schlechter als private Unternehmen agiert, ebenso bemerkt eine Studie der Weltbank von 2005, dass kein signifikanter Unterschied in der Effizienz öffentlicher oder privater Betreiber festzustellen sei, weder bezüglich Kosteneffizienz noch was die Erhöhung der Anschlusszahlen betrifft.

III. Die aktuelle Debatte zu internationaler Wasserpolitik: Mexiko 2006

In Mexiko fand im März 2006 das 4. Weltwasserforum statt. Organisiert wurde es vom Weltwasserrat, einer Art Think Tank, der wesentlich von privatwirtschaftlichen Institutionen getragen wird.

Dort waren folgende neue Tendenzen in der Weltwasserpolitik zu bemerken:

- Die Privatisierung in der städtischen Trinkwasserversorgung ist deutlich weniger Thema in der internationalen Wasserdebatte.
- Die Debatte um das Menschenrecht und Recht auf Wasser wird von vielen Akteuren aufgenommen. Sie wird dabei häufig sehr unpräzise geführt.
- Eine verstärkte Debatte, vor allem der Weltbank, zu neuen Großprojekten, wie z.B. Staudämmen konnte festgestellt werden.
- Zahlreiche Diskussionen und Forschungen zu den unterirdischen Süßwasservorräten (Aquiferen) weisen auf eine immer intensivere Bestandsaufnahme der Weltwasservorräte hin. Die Debatte zur Verteilung derselben klingt z.B. im Rahmen der Neuordnungen von Wasserrechten immer häufiger an.
- Es gibt eine verstärkte Hinwendung zum produktiven Einsatz von Wasser in der Landwirtschaft.

Geht es angesichts der Wasserknappheit um das Sichern von Pfründen? Es scheint eindeutig so, als rücke die Ressource Wasser selbst stärker in den Mittelpunkt der Debatte und des Interesses von Konzernen.

Parallel zum Weltwasserforum fanden zahlreiche Gegenveranstaltungen statt. Eine öffentliche Demonstration mit beinahe 20.000 Teilnehmern und Teilnehmerinnen, das Forum zur Verteidigung des Wassers, das von zahlreichen sozialen Bewegungen und NRO aus der ganzen Welt organisiert wurde, eine ökumenische Veranstaltung, Kunst und Theater und vieles mehr.

Diese Veranstaltungen, deren gemeinsamer Nenner sich auf die Verteidigung von Wasser als öffentliches Gut und als Menschenrecht bezog, nahmen in der mexikanischen Presse mindestens so viel Raum ein, wie die Berichterstattung über das offizielle Forum. Und zwar nicht nur als Aktionsberichterstattung sondern als eine Präsentation von Gegenpositionen. Die Selbstverständlichkeit, mit der auf dem offiziellen Forum die Kommerzialisierung von Wasser als einzige Lösung der Wasserkrise präsentiert wurde, wurde nicht mehr als Selbstverständlichkeit akzeptiert.

Die Kampagne *MenschenRecht Wasser* von „Brot für die Welt" versteht sich als Teil der internationalen Bewegung zur Verteidigung des Wassers und setzt sich auch weiterhin für die Umsetzung dieses Menschenrechtes ein. Im bereits erwähnten Allgemeinen Kommentar Nr. 15 steht, dass Wasser in erster Linie ein soziales Gut und nicht ein Wirtschaftsgut ist. *MenschenRecht Wasser* arbeitet auf dieser Grundlage.

In den Forderungen an die Bundesregierung bezüglich ihres Engagements im Wassersektor in der Entwicklungszusammenarbeit *bezieht MenschenRecht* Wasser sich auf das Millenniums-Entwicklungsziel, das sich für die Halbierung der Zahl der Menschen ohne Zugang zu Wasser und sanitären Einrichtungen ausspricht. Dafür ist eine unmittelbare Prioritätensetzung in der Entwicklungszusammenarbeit für den Ausbau von Wasserversorgung für die Armen auf dem Land und in den Armenvierteln der Städte notwendig. Da hier keine Gewinnaussichten im Rahmen der Wasserversorgung bestehen, kann nach Ansicht von *MenschenRecht Wasser* die privatwirtschaftliche Beteiligung nicht zur Erreichung des Ziels beitragen. Wasser muss daher ein öffentliches Gut bleiben.

Anhang 1: Die Weltwasserbewegung, März 2006

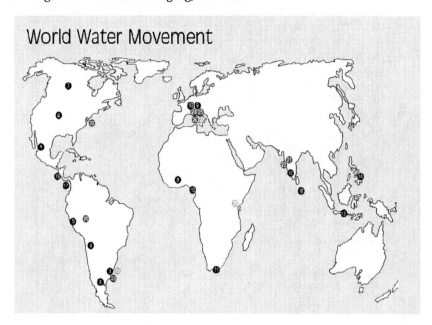

World Water Movement

I. Local Water Movements

1. Mexico: Indigenous groups against selling-off water to major companies	**10.** Nigeria: Coalition of several NGOs gets involved in the Human Right to Water
2. Bolivia: Privatisation in Cochamba (2000) and El Alto (2005) is stopped after protests of civil society	**11.** South Africa: NGOs fight against pre-paid-meters in slums
3. Uruguay: Constitutional Amendment in favour of the Human Right to Water and against privatisation (2004)	**12.** India: Protests in Piachimada and other sites against Coca-Cola plants
4. Argentina: Water privatisation in Buenos Aires and other cities fails (2005)	**13.** Indonesia: NGOs against pressure by the World-bank to privatise water supply

5. Peru: National Alliance against water privatisation is formed	**14.** Philippines: Campaign against water supply privatisation in the capital manila
6. USA: The NGO "Public Citizen/Food and Water Watch protests against privatisation; Important player in the international water movement	**15.** Puerto Rico: Water privatisation in the capitals fails
7. Canada: "Council of Canadians" against selling off Canadian water resources; Alternative Nobel Prize for director Maude Barlow and Tony Clark	**16.** The Netherlands: Parliament against water privatisation
8. Germany: Alliance "Water into Citizen's Hands" for water as a public good	**17.** Nicaragua: Protests against legislative reform for water privatisation
9. Ghana: Broad coalition ("National Coalition gainst the Privatisation of Water") against privatisation of water supply	**18.** Sri Lanka: Protests against privatisation of urban and rural water systems
	19. Guatemala: Protests against water pollution caused by gold mining

II. International Water Movements

20. The American Water Network Red Vida is founded in 2003	**23.** Water is an important issue at the World Social Forum in Mumbai (2004) and Porto Allegre (2005)
21. January 2004: First "Peoples World Water Forum" in New Dehli	**24.** October 2004: Workshop about the indicators for the Human Right to Water
22. April 2004: Foundation of the group " Friends of the Right to Water in New York; Its goal is a binding legal basis for the Human Right to Water	**25.** January 2005: The European Network "Water Justice" publishes "Reclaiming public Water" with successful examples of public water supply
	26. March 2006: Alternative World Water Forum in Geneva

III. Ecumenical Water Movements

27. Geneva 2005: Ecumenical Water network is founded under the auspices of the "World Council of Churches (WCC), founding members are "Norwegian Church Aid" and "Bread for the World" from Germany	**29.** February 2006: Presentation of the "Ecumenical Water Network" at the assembly of the "World Council of Churches" in Porto Allegre
28. November 2005: Water conference in Machakos (Kenya) with about 70 participants from 15 African countries	

www.brot-fuer-die-welt.de

Anhang 2: Gescheiterte Privatisierungen im Wassersektor

Quelle: World Development Movement, UK, 2005.

Ware Wasser: Private Beteiligung bei der Wasserver- und -entsorgung in Entwicklungsländern – Lehren aus dem Fall Cochabamba

Marianne Beisheim [1]

„Cochabamba" – jeder, der sich einmal mit dem Thema Privatisierungen im Wasserbereich beschäftigt hat, kennt dieses Schlagwort und hat von der dahinter stehenden Geschichte der gescheiterten Privatisierung der Wasserversorgung in einer der größten Städte Boliviens zumindest schon einmal gehört. Im Internet wird die Geschichte aus der Perspektive der verschiedenen Beteiligten erzählt, von der Weltbank,[2] der Firma Bechtel[3], von lokalen oder transnationalen Gruppen von Globalisierungs- und Privatisierungsgegnern[4] sowie Gewerkschaften[5]. Dieser Beitrag fragt nach den Lehren aus dem Fall Cochabamba. Während Privatisierungskritiker Cochabamba als ein Beispiel für typische und letztlich unlösbare Privatisierungsprobleme darstellen (vgl. Lobina 2000), sehen andere es eher als ein Beispiel für eine „schlecht gemachte" Beteiligung Privater, aus dem man Lehren für zukünftige Regulierungen privater Beteiligung ziehen muss – ohne jedoch private Beteiligung gleich ganz aufzugeben (vgl. z.B. Dalton 2001, Nickson/Vargas 2002). Letztlich geht es um die Frage, ob sich Privatisierung als prinzipiell falscher Weg herausgestellt hat oder ob Wasser als „Ware" so angeboten werden kann, dass das Menschenrecht auf Wasser gewahrt bleibt. In diesem Sinne wäre zu fragen, inwieweit neuere Modelle privater Beteiligung an der Wasserver- und -entsorgung aus den Fehlern vorheriger Privatisierungen gelernt haben, auch aus dem Fall Cochabamba.

Hintergrund und Problem: Warum überhaupt private Beteiligung?

Weltweit sind ca. 1,1 Milliarden Menschen ohne Zugang zu sauberem Trinkwasser, 2,6 Milliarden ohne Zugang zu sanitärer Versorgung.[6] Auf dem Millenniumsgipfel der Vereinten Nationen wurde formuliert, dass bis 2015 die Zahl der Menschen ohne Trinkwasserzugang halbiert und bis 2025 der Zugang zu Trinkwasser für alle Menschen gewährleistet werden soll –so die Zielsetzung des so genannten Millen-

---

[1] *Dr. Marianne Beisheim, Co-Leiterin des Teilprojekts „Erfolgsbedingungen transnationaler Public Private Partnerships in den Bereichen Umwelt, Gesundheit und Soziales" im Rahmen des Sonderforschungsbereichs „Governance in Räumen begrenzter Staatlichkeit: Neue Formen des Regierens?" an der Freien Universität Berlin.*

[2] Vgl. z.B. Weltbank/OED 2002.

[3] Vgl. Bechtel 2005a,b.

[4] Vgl. stellvertretend Corpwatch 2006 oder Public Citizen 2001.

[5] Vgl. stellvertretend PSIRU/Lobina 2000.

[6] Daten von 2002, für diese und folgende Angaben vgl.
<http://www.un.org/waterforlifedecade/factsheet.html>.

niumziels Nummer sieben (MDG 7). Auf dem Johannesburger Nachhaltigkeitsgipfel (WSSD 2002) wurde ergänzt, dass auch die Zahl der Menschen ohne Zugang zu sanitären Anlagen bis 2015 halbiert werden solle. Nun geht es um die Umsetzung dieser hehren Ziele: Wenn das MDG 7 erreicht werden soll, muss durchschnittlich jeden Tag für 280.000 Menschen Zugang zu sauberem Wasser geschaffen werden. Schätzungsweise mindestens 11 Milliarden US-Dollar jährlich sind an *zusätzlichen* Investitionen nötig, um die benannten Ziele auf einem grundlegenden Niveau zu erreichen.

Genau diese notwendigen Investitionen in die oft marode Wasserinfrastruktur in Entwicklungsländern hat die Politik veranlasst, auf das Konzept der „Private Sector Participation" (PSP) zu setzen. Vor allem internationale Finanzinstitutionen wie die Weltbank, aber auch viele nationale Regierungen haben das Konzept befürwortet, um private Investitionsmittel zu akquirieren. Angesichts leerer öffentlicher Kassen hofft man, über den Einbezug der finanziellen Mittel und des technischen Knowhow der Privatwirtschaft neue Ressourcen zu mobilisieren bzw. Investitionen zu initiieren.

Cochabamba: Der Verlauf des Konflikts

Die Versorgung der Stadt Cochabamba mit Trinkwasser war vor der Privatisierung alles andere als optimal. Zum einen war der Zugang zur Wasserver- und -entsorgung stark eingeschränkt – nur ca. 57 Prozent der Bevölkerung wurden versorgt - zum anderen lag auch die Wasserqualität unter den Standards der Weltgesundheitsorganisation (vgl. Dalton 2001: 9f, Nickson/Vargas 2002: 101, 104f, Westermann 2004: 77f). Trotz permanenter Wasserknappheit versickerten gleichzeitig circa 50 Prozent des Wassers aufgrund lecker Leitungen. Dem öffentlichen Versorger SEMAPA fehlten die Mittel für entsprechende Investitionen, intern kämpfte der kommunale Betrieb mit Ineffizienz und Vetternwirtschaft. Schon damals war ausgerechnet der Großteil der ärmsten Bevölkerungsteile Cochabambas auf private Wasserhändler angewiesen, die höhere Preise für Wasser verlangten als der öffentliche Versorger (Dalton 2001: 9).

1997 stellte die Weltbank einen Kredit für Bolivien in Aussicht. Dieser war mit bestimmten Konditionen verbunden, darunter die Privatisierung u. a. der Wasserwerke Cochabambas sowie die Aufgabe von öffentlichen Subventionen im Wassersektor und stattdessen die Umlage der vollen Kosten auf alle Verbraucher. Im Oktober 1999 verabschiedete das bolivianische Parlament ein Gesetz, das die rechtlichen Voraussetzungen für die Privatisierung der Wasserversorgung schaffte.

Nach Verhandlungen hinter verschlossenen Türen über die Privatisierung der Wasserwerke Cochabambas bekam im September 1999 die US-amerikanische Bechtel-Tochter *Aquas del Tunari* (AdT) den Zuschlag. Nicht gerade kompatibel mit den gängigen Erwartungen an Privatisierungsprozesse ist der Umstand, dass *Aquas del Tunari* der einzige Bieter im Verfahren war, was die Idee von Effizienzgewinnen durch erhöhten Wettbewerb ad absurdum führt. Verhandlungen und Vertrag blieben geheim, eine Partizipation der lokalen Bevölkerung fand nicht statt. Dies führte dazu, dass Gerüchte die Runde machten, v. a. hinsichtlich eines befürchteten hohen

Anstiegs der Wasserpreise und angeblicher Pläne, die Nutzung von Grundwasser für die Bewässerung von Feldern sowie durch alternative Wasserversorger (wie der privaten Wasserverkäufer oder Brunnenbesitzer) zu verbieten (vgl. Nickson/Vargas 2002: 111f).

Tatsächlich waren dies nicht nur Gerüchte. AdT wurden für die Laufzeit des Vertrages in der Konzession zwar nicht die Eigentumsrechte, aber die *exklusiven* Rechte über die Nutzung der Wasserressourcen der Gegend zugesprochen, was auch zuvor privat gebohrte und genutzte Brunnen betraf. Auch der Anstieg der Wasserpreise (zunächst um 35 Prozent, später nochmals um weitere 20 Prozent) wurde vertraglich festgeschrieben. Dieser Preisanstieg war v. a. durch ein ebenfalls vertraglich vereinbartes Projekt zur Erschließung neuer Wasserressourcen begründet. Dieses bereits lange vor der Privatisierung geplante sog. MISICUNI-Projekt sollte die Wasserknappheit in Cochabamba durch den Bau eines Staudammes sowie einer tunnelförmigen Wasserleitung beseitigen helfen (Westermann 2004: 77f, Dalton 2001: 11f). Eigentlich war das Projekt wegen zu hoher Investitionskosten und deshalb zweifelhafter Rentabilität bereits wieder vom Tisch; auch die Weltbank hatte es als unrentabel zurückgewiesen. Die an den Infrastrukturmaßnahmen interessierten Parteien (v. a. Bauunternehmer) setzten sich dann jedoch dafür ein, die Privatisierung als Option zu nutzen, das Projekt doch noch zu finanzieren. In der Folge schreckte nicht zuletzt die Verbindung der Privatisierungsausschreibung mit diesem riskanten Projekt ursprünglich interessierte Bieter ab.

Nachdem die Wasserpreise tatsächlich angestiegen waren – die Angaben über die Höhe des Anstiegs sowie die Gründe für die unterschiedlichen prozentualen Preisanstiege variieren – kam es im Jahr 2000 zu heftigen Protesten. Angeführt wurden die Proteste von der grass-roots Organisation „La Coordinadora de Defensa del Agua y la Vida" und ihrem Anführer, dem Gewerkschaftsführer Oscar Olivera. Diese kritisierten v. a. die unsozialen Auswirkungen der Privatisierung und die Einmischung transnationaler Konzerne auf Basis neoliberaler Strukturpolitiken der internationalen Finanzinstitutionen (vgl. Olivera/Lewis 2004). Andere Beobachter kritisieren darüber hinaus, dass die Wasserpreise angehoben wurden, *bevor* es überhaupt zu spürbaren Verbesserungen im Service kam (Dalton 2001: 17f, Weltbank/OED 2002: 3). Obwohl es mehrere Verhandlungsrunden zwischen der Regierung und den lokalen Gruppen gab, eskalierte der Konflikt immer weiter. Die Regierung verhängte den Ausnahmezustand, dennoch kam es weiterhin zu gewalttätigen Auseinandersetzungen und sogar Toten.

Parallel fand eine internationale Solidarisierung von Globalisierungsgegnern weltweit mit den „Cochabambinos" statt. Dabei war das Zusammenspiel lokaler sowie transnationaler Aktivisten und Medien von großer Bedeutung. So überschrieb der Reporter Jim Shultz im Februar 2000 seinen Bericht über die Zusammenstöße in Cochabamba mit der Metapher "A War Over Water" und erregte damit das Interesse der Weltöffentlichkeit.[7] Jim Shultz ist gleichzeitig Executive Director des sog.

---

[7] Siehe <http://democracyctr.org/waterwar/index.htm>.

"Democracy Center" in Cochabamba. Sein Anliegen war es vor allem, auf die mangelnde Partizipation der lokalen Bevölkerung im gesamten Prozess der Privatisierung hinzuweisen:

„No one – not the Bolivian government, not the World Bank and certainly not the multinational corporations involved – ever asked the Bolivian people, 'Do you want to privatize your water?' One of the most important policy choices a people can make – public or private? – was taken away and made by economists and theorists in a huge white stone building a hemisphere away." [8]

Schließlich wird nach weiteren Verhandlungen zwischen Vertretern der Regierung und der Protestbewegung der Vertrag mit AdT durch die bolivianische Regierung einseitig gekündigt. Die Wasserversorgung wird wieder an den vorherigen öffentlichen Versorger SEMAPA überwiesen. Die Firma AdT stellt daraufhin beim International Centre for Settlement of Investment Disputes (ICSID) der Weltbank einen Antrag auf „dispute settlement" und verlangt 50 Millionen-Dollar wegen verlorener Investitionen und entgangener Profite von der bolivianischen Regierung. Nach Protesten einigt man sich Anfang 2006 auf eine symbolische Zahlung von zwei Bolivianos (30 Cents).

Lessons learned: Anfängerfehler oder typische Fallstricke der Privatisierung?

Negative Erfahrungen wie in Cochabamba haben auf beiden Seiten zu verstärkter Skepsis hinsichtlich weiterer Privatisierungen geführt: Auf Seiten der Globalisierungskritiker festigten sie die ohnehin vehemente Ablehnung der Einbindung privater Konzerne in die Wasserversorgung in Entwicklungsländern (vgl. Barlow/Clarke 2003, Hoering/Stadler 2003, Shiva 2003).[9] Aber auch die Wasserkonzerne sind wesentlich zurückhaltender – sie sehen ihre Investitionssicherheit und ihre Reputation gefährdet (Kürschner-Pelkmann 2006, Dalton 2001: 5, Kessler/Alexander 2006: 194f).

Interessant ist es, sich die Faktoren anzusehen, die wissenschaftliche Evaluierungen für das Scheitern der Privatisierung im Fall Cochabamba verantwortlich machen:

Fehler im Vorfeld und bei der Rahmengesetzgebung: Jüngere Studien zu Privatisierungen im Wasserbereich bestätigen durchweg, dass Privatisierungsvorhaben von Anfang an in staatliche *Regulierung* eingebettet sein müssen (Deutscher Bundestag 2002, Finger/Allouche 2002, Gleick et al. 2002, Houdret/Shabafrouz 2006, Kessides 2004). Auch die Beiträge im Bericht an den Club of Rome „Grenzen der Privatisierung" (vgl. Weizsäcker et al. 2006, Finger 2006a, Obser 2006) betonen, dass eine angemessene regulative Einbettung und staatliche Aufsichtsbehörden zentrale Bedingungen für nachhaltig erfolgreiche Privatisierungen sei. Dalton (2001: 19) beschreibt die positive Rolle der Regulierung im Falle der Einbeziehung des Privat-

---

[8] Jim Shultz 2004: The Politics of Water in Bolivia. In: The Nation, January 28, 2005. <http://www.thenation.com/doc/20050214/shultz>.

[9] In Afrika existiert eine zivilgesellschaftliche Free Water-Bewegung, die sich gegen die Privatisierung der Wasserversorgung und gegen Wasserpreise einsetzt (vgl. Partzsch 2006: 22).

sektors bei der Wasserversorgung wie folgt: „Regulation has the potential to protect the public good characteristics of water supply, and prevent monopolistic behaviour on the part of private sector water providers". 2003 stellte der Entwicklungsbericht der Weltbank Beispiele für eine entsprechende Regulierung vor (Weltbank 2003) – allerdings steht die konkrete Umsetzung vor Ort oft noch aus.

Hier sind Maßnahmen zum Capacity Building gefragt, denn insbesondere Entwicklungsländer haben oft gerade nicht die Macht, die Kompetenz und die Erfahrung, entsprechende Regulierungen einzusetzen, mit transnationalen Konzernen angemessene Verträge zu verhandeln und später ein nun privates Monopol zu kontrollieren. Entsprechende Defizite waren auch in Bolivien ein Grund für das Fiasko in Cochabamba (vgl. Dalton 2001: 19f). Damit eine Kommune ein Bieterverfahren korrekt und kompetent durchführen kann, muss zunächst gesichert sein, dass entsprechende Kapazitäten und Kompetenzen vor Ort vorhanden sind. Grundlage der Ausschreibung sollte ein fairer Wettbewerb verschiedener Bieter sein – es sollte nicht wie im Falle Cochabambas mit einem einzelnen Bieter verhandelt werden, der dann in einer übermäßig guten Verhandlungsposition gegenüber der Kommune ist. Grundsätzlich sollten zuvor auch öffentliche Alternativen zur Privatisierung getestet werden (vgl. Hoering 2001: 31) und keinesfalls nur aus reiner Finanznot der öffentlichen Haushalte privatisiert werden. Unrentable Vorhaben, wie im Falle Cochabambas das Misicuni-Projekt, werden auch mit privatem Kapital nicht wirtschaftlich oder gar – ohne den Haken entsprechender Preisanstiege – gewinnträchtig. Im Fall Cochabambas sorgte Vetternwirtschaft unter den lokalen Akteuren dafür, dass diese finanziell nicht nachhaltige Projektoption gewählt wurde. Damit die Privatisierung nicht Raum für derartige Korruption bietet, müssen bereits im Vorfeld entsprechende „Good Governance"-Strukturen aufgebaut bzw. gestärkt werden (vgl. Boehm/Olaya/Polanco 2006).

Fehler bei der Umsetzung und Ausgestaltung: Bei der Realisierung der Privatisierung sind zunächst die Vertragsverhandlung und –gestaltung von Bedeutung. Die Verträge sollten über entsprechende Preismodelle nicht nur dem Prinzip der Kostendeckung, sondern auch Equity-Prinzipien gerecht werden, indem etwa eine preisgünstige oder gar kostenlose Grundversorgung mit Trinkwasser durch Quersubventionierungen gewährleistet wird. Entsprechende Vereinbarungen sollten transparent nach außen dargestellt werden, und nicht – wie in Cochabamba – Verträge und Preismodelle geheim gehalten werden. Gleick et al. (2002) empfehlen die Bildung eines öffentlich beratenden Gremiums mit breiter Vertretung aus der Gesellschaft sowie Aufklärungskampagnen bereits im Vorfeld der Privatisierung. Am besten wäre es, glaubwürdige Vertreter von betroffenen Nutzergruppen und anderen Stakeholdern von Anfang an im Sinne eines „bottom up"-Ansatzes (Nickson/Vargas 2002: 118) in die Ausschreibung und die Verhandlungen einzubinden. So hätten die im Vertrag mit AdT vereinbarten Maßnahmen – die soziale Staffelung der Wasserpreise, die Gründe für den Anstieg der Preise, Informationen über die geplanten Neuanschlüsse auch in ärmeren Gegenden – der Öffentlichkeit bekannt gemacht und Ängste abgebaut werden können. Für negativ betroffene

114

Gruppen, wie z.B. die privaten Wasserhändler, hätten Übergangsregelungen und Kompensationsmaßnahmen vereinbart werden können. Tragischerweise ist es AdT durchaus gelungen, Verbesserungen bei der Wasserversorgung in Cochabamba zu erreichen. So sanken beispielsweise bereits innerhalb der ersten Monate die Verluste durch Leckagen drastisch. Auch sahen die Verträge mit AdT sozial gestaffelte Tarife und Quersubventionierung vor und enthielten Pläne, die Wasserversorgung auch ärmerer Stadtviertel gezielt auszubauen. Jedoch hat unter anderem die Unfähigkeit des Konzerns, mit den schon vorher vorhandenen und sich dann verschärfenden sozialen Spannungen umzugehen und pro-aktiv auf betroffene Stakeholder-Gruppen zuzugehen, zum Scheitern beigetragen.

Auch die Weltbank (2006: 35) selbst betont in einer jüngsten Studie, dass – neben anderen Fehlern bei der Ausgestaltung des Vertrags und der Tarifstruktur – während der Vertragsverhandlungen verstärkte Konsultation von Vertretern lokaler Stakeholder spätere Konflikte hätte vermeiden helfen können. Die verletzten Partikularinteressen der verschiedenen Stakeholder-Gruppen (z.B. private Wasserverkäufer, ihre Felder bewässernde Coca-Bauern, private Brunnenbesitzer, Unternehmer mit Interesse am o. g. Misicuni-Projekt) gelten in der Literatur als ein Hauptgrund für das Scheitern der Privatisierung in Cochabamba – zumal die Probleme erfolgreich als eine Schädigung öffentlicher Güter und damit des Allgemeinwohls interpretiert und dargestellt wurden (Dalton 2001: 23f, Nickson/Vargas 2002: 113f, Westermann 2004: 83f). Tatsächlich wurden traditionelle Überzeugungen hinsichtlich des angemessenen Umgangs mit und der Nutzung von Wasser vernachlässigt; der im Wasserbereich immer wieder thematisierte grundlegende Wertekonflikt – Wasser als öffentliches Gut oder als handelbares Wirtschaftsgut – schlug sich in den Auseinandersetzungen massiv nieder (Westermann 2004: 85f). Während die Berücksichtigung einzelner Partikularinteressen verhandelbar gewesen wäre, entzieht sich der Wertekonflikt Verhandlungen weitgehend. Allerdings ging es eigentlich auch nicht um eine Privatisierung der Wasserressourcen selbst, sondern nur des Managements derselben (siehe unten). In transparenten und partizipativen Multistakeholder-Prozessen hätte man diese Punkte verdeutlichen und verhandeln müssen (vgl. Beisheim 2006: 308). Diese Prozesse sollten Konfliktlösungsverfahren enthalten, um den nur schwer lösbaren Wertekonflikt in bearbeitbare Konfliktformen zu transformieren (Westermann 2004: 88).

Alternative Modelle? Öffentlich-Private Partnerschaften statt Privatisierung

In der Entwicklungszusammenarbeit setzt man statt auf reine Privatisierung oder oft nur mangelhaft konzipierten Konzessionen auf öffentlich-private Partnerschaften (*Public Private Partnership,* PPP) (vgl. BMZ 2006a). Im Wassersektor geht es ohnehin selten um „echte" Privatisierung, d.h. um einen Verkauf des Eigentums der Ressource selbst oder der Wasserwerke samt Infrastruktur an Private. Vielmehr sind es meist PPP-Modelle der privaten Bewirtschaftung öffentlichen Eigentums (vgl. Tabelle 1), wie im Falle Cochabambas eine Konzession mit einer Laufzeit von vierzig Jahren:

Tab. 1 Wasserbewirtschaftungsmodelle[10]

Modell	Eigentum	Finanzierung	Management
Öffentliche Versorgung	Öffentlich	Öffentlich	Öffentlich
Service/Management Vertrag	Öffentlich	Öffentlich	Privat
Konzession	Öffentlich	Privat	Privat
BOT (build – operate – transfer)	Privat, später öffentlich	Privat	Privat
„Echte" Privatisierung	Privat	Privat	Privat

Da im Wassersektor aufgrund der o. g. politischen Bedeutung niedriger Tarife große Gewinne wohl eher nicht zu realisieren sind, werden Mischmodelle aus privatwirtschaftlichem Engagement und öffentlicher Förderung als beste Option gehandelt (Kroh o.J.: 6, Nickson/Vargas 2000, Westermann 2004: 91f). In der Vergangenheit sind auch im Rahmen der PPP-Modelle viele Fehler gemacht worden (vgl. Hoering 2001). Wie bereits diskutiert, liegt auch hier der Knackpunkt in der partizipativen Verhandlung und sinnvollen Ausgestaltung von Verträgen im Rahmen breiterer staatlicher Regulierung. Generell will man weg von rein „bilateralen" Wasserbewirtschaftungs-Verträgen zwischen einer lokalen Kommune und einem internationalen Wasserkonzern; stattdessen sollen partizipative Multi-Sektor-Partnerschaften auch entwicklungspolitische Expertise und Nichtregierungsorganisationen sowie lokale Stakeholdergruppen vor Ort einbinden. In diesem Zusammenhang sollen PPP zukünftig besser vorbereitet, vertraglich abgesichert und begleitend evaluiert werden.

Gut gemanagt können PPP dann auch Optionen für eine verbesserte Wasserversorgung in Entwicklungsländern sein. Ein Beispiel für eine solche Partnerschaft ist die noch relativ junge Initiative *Water and Sanitation for the Urban Poor* (WSUP),[11] an der die deutsche Kreditanstalt für Wiederaufbau (KfW) beteiligt ist (vgl. Beisheim/Liese/Ulbert 2007, BMZ 2006a: 7f). Diese transnationale PPP fokussiert auf eines der gravierendsten Probleme in Entwicklungsländern, die Versorgung der wachsenden Bevölkerung in stadtnahen Slums und sog. informellen Siedlungen mit sauberem Trinkwasser und funktionierender Abwasserentsorgung. Beteiligt sind privatwirtschaftliche Akteure (RWE Thames Water, Unilever, Halcrow Group), aber auch NGOs (CARE Int. UK, WaterAid, WWF, Water for People) sowie als Beobachter UNDP und die International Water Association. WSUP implementiert nicht selbst Projekte vor Ort, sondern vernetzt zunächst Partner und Financiers für

---

[10] In der Literatur finden sich weitere Modelle wie etwa der Leasing-Vertrag oder das BOOT-Modell (**B**uild-**O**wn-**O**perate-**T**ransfer), vgl. dazu u.v.a. Finger 2006b.
[11] <http://www.wsup.com>.

Projekte. Dann werden mögliche Projekte in entsprechenden Ländern identifiziert und in Kooperation mit lokalen Behörden, Versorgungsunternehmen und anderen örtlichen Organisationen vorbereitet – dabei sollen auch betroffene Stakeholder vor Ort einbezogen werden. Im Rahmen der Partnerschaft finden dann Verhandlungen statt, werden Daten erhoben, Verträge abgeschlossen und Projekte schließlich auch realisiert. Kommt das Projekt zustande, wird von WSUP-Mitgliedern ein Projektkonsortium gegründet, welches die Umsetzung des Projektes steuert und kontrolliert. Da in vielen Entwicklungsländern ineffiziente Betreiber- und Verwaltungsstrukturen, überforderte Kommunen, Korruption und politische Einflussnahme die Umsetzung und Kontrolle von Projektvorhaben erschweren, sollen begleitende Maßnahmen zum Aufbau lokaler Kapazitäten und staatlicher Strukturen durchgeführt werden – eben *Good Governance* aufgebaut werden. Lokale Partner sollen von Anfang an in die Projektdurchführung eingebunden werden, um vor Ort nachhaltige lokal verwaltete Infrastrukturen und Versorgungsbetriebe aufzubauen. WSUP will langfristig ein Modell für nachhaltig erfolgreiche Wasserpartnerschaften entwickeln. Wie viele andere transnationale Partnerschaften steht die Initiative jedoch erst am Anfang und es bleibt abzuwarten, ob und wie sich dieses Modell bewährt.

Auch innovative Ideen für angepasste und partizipative Betreiber- und Management-Modelle können helfen, die Bedürfnisse von Armen besonders zu berücksichtigen. So versuchen beispielsweise sog. „Condominial Water"-Programme ein gemeinsames Management von Abwassersystemen zu etablieren (vgl. Beisheim 2006: 308). Eine Gruppe von Nutzern teilt sich den Unterhalt eines oft selbst installierten (low-tech) Netzwerks von Abwasserröhren, die zu einem Anschluss an ein sekundäres Netzwerk führen, welches von einem Dienstleistungsunternehmen unterhalten wird. Ein solches Managementmodell ermöglicht eine substantielle Kostenreduktion für eine ärmere Kundenschicht. In Brasilien, aber auch in Bolivien selbst, in El Alto, hat man mit dem Modell gute Erfahrungen gemacht (vgl. Foster 2001).

Hartmann (2006) verweist auf Ergebnisse einer Weltbankstudie, die „keinen statistisch signifikanten Unterschied zwischen den Effizienzleistungen von öffentlichen und privaten Betreibern" im Wassersektor feststellt. Alternativ sind also auch erfolgreiche *öffentliche* Modelle der Wasserver- und -entsorgung denkbar; entsprechende Reformen sollten als Alternative zur Privatisierung immer geprüft werden. Positive Erfahrungen machte etwa die kfw-Entwicklungsbank bei der Unterstützung der Reform des Wassersektors in Tanga in Tansania (vgl. Hartmann 2006). Hier wurden unabhängige und sich selbst tragende städtische Wasserwerke als eigenständige Körperschaften eingerichtet, kontrolliert von Aufsichtsräten mit der Kompetenz, sozial gestaffelte Gebühren festzulegen. Inzwischen erreicht die öffentliche Wasserversorgung in Tanga alle Schichten der Bevölkerung und arbeitet dennoch fast kostendeckend.

Fazit

Im *Allgemeinen Kommentar Nr. 15* wird das „Menschenrecht auf Wasser" bestätigt und die Verantwortung des *Staates* für die Wasserversorgung hervorgehoben.[12] Das vierte der sog. *Dublin Prinzipien* – verhandelt auf der „International Conference on Water and the Environment" in Dublin 1992 – legt fest, dass Wasser als ein „ökonomisches Gut" betrachtet werden sollte (ICWE 1992). Beides steht zunächst nicht unbedingt im Widerspruch zueinander. Der Kommentar Nr. 15 lässt die hoch politisierte Frage, nach welchem Modell die Wasserversorgung organisiert wird – öffentlich, privatisiert oder als PPP – bewusst offen (Riedel 2006: 29). In westlichen Wohlfahrtsstaaten ist die Wasserversorgung Teil der staatlichen Daseinsvorsorge, d. h. dass bestimmte Leistungen, wie hier eben die Sicherstellung einer flächendeckenden Versorgung mit sauberem Trinkwasser, der Letztverantwortung des Staates unterliegen – der Staat kann sich dazu jedoch des Marktes bedienen. Der Kommentar Nr. 15 hebt auf diese Gewährleistungsverpflichtung des Staates ab und formuliert, dass der Staat sicherstellen solle („respect, protect and fulfill"), dass Wasser für alle Nutzer bezahlbar zur Verfügung steht (Riedel 2006: 28f) – und zwar unter Einsatz der dem Staat zur Verfügung stehenden Ressourcen.

Viele Entwicklungsländer sind jedoch gerade aufgrund ihrer begrenzten Ressourcen nicht in der Lage, diese Aufgaben zu übernehmen (teilweise vielleicht auch nicht willens, entsprechende Prioritäten zu setzen). Internationale Hilfe ist notwendig. Entsprechend hat die Generalversammlung der Vereinten Nationen im Dezember 2003 die Jahre 2005-2015 als Internationale Wasserdekade *Water for Life* ausgerufen, die am 22. März 2005 begann. Der Kommentar Nr. 15 verweist darauf, dass solche Staaten, denen die Ressourcen für eine nachhaltige Wasserver- und -entsorgung fehlen, technische und sonstige Hilfe bei solchen Staaten suchen sollen, die dazu in der Lage sind (Riedel 2006: 30). Entsprechend wurden z.B. in der deutschen Entwicklungszusammenarbeit in den letzten Jahren viele Projekte im Wasserbereich entwickelt und durchgeführt (vgl. BMZ 2006b). Der Streit darum, welche Modelle des Wassermanagements dabei angemessen sind, ob mehr oder weniger private Beteiligung, ob besser Aktiengesellschaft oder Genossenschaft, wird in der Entwicklungsszene nach wie vor ausgetragen, auch das Beispiel Bolivien bleibt prominent.[13]

Die Beteiligung des Privatsektors (PSP) an der Wasserversorgung kann durchaus positive Effekte haben, v. a. natürlich über die Mobilisierung von privaten Investitionsmitteln und technischem Know-How. Wie die vorangegangene Diskussion zeigt, werden diese Vorteile aber aller Erfahrung nach aber nur dann nachhaltig realisiert, wenn v. a. zwei Spielregeln eingehalten werden: PSP muss entsprechend partizipativ begleitet und regulativ eingebettet werden. Beides verdeutlicht der Fall

---

[12] Vgl. E/C.12/2002/11 vom 20. Januar 2003, formuliert vom ECOSOC-Ausschuss für Wirtschaftliche, Soziale und Kulturelle Rechte der Vereinten Nationen. Abgeleitet wird das Recht auf Wasser aus dem Recht auf Nahrung und dem Recht auf Gesundheit (vgl. Riedel 2006, Windfuhr 2003 sowie die Beiträge in diesem Band).

[13] Vgl. die Beiträge von Dilger, Zeeb und Südhoff in Forum Umwelt & Entwicklung 2005.

Cochabamba. Zum einen zeigt er, dass Wasser ein sensibles und leicht politisierbares Thema ist. Private Beteiligung gegen lokalen Widerstand ist zum Scheitern verurteilt. Selbst die sonst eher wirtschaftsnahen Dublin Prinzipien verweisend darauf, dass Wasserbewirtschaftung und –management auf einem partizipativen Ansatz basieren sollten, der Nutzer, Planer und Entscheidungsträger aller Ebenen einschließt (ICWE 1992). Dies wurde hier vernachlässigt – mit den geschilderten Folgen. Zum anderen fehlte eine angemessene Regulierung. Der Kommentar Nr. 15 verweist auf die Verantwortung der Staaten, „im Falle von Privatisierungen von Wasserversorgungssystemen für eine angemessene gesetzliche und administrative Regulierung zu sorgen" (Windfuhr 2003: 6, vgl. auch Riedel 2006: 29). Wie gezeigt wurde, müssen Staaten durch eine entsprechende Regulierung, Aufsicht und Kontrolle sowie die Sicherstellung partizipativer und transparenter Verfahren dafür sorgen, dass die Grundversorgung auch der ärmsten Bevölkerungsteile gesichert ist und die soziale, kulturelle und ökologische Bedeutung von Wasser von allen Marktteilnehmern respektiert wird (vgl. Gleick et al. 2002). Beides war im Falle Cochabambas nicht gegeben.

Einige Entwicklungs-NGOs interpretieren den Kommentar Nr. 15 sogar so weit, dass Regierungen von Industrieländern durch Entwicklungszusammenarbeit dafür sorgen müssten, dass vor Ort entsprechende Governance-Kapazitäten aufgebaut werden (vgl. Windfuhr 2003: 6f). Tatsächlich existieren auch entsprechende Ansätze sowohl in der bilateralen wie der multilateralen Entwicklungszusammenarbeit, die jedoch ausbaubedürftig sind. Die bereits 1999 gegründete Public-Private Infrastructure Advisory Facility (PPIAF) soll Kommunen und Regierungsstellen in Entwicklungsländern hinsichtlich geeigneter Regulierungen privater Serviceunternehmen beraten. UN-Water wurde als neue Institution geschaffen, die innerhalb der Vereinten Nationen die Anstrengungen zur Verwirklichung der MDGs koordinieren und Mitgliedsstaaten bei der Umsetzung unterstützen soll. Diese internationalen Institutionen müssen ihren Wert vor Ort beweisen, um weitere Misserfolge à la Cochabamba zu vermeiden.

Maßnahmen angemessener Vertragsgestaltung und transparenter Regulierung dienen dabei nicht nur dem Schutz des öffentlichen Interesses, sondern durchaus auch den privaten Interessen der wirtschaftlichen Akteure an Investitionssicherheit und Minderung von Investitionsrisiken. Wenn man auf das Konzept PSP bzw. PPP setzt, dann sind bei der Ausgestaltung entsprechender Verträge und Regulierungen auch legitime Interessen des Privatsektors zu berücksichtigen; andernfalls tendiert das Interesse dieses „Partners" an entsprechenden Beteiligungen und Investitionen gegen Null.

Generell sollte der Einbezug des Privatsektors in die Wasserversorgung als „Mittel zum Zweck" verstanden werden; die Richtigkeit von PSP-Maßnahmen misst sich daran, ob die Millenniumsziele im Wasserbereich so tatsächlich besser zu erreichen sind. Wie diskutiert könnte eine neue Generation von Public Private Partnerships durchaus ein Modell sein, das über die Beteiligung öffentlicher und zivilgesellschaftlicher Akteure eine Gemeinwohlorientierung bei der Projektumsetzung sicherstellen kann. Die Erfolgsbedingungen solcher PPP bei der Wasserversorgung

in Entwicklungsländern auszuloten bleibt eine interessante Aufgabe (vgl. Beisheim et al. 2005).[14]

Literatur

Barlow, Maude/Clarke, Tony 2003: Blaues Gold. Das globale Geschäft mit dem Wasser, München: Kunstmann.

Bechtel 2005a: Bechtel Perspective on the Aguas del Tunari Water Concession in Cochabamba, Bolivia. (3/16/2005) (http://www.bechtel.com/newsarticles/65.asp).

Bechtel 2005b: Cochabamba and the Aquas del Tunari Consortium. Factsheet. (http://www.bechtel.com/pdf/cochabambafacts0305.pdf).

Beisheim, Marianne 2006: Private Steuerungs-Initiativen: Freiwillige Regeln zur Gestaltung von Privatisierung? In: *Weizsäcker Ernst Ulrich et al.* (Hrsg.): Grenzen der Privatisierung. Wann ist des Guten zuviel? Bericht an den Club of Rome. Stuttgart: Hirzel, 302-309.

Beisheim, Marianne/Liese, Andrea/Risse, Thomas/Ulbert, Cornelia 2005: Erfolgsbedingungen transnationaler Public Private Partnerships in den Bereichen Umwelt, Gesundheit und Soziales. Teilprojekt-Antrag D1, Berlin: FU Berlin, SFB 700 „Governance in Räumen begrenzter Staatlichkeit" (http://www.sfb-governance.de/ppp).

Beisheim, Marianne/Liese, Andrea/Ulbert, Cornelia 2007: Governance durch Public Private Partnerships in schwachen Staaten. Beispiele aus den Bereichen Wasserversorgung, Ernährung und Gesundheit, in: *Beisheim, Marianne/Schuppert, Gunnar Folke* (Hrsg.), Staatszerfall und Governance, Frankfurt am Main: Nomos, 2007, 326-345.

Boehm, Fréderic/Olaya, Juanita/Polanco, Jamie 2006: Privatisierung und Korruption. In: Weizsäcker, Ernst Ulrich et al. (Hrsg.): Grenzen der Privatisierung. Wann ist des Guten zuviel? Bericht an den Club of Rome. Stuttgart: Hirzel, 218-224.

BMZ 2006a: Entwicklungspartnerschaften mit der Wirtschaft – Public Private Partnership (PPP). Jahresbericht 2005, Bonn: BMZ. (http://www.bmz.de/de/themen/wirtschaft/arbeitsfelder/ Jahresbericht_2005_doc_2spaltig__final.pdf).

BMZ 2006b: Der Wassersektor in der deutschen Entwicklungszusammenarbeit. Bonn: BMZ (http://www.bmz.de/de/service/infothek/fach/materialien/ Materialie154.pdf).

Corpwatch 2006: Bechtel Drops $50 Million Claim to Settle Bolivian Water Dispute. Environmental News Service. (http://www.corpwatch.org/article.php?id=13144).

Dalton, Geraldine 2001: Private Sector finance for water sector infrastructure: what does Cochabamba tell us about using this instrument? SOAS Water Issues Study Group, Occasional Paper No 37, London.

Deutscher Bundestag (Hrsg.) 2002: Schlussbericht der Enquete-Kommission „Globalisierung der Weltpolitik", Berlin: Bundestag (Kapitel 7.5 Wasser, S. 360-365).

---

[14] Dieser Beitrag entstand im Zusammenhang mit dem von der DFG geförderten Teilprojekt D1 „Erfolgsbedingungen transnationaler Public Private Partnerships in den Bereichen Umwelt, Gesundheit, Soziales" im SFB 700 „Governance in Räumen begrenzter Staatlichkeit" (<www.sfb-governance.de/ppp>).

Finger, Matthias/Allouche, J. 2002: Water-Privatization. Trans-national Corporations and the Regulation of the Water Industry. London, New York: Spon Press.

Finger, Matthias 2006a: Keine Privatisierung ohne Regulierung – das Beispiel der Netzwerkindustrien. In: *Weizsäcker, Ernst Ulrich et al.* (Hrsg.): Grenzen der Privatisierung. Wann ist des Guten zuviel? Bericht an den Club of Rome. Stuttgart: Hirzel, 277-285.

Finger, Matthias 2006b: Rechtsformen der Infrastruktur zwischen öffentlich und privat. In: Weizsäcker, Ernst Ulrich et al. (Hrsg.): Grenzen der Privatisierung. Wann ist des Guten zuviel? Bericht an den Club of Rome. Stuttgart: Hirzel, 180-185.

Forum Umwelt & Entwicklung 2005: Wasser ist für alle da! Aber zu welchem Preis? Rundbrief 2/2005. Bonn: Projektstelle Umwelt & Entwicklung. (http://www.forumue.de/fileadmin/userupload/rundbriefe/200502.pdf).

Foster, Vivien 2001: Condominial Water and Sewerage Systems: Costs of Implementation of the Model. El Alto, Bolivia, Pilot Project. Washington: Water and Sanitation Program, World Bank and UNDP.

Gleick, Peter H. et al. 2002: The New Economy of Water. The Risks and Benefits of Globalization and Privatization of Fresh Water. Oakland CA: Pacific Institute for Studies in Development, Environment, and Security.

Hartmann, Jörg 2006: Tansania – Das Modell Tanga. In: E+Z 03/2006. http://www.inwent.org/E+Z/content/archiv-ger/03-2006/schwer_art3.html.

Hoering, Uwe 2001: Privatisierung im Wassersektor, Entwicklungshilfe für transnationale Konzerne – Lösung der globalen Wasserkrise?, Bonn/ Berlin: WEED.

Hoering, Uwe/Stadler, Lisa 2003: Das Wasser-Monopoly. Von einem Allgemeingut und seiner Privatisierung, Zürich: Rotpunktverlag.

Houdret, Annabelle/Shabafrouz, Miriam 2006: Privatisation in Deep Water? Water Governance and Options for Development Cooperation. INEF-Report 84/2006. Duisburg: INEF.

ICWE 1992: The Dublin Statement on Water and Sustainable Development, International Conference on Water and the Environment, Dublin, Ireland. http://www.wmo.ch/web/homs/ documents/english/icwedece.html.

Kessides, Ioannis N. 2004: Reforming Infrastructure. Privatization, Regulation, and Competition. Washington D.C., New York: World Band and Oxford University Press.

Kessler, Tim/Alexander, Nancy 2006: Ist eine Privatisierung der Grundversorgung sinnvoll? In: *Weizsäcker, Ernst Ulrich et al.* (Hrsg.): Grenzen der Privatisierung. Wann ist des Guten zuviel? Bericht an den Club of Rome. Stuttgart: Hirzel, 191-200.

Kürschner-Pelkmann 2006: Der Traum vom schnellen Wassergeld. ? In: Aus Parlament und Zeitgeschichte, 25/2006, 3-7.

Kroh, Wolfgang o.J.: Eine Dekade private Wasserversorgung in Entwicklungsländern: Allheilmittel, kapitalistischer Sündenfall oder viel Lärm um nichts? <http://www.kfw-entwicklungsbank.de/DE_Home/Fachthemen/ Kooperatio17/Privatsekt98/Artikel_Siedlungswasserwirtschaft.pdf>.

Lobina, Emanuele 2000: Cochabamba – Water War. PSIRU Report. London.

Nickson, Andrew/Vargas, Claudia 2002: The Limitation of Water Regulation. The Failure of the Cochabamba Concession in Bolivia. In: Bulletin of Latin American Research, Volume 21, Nr. 1, Jan. 2002, S. 99-120.

Obser, Andreas 2006: Privatisierung in Entwicklungsländern. In: *Weizsäcker, Ernst Ulrich et al.* (Hrsg.): Grenzen der Privatisierung. Wann ist des Guten zuviel? Bericht an den Club of Rome. Stuttgart: Hirzel, 209-217.

Olivera, Oscar/Lewis, Tom 2004: !Cochabamba!: Water War in Bolivia: Water Rebellion in Bolivia. South End Press.

Partzsch, Lena 2006: Partnerschaften – Lösung der globalen Wasserkrise? In: Aus Parlament und Zeitgeschichte, 25/2006, 20-25.

Public Citizen 2001: Water Privatization Case Study. Cochabamba, Bolivia http://www.citizen.org/documents/Bolivia_(PDF).PDF.

Riedel, Eibe 2006: The Human Right to Water and General Comment No. 15 of the CESCR. In: *Ders./Rothen, Peter* (Hrsg.): The Human Right to Water. Berlin: Berliner Wiss.-Verl., 19-36.

Shiva, Vandana 2003: Der Kampf um das Blaue Gold. Ursachen und Folgen der Wasserverknappung, Zürich: Rotpunktverlag.

Walton, Barry 2003: Public Private Partnership and the Poor. A Perspective on Water Supply and Sewerage. WEDC.

Weizsäcker, Ernst Ulrich von/Young, Oran R./Finger, Matthias/Beisheim, Marianne 2006: Was lernen wir aus der Privatisierung? In: *Weizsäcker, Ernst Ulrich et al.* (Hrsg.): Grenzen der Privatisierung. Wann ist des Guten zuviel? Bericht an den Club of Rome. Stuttgart: Hirzel, 328-337.

Weltbank/OED 2002: Bolivia Water Management. A Tale of Three Cities. Précis No. 222. http://lnweb18.worldbank.org/oed/oeddoclib.nsf/DocUNIDViewForJavaSearch/EE95 EE729B8A87CB85256BAD0066C3A4/$file/Precis_222.pdf.

Weltbank/PPIAF 2006: Approaches to Private Participation in Water Services. A Toolkit.

Weltbank 2003: World Development Report 2004. Making Services Work for Poor People. Washington D.C.: World Bank.

Westermann, Olaf 2004: Privatisation of Water and Environmental Conflict. The Case of the Cochabamba "Water Riot". In: *Ravnborg, Helle Munk* (Hrsg.): Water and Conflict. DIIS-Report Nr. 2, 65-99.

Windfuhr, Michael 2003: Das Menschenrecht auf Wasser – Was steht hinter dem Konzept? Hintergrundpapier. Stuttgart: Brot für die Welt.

Witte, Jan Martin/ Streck, Charlotte/ Benner, Thorsten (Hrsg.) 2003: Progress or Peril? Partnerships and Networks in Global Environmental Governance. The Post-Johannesburg Agenda, Berlin: Global Public Policy Institute.

Witte, Jan Martin/Reinicke, Wolfgang 2005: Business UNusual: Facilitating United Nations Reform Through Partnerships, New York: United Nations Global Compact Office.

III. Wasser und internationale Zusammenarbeit

Internationale Wasserpolitik: Internationale Regime, historische Entwicklung und aktuelle Debatten

Uschi Eid [1]

I. Wasser als Globale Frage und Schlüsselproblem für Entwicklung

Wasser ist die Lebensgrundlage für Menschen, Tiere und Pflanzen - unentbehrlich für Landwirtschaft, Ernährung und die Ökosysteme des Planeten Erde. Doch angesichts der Selbstverständlichkeit, mit der wir hierzulande mit Wasser versorgt sind und Abwässer entsorgt werden, sind wir uns oft kaum bewusst, wie viele Menschen ebendiese Selbstverständlichkeit entbehren müssen und welch schwerwiegende gesundheitliche und ökonomische Konsequenzen dies hat. In unserem Alltag sprudelt sauberes Wasser aus dem Wasserhahn, wann immer wir möchten, und die Schmutzwässer entsorgen sich durch den Abfluss scheinbar von selbst. Doch 1,1 Milliarden Menschen müssen ohne sauberes Trinkwasser leben, während mehr als doppelt so viele, nämlich 2,6 Milliarden, keinen Zugang zu sanitärer Grundversorgung haben.[2] Zugleich schrumpfen die knappen Süßwasservorkommen, denn der weltweite Wasserverbrauch steigt rasant an. Die Wasserkrise wird sich zuspitzen, wenn die politischen Entscheidungsträger ihr nicht schneller und konsequenter entgegensteuern, als es bislang der Fall ist.

Die weltweiten Süßwasservorkommen sind eine unserer zentralen natürlichen Lebensgrundlagen. Mit nur 3,5 Prozent der gesamten Wassermenge auf unserem Planeten sind sie eine knappe Ressource, die wir durch nachhaltige Bewirtschaftungsweisen schützen müssen. Denn schon jetzt stellt Wassermangel einzelne Regionen wie zum Beispiel das Sahelgebiet, Teile Chinas und Lateinamerikas oder der zentralasiatischen Republiken vor große Herausforderungen. Und in den nächsten Jahrzehnten wird die Zahl der Menschen, die mit Wasserknappheit leben müssen, noch erheblich steigen, wie der zweite Weltwasserbericht der Vereinten Nationen prognostiziert.[3] Denn der Wasserverbrauch nimmt enorm zu und übersteigt dabei oft das Maß, in dem unsere Umwelt zur Selbstreinigung und – regeneration in der Lage ist. Verschiedene Faktoren heizen diese Entwicklung an: Bevölkerungswachstum, Industrialisierungsprozesse in Ländern wie China, Indien, Mexiko oder Brasilien, ein teilweise steigender Lebensstandard und nicht zuletzt auch die zunehmende und häufig sehr ineffiziente landwirtschaftliche Bewässerung:

---

[1] Dr. rer. soc. *Uschi Eid, Vorsitzende des Beratungsausschusses des Generalsekretärs der Vereinten Nationen zu Wasser und sanitärer Grundversorgung.*

[2] WHO/UNICEF: Meeting the MDG drinking water and sanitation target: The urban and rural challenge of the decade, Genf 2006.

[3] Vgl. World Water Assessment Programme/UNESCO: Water. A shared responsibility. The 2nd United Nations World Water Development Report, Paris 2006.

Die Agrarwirtschaft macht in manchen Regionen über 80 Prozent des gesamten Wasserkonsums aus, der durch die Ausdehnung der landwirtschaftlich genutzten Flächen weiter steigen wird. All dies schädigt die natürlichen Wasserreservoirs und –regenerationsräume: Feuchtgebiete schrumpfen und Seen, Flüsse und Grundwasser werden übernutzt. Die Wasserqualität lässt nach und beschleunigt das Artensterben. Das natürliche Gleichgewicht der Ökosysteme wird bedroht.

Wasserversorgung und Abwasserentsorgung sind jedoch keineswegs allein ein ökologisches, sondern zugleich ein entwicklungspolitisches Problem, wie der 2006 erschienene Bericht über die menschliche Entwicklung des Entwicklungsprogramms der Vereinten Nationen (UNDP) betont.[4] Weltweit fallen zehnmal mehr Menschen Durchfallerkrankungen zum Opfer als bewaffneten Konflikten, denn schmutzige Abwässer gelangen mangels Toiletten und einer funktionierenden Abwasserentsorgung in die unmittelbare Wohnumgebung und in den Wasserkreislauf. Kontaminiertes Wasser ist eine der Hauptursachen für Kindersterblichkeit: Täglich sterben 5000 Kinder daran. Diese menschliche Tragödie ist zugleich ein enormes Entwicklungshindernis für viele Länder in der Dritten Welt, wo eine schlechte oder fehlende Wasserver- und -entsorgung nicht nur charakteristisch für Armut ist, sondern diese zugleich verstärkt. Allein in Afrika südlich der Sahara verursachen die unhygienischen Wohn- und Lebensbedingungen, die durch eine unzureichende Wasser- und Sanitärversorgung hervorgerufen sind, enorme Arbeitsausfälle und steigende Gesundheitsausgaben, die den Kontinent laut UNDP jährlich 5 Prozent seiner Wirtschaftskraft und damit rund 28 Milliarden US-Dollar kosten. Dies ist mehr, als Afrika im Jahr 2003 an Entwicklungshilfe und Schuldenerlassen erhalten hat. Investitionen im Wasserbereich sind daher nicht nur für die menschliche Entwicklung unabdingbar, sondern auch ökonomisch rentabel, denn jeder im Wasser- und Abwassersektor investierte US-Dollar erzielt nach Angaben der Weltgesundheitsorganisation (WHO) ökonomische Gewinne zwischen 3 und 34 US-Dollar, je nach verwendeter Technologie und geographisch-klimatischen Gegebenheiten.[5] Solche Investitionen sind nicht nur die beste Vorbeugung gegen Krankheiten in Entwicklungsländern, die zu 80 Prozent wasserbedingt sind, sondern können zudem erheblich zu einer besseren Ernährungssituation beitragen, wenn die landwirtschaftliche Bewässerung durch effiziente Systeme ausgeweitet werden kann. Da überwiegend Mädchen und Frauen für das Wasserholen verantwortlich sind, verschiebt eine mangelhafte Wasserversorgung die ohnehin vorhandenen Ungleichgewichte im Geschlechterverhältnis, die z.B. bei der Bildung bestehen, weiter zu Lasten der weiblichen Hälfte der Menschheit. Denn es sind besonders Frauen und Mädchen, die enorm viel Zeit verwenden, um ihre Familien mit diesem überlebensnotwendi-

---

[4] UNDP: Human Development Report 2006. Beyond scarcity: Power, poverty and the global water crisis, New York 2006.
[5] Guy Hutton und Laurence Haller: Evaluation of the costs and benefits of water and sanitation improvements at the global level (WHO), Genf 2004.

gen Gut zu versorgen: In den Dörfern Afrikas zum Beispiel sind es für einen 6-köpfigen Haushalt im Schnitt täglich 3 Stunden.[6]

Auch als Risiko für Frieden und Sicherheit wird Wasserknappheit vielfach diskutiert, dabei bisweilen aber erheblich überschätzt. Zahlreiche Wissenschaftler werten die Vorhersage, „Wasserkriege" seien ein wichtiger Konflikttypus der Zukunft, als ein übertrieben düsteres Szenario. Zwar birgt die unregulierte Nutzung internationaler Wasserläufe durch verschiedene Staaten ernstzunehmende Konfliktpotentiale, doch lassen sich diese durch Flussgebietskommissionen regeln und kontrollieren. Mittlerweile betont die Forschung daher eher die politisch stabilisierenden Aspekte internationaler Wasserkooperationen, die in vielen Fällen schwere und anhaltende zwischenstaatliche Konflikte überdauert haben, wie etwa im Falle Indiens und Pakistans. Eine Zunahme gewaltsam ausgetragener innerstaatlicher Verteilungskonflikte um Wasser ist hingegen nicht unwahrscheinlich. Unterschwellig spielte Wasser in gewaltsamen Konflikten in den vergangenen Jahren eine wachsende Rolle.[7]

Die Hauptursache der weltweiten Wasserkrise ist eine falsche, nicht nachhaltige Bewirtschaftung dieser Ressource. Zudem mangelt es an politischem Willen, diese Probleme anzugehen, da deren Relevanz oft deutlich unterschätzt wird.[8] Wie der erste Wasserentwicklungsbericht der Vereinten Nationen hervorgehoben hat,[9] ist die Krise im Kern Menschengemacht, und dieser Befund bietet positive Anknüpfungspunkte zu ihrer Bewältigung: Zum einen lassen sich Bewirtschaftungsweisen mit dem vorhandenen Wissen, dem technischen Know-How und den weitentwickelten Problemlösungsinstrumentarien verändern. Besonders das international anerkannte Konzept des Integrierten Wasserressourcenmanagements (IWRM) erlaubt es, eine nachhaltige Wassernutzung zu planen, und dabei alle relevanten Faktoren wie Wasserangebot und -nachfrage, die unterschiedlichen Bedarfe verschiedener Wirtschaftssektoren und privater Haushalte sowie die Gegebenheiten der jeweiligen Wassereinzugsgebiete und Ökosysteme in die Analyse einzubeziehen.[10] Zum anderen können wir zur Mobilisierung politischen Willens in der internationalen Wasserpolitik auf einen weit reichenden Konsens über Wege und Ziele aufbauen und zugleich auf internationale Übereinkünfte und Regelwerke zurückgreifen, die in den vergangenen Jahrzehnten entstanden sind.

---

[6] Vergleiche die Webseite der UN-Dekade:
<http://www.un.org/waterforlifedecade/factsheet.html, Zugriff: 16.10.2006>.
[7] Vgl. zum Thema: Susanne Neubert und Waltina Scheumann: Kein Blut für Wasser. Wasserknappheit muss nicht zu Kriegen führen, in: Internationale Politik, Bd. 58 (2003) Heft 3, S. 31-38.
[8] Vgl. den Konferenzbericht der Internationalen Frischwasserkonferenz (http://www.water-2001.de) sowie Veronika Fuest und Wolfram Laube: Konzept einer armutsorientierten Entwicklungszusammenarbeit im Wassersektor, DIE-Gutachten, Bonn, März 2004.
[9] Word Water Assessment Programme/UNESCO: Water for People. Water for Life. The United Nations Water Development Report, Paris 2003.
[10] Susanne Neubert, Waltina Scheumann und Annette van Edig (Hgg.): Integriertes Wasserressourcen-Management (IWRM). Ein Konzept in die Praxis überführen, Baden-Baden 2005.

II.   Meilensteine der Entwicklung der internationalen Wasserpolitik

Seit ungefähr 30 Jahren ist die Wasserpolitik erkennbar als eigenständiger Bereich der internationalen Politik etabliert. In der Entwicklung dieses Politikfelds lassen sich verschiedene Meilensteine hervorheben, die im Folgenden skizziert werden. Wichtiger historischer Ausgangspunkt für eine umfassende globale Wasserpolitik ist die „Mar del Plata World Conference on Water Resources" der Vereinten Nationen von 1977. Hier wurden die Defizite bei der Wasserversorgung vor allem als Bremse für die soziale und ökonomische Entwicklung betrachtet. Die Konferenz beschloss, die Jahre 1981 bis 1990 zur UN-Dekade für die Trinkwasser- und Sanitärversorgung auszurufen, womit sie den Anstoß für den zweiten wichtigen Markstein in der historischen Entwicklung der Wasserpolitik gab.[11] Diese UN-Dekade formulierte das überaus ehrgeizige Ziel eines hundertprozentigen Versorgungsgrads der Bevölkerung. Zwar folgten enorme finanzielle Kraftanstrengungen der verschiedensten Akteure, die ergaben, dass ein deutlich größerer Bevölkerungsanteil als zuvor mit Wasser versorgt war. Doch die absoluten Zahlen waren ernüchternd: Bei der Abwasserentsorgung konnten keine und bei der Wasserversorgung nur geringfügige Fortschritte erreicht werden. Gravierende Fehler wurden gemacht, da sich zum Beispiel sich das Leitbild der partizipativen Konzeptionierung und Durchführung von Wasserprojekten noch nicht durchgesetzt hatte. Zu häufig entschieden „Experten" über die Köpfe der Menschen hinweg und an deren Bedarf vorbei, was zum Scheitern zahlreicher Vorhaben beitrug. Generell krankte die Wasserpolitik der 1980er Jahre an einer zu weitgehenden Orientierung an einer Ausweitung der Wasserinfrastruktur, während der im Umwelt- und Entwicklungsdiskurs aufkommende und vom Brundtland-Bericht von 1987 hervorgehobene Ressourcenschutzgedanke von den internationalen Wasserexperten mehrheitlich noch unzureichend rezipiert wurde. Insgesamt werden die 1980er Jahre nicht selten als Dekade der „Wasserblindheit" der internationalen Politik betrachtet. Der Misserfolg der ersten UN-Wasserdekade ist ein wichtiger Hintergrund für den darauf folgenden wasserpolitischen Paradigmenwechsel. Man ging über zu komplexeren Ansätzen und Problemlösungsstrategien, nämlich zum Integrierten Wasserressourcenmanagement.

Als weiterer, dritter Meilenstein der internationalen Wasserpolitik ist das erste Weltwasserforum in Dublin im Jahre 1992 zu nennen. Diese UN-unterstützte „International Conference on Environment and Development" verabschiedete mit den so genannten Dublin-Prinzipien eine der klarsten, umfassendsten und weitreichendsten Erklärungen zur Wasserpolitik und nahm wesentlichen Einfluss auf die Formulierung des wasserbezogenen Kapitels 18 der im gleichen Jahr verabschiedeten „Agenda 21" der UN-Konferenz für Umwelt und Entwicklung (UNCED -

---

[11] Vgl. hierzu und zum Folgenden: Axel Klaphake und Waltina Scheunemann: Politische Antworten auf die globale Wasserkrise. Trends und Konflikte, in: Aus Politik und Zeitgeschichte, B 48-49 (2001), S. 3-12, S. 5f., sowie dies.: Freshwater resources and transboundary rivers. From UCED to Rio+10, DIE-Gutachten, Bonn, Januar 2001.

„Erdgipfel" von Rio de Janeiro).[12] Die vier Dublin-Prinzipien[13] sind für die internationale Staatengemeinschaft in weiten Teilen noch heute als politische Referenzgrößen gültig. Sie besagen zum ersten, dass Trinkwasser ein endliches und anfälliges Gut ist, das für alles Leben, für die menschliche Entwicklung und unsere Umwelt unverzichtbar ist. Dies stellt einen bedeutenden Fortschritt gegenüber der lange Zeit gängigen volkswirtschaftlichen Betrachtungsweise von Wasser als unbegrenztes, allgemeines Gut dar. Heute hingegen wird Wasser als knappe Ressource gewertet, mit der nicht nur aus finanziellen Motiven, sondern auch aus Gründen der ökologischen Nachhaltigkeit sparsam umzugehen ist. Das zweite Dublin-Prinzip verlangt einen partizipativen Ansatz, also die Mitwirkung von Verbrauchern, Planern und Entscheidungsträgern auf allen Ebenen. Diese Herangehensweise hat sich im entwicklungspolitischen Denken und in der Projektpraxis durchgesetzt – auch im Rahmen der deutschen Entwicklungskooperation. Örtliche Wasserkomitees, wie sie in den vom Bundesministerium für wirtschaftliche Zusammenarbeit und Entwicklung (BMZ) geförderten Wasserprojekten existieren, eruieren die lokalen Bedürfnisse - etwa, ob ein neuer Brunnen gebaut oder der alte saniert werden soll, wer zum Brunnenwächter bestimmt wird und wieviel das Wasser kosten soll. Auf dieser Basis verhandeln die Wasserkomitees mit den zuständigen Behörden und den Entwicklungspartnern über die Ausgestaltung der Projekte. Das dritte Prinzip stellt fest, dass Frauen eine entscheidende Rolle bei der Beschaffung, bei der Bewirtschaftung und beim Schutz von Wasser spielen. Auch deshalb verlangt das Bundesentwicklungsministerium zum Beispiel, dass Wasserkomitees zur Hälfte mit Frauen besetzt werden. Schließlich besagt das vierte Dublin-Prinzip, dass Wasser „bei allen seinen konkurrierenden Nutzformen [...] einen wirtschaftlichen Wert [besitzt] und [...] als wirtschaftliches Gut betrachtet werden" sollte.[14]

Der vierte wasserpolitische Meilenstein ist die Anerkennung von Wasser als Menschenrecht. Im „Allgemeinen Kommentar Nr. 15" zum „Internationalen Pakt über wirtschaftliche, soziale und kulturelle Rechte" („WSK-Rechte"), den der Wirtschafts- und Sozialrat der Vereinten Nationen (ECOSOC) im November 2002 in Genf veröffentlichte, wird Wasser als Menschenrecht zum ersten Mal explizit bestätigt.[15] Zwar stand das Thema seit den 70er Jahren immer wieder auf der internationalen Agenda, doch der Streit um die Frage, ob Wasser als Grundbedürfnis oder als Menschenrecht zu gelten habe, blieb ungelöst. Nun leitet der Kommentar Nr. 15 das Menschenrecht auf Wasser juristisch aus den Artikeln 11 und 12 des Pakts

---

[12] Vgl. hierzu:
<http://www.un.org/esa/sustdev/documents/agenda21/english/agenda21toc.htm>.
[13] Vgl. hier und im Folgenden: The Dublin statement on water and sustainable development,
<http://www.wmo.ch/web/homs/documents/english/icwedece.html>, Zugriff: 01.06.2006.
[14] The Dublin statement on water and sustainable development,
<http://www.wmo.ch/web/homs/documents/english/icwedece.html>, Zugriff: 01.06.2006.
[15] Vgl. auch im Folgenden: Eibe Riedel und Peter Rothen (Hgg.): The human right to water, Berlin 2006, sowie Salman M.A. Salman und Soibhan McInerney-Lankford: The human right to water. Legal and policy dimensions (Weltbank), Washington 2004. Siehe auch die Beiträge von Aichele und Rudolf in diesem Band.

über die WSK-Rechte ab, die das Recht auf einen adäquaten Lebensstandard, auf Nahrung und auf Gesundheit behandeln.[16] Für die Umsetzung des Menschenrechts auf Wasser sind zuvorderst die Nationalstaaten verantwortlich, deren Bürger noch unter einer mangelhaften Wasserversorgung und Abwasserentsorgung leiden, doch ist die internationale Staatengemeinschaft dazu verpflichtet, betroffene Staaten dabei zu unterstützen. Falls eine Regierung diese Dienstleistungsaufgaben an Dritte delegiert, muss sie durch wirksame Regulierungsmechanismen und rechtliche Rahmenbedingungen gewährleisten, dass Wasser als soziales Gut für alle erschwinglich ist – zumindest im Umfang des persönlichen und haushaltsbezogenen Grundbedarfs. Ein Menschenrecht auf kostenloses Wasser existiert hingegen nicht, auch wenn dies verschiedentlich, etwa von Nichtregierungsorganisationen, gefordert wird. Stattdessen entspricht es eher dem Konsens der internationalen Wasserpolitik, dass Wasser einen (sozial gestaffelten) Preis haben sollte, der einerseits die Kosten der Wasserver- und -entsorgung so weit als möglich abdeckt und andererseits zugleich eine ökologisch sinnvolle Lenkungswirkung beim Wasserverbrauch entfaltet. Ein Beispiel für eine sinnvolle Preispolitik, die die Versorgung aller Bevölkerungsschichten mit sauberem und bezahlbarem Wasser ermöglicht und zugleich solide Einnahmen erwirtschaftet, ist die National Water and Sewage Corporation in Uganda. Deren Management hat ein sehr ausgefeiltes, beeindruckendes System von Quersubventionierungen entwickelt: Finanzstärkere Einwohnerschichten der Hauptstadt zahlen einen höheren Wassertarif und senken damit die Preise für die ärmsten Hauptstädterinnen und Hauptstädter. Die gesamten in der Hauptstadt erzielten Einnahmen ermöglichen ihrerseits niedrigere Tarife in den anderen Regionen des Landes.[17]

Eine fünfte wasserhistorische Etappe wurde mit der Verabschiedung der Millenniumsentwicklungsziele (MDGs) der Vereinten Nationen durch über 170 Staats- und Regierungschefs im Jahr 2000 auf dem Millenniumsgipfel erreicht.[18] Im Entwicklungsziel Nummer 7, „Ökologische Nachhaltigkeit", Teilziel 10, ist festgelegt, bis zum Jahr 2015 den Anteil der Menschen zu halbieren, die „ohne dauerhaft gesicherten Zugang zu hygienisch unbedenklichem Trinkwasser und sanitärer Basisversorgung" sind. Bemerkenswert ist dabei, dass die Millenniumserklärung ursprünglich nur das Trinkwasserziel umfasste, während das Abwasserziel erst 2002 auf der UN-Konferenz für nachhaltige Entwicklung in Johannesburg beschlossen

---

[16] Committee on Economic, Social and Cultural Rights: General Comment No.15: The right to water (article 11 and 12), (E/C.12/2002/11), UN, Geneva 2002, <http://www.unhchr.ch/html/menu2/6/gc15.doc>, Zugriff: 01.06.2006.
[17] Vgl. auch die Präsentation von William T. Muhairwe: Cost recovery mechanisms: The success of the NWSC-Uganda and its relevancy for other African countries, für das "Experts' meeting on access to drinking water and sanitation in Africa" von OECD und Afrikanischer Entwicklungsbank, Paris, 12. 2006, <http://www.oecd.orgdocument/16/0,2340,en_2649_15162846_37795728_1_1_1,00.html>, Zugriff: 11.12.2006.
[18] <http://www.un.org/millenniumgoals/>, Zugriff: 11.12.2006.

wurde.[19] Diese Ergänzung geht auf eine Initiative der damaligen deutschen Bundes-regierung zurück, die 2001 auf der internationalen Süßwasserkonferenz in Bonn die Unterstützung zahlreicher Staaten für diese Initiative gewinnen konnte.[20] Mit der UN-Millenniumserklärung hat sich die internationale Gemeinschaft ehrgeizige Zielmarken gesteckt, die teilweise allerdings noch in weiter Ferne liegen. So stellt der Bericht „Meeting the MDG drinking-water and sanitation target: A mid-term assessment of progress", der 2004 von dem Kinderhilfswerk der Vereinten Natio-nen UNICEF und von der Weltgesundheitsorganisation WHO vorgelegt wurde,[21] zum Beispiel erhebliche regionale Disparitäten fest: Während zahlreiche Länder in Subsahara-Afrika und Südost-Asien Teilziel 10 höchstwahrscheinlich nicht errei-chen, kommen das nördliche Afrika, Lateinamerika und das westliche Asien recht gut voran. Ein drastischeres Umsteuern ist hingegen geboten, wenn das Abwasser-Millenniumsziel noch erreicht werden soll. Besonderer Handlungsbedarf besteht dem Fortschrittsbericht von UNICEF und WHO zufolge beim Versorgungsgrad der Ärmsten und der ländlichen Bevölkerungsgruppen, der den nationalen Durch-schnitt in der Regel deutlich unterschreitet.

Als letzter wasserpolitischer Meilenstein sind die Initiativen anzuführen, die UN-Generalsekretär Kofi Annan ergriffen hat, um die Umsetzung der wasserbezogenen Millenniumsentwicklungsziele voranzutreiben. Aufgrund der strategischen Bedeu-tung des Wasserbereichs für die Armutsbekämpfung hat er nach einer Bilanzierung des Erreichten im Jahr 2005 die UN-Dekade „Water for Life" ausgerufen, die die Umsetzung sowohl der MDGs als auch der Übereinkünfte der UN-Mitgliedsstaaten vom Johannesburg-Gipfel von 2002 befördern soll. Die zentralen Themenbereiche der Wasserdekade, deren Sekretariat beim UN-Koordinierungsmechanismus „UN-Wasser" organisatorisch angesiedelt ist, sind Ernährung, Gesundheit, Umwelt, Katastrophenvorsorge, Energie, grenzüberschrei-tendes Wassermanagement, Knappheit, Kultur, sanitäre Grundversorgung, Ver-schmutzung und Landwirtschaft. Zusätzlich zur Wasserdekade hat der UN-Generalsekretär ein Gremium berufen, das ihn persönlich darin berät, wie die Millenniumsziele bei Wasser und sanitärer Grundversorgung zu erreichen sind: das United Nations Secretary General's Advisory Board on Water and Sanitation (UNSGAB).[22] Es besteht aus 19 Persönlichkeiten aus Politik, Wirtschaft, Wissen-

---

[19] Weltgipfel für Nachhaltige Entwicklung 26. August bis 04. September 2002 in Johannesburg, <http://www.bmu.de/files/pdfs/allgemein/application/pdf/broschuere_weltgipfel_johannesbu rg.pdf>, Zugriff am 11.12.2006.

[20] "Decisions on water and sanitation in the plan of implementation of the World Summit on Sustainable Development", <http://www.un.org/waterforlifedecade/pdf/ws_decisions_jpoi.pdf>, Zugriff: 01.06.2006.

[21] WHO/UNICEF: Meeting the MDG drinking water and sanitation target: The urban and rural challenge of the decade, Genf 2004.

[22] Zum Beratungsausschuss des Generalsekretärs der Vereinten Nationen zu Wasser und sanitä-rer Grundversorgung (UNSGAB), zu dessen Aktivitäten und für Hintergrundinformationen zum Thema Wasser und sanitäre Grundversorgung vgl. auch die UNSGAB-Webseite (http://www.unsgab.org/).

schaft und Zivilgesellschaft, die aus allen Weltregionen stammen. Vorsitzender war bis zu seinem Tod im Juli 2006 der ehemalige japanische Ministerpräsident Ryutaro Hashimoto. Seither führe ich die Amtsgeschäfte. Alle Mitglieder dieses Gremiums stimmen darin überein, dass es keiner neuen internationalen politischen Übereinkünfte oder Großkonferenzen bedarf, sondern dass der politische Wille dazu mobilisiert werden muss, die bereits gefassten Beschlüsse endlich umzusetzen. Aus diesem Grund hat UNSGAB einen Aktionsplan erarbeitet, der auf der bereits vorhandenen internationalen Beschlusslage beruht.

III.   Der Hashimoto-Aktionsplan von UNSGAB

Der Hashimoto-Aktionsplan enthält konkrete Handlungsempfehlungen für relevante Akteure und benennt zugleich Selbstverpflichtungen von UNSGAB, die sechs Themenbereichen zugeordnet sind: Integriertes Wasserressourcenmanagement, Stärkung von Wasserversorgungsunternehmen, Finanzierung, sanitäre Grundversorgung, Monitoring und wasserbedingte Katastrophen. Auf dem 4. Weltwasserforum in Mexiko im März 2006 hat UNSGAB seinen Aktionsplan unter dem Namen „Compendium of Actions" vorgestellt. Er ist in die Ministererklärung des Forums eingegangen und ist mittlerweile Referenzrahmen für entsprechende Aktivitäten internationaler Akteure. Nach dem Tod seines Vorsitzenden Ryutaro Hashimoto hat UNSGAB zu dessen Ehren sein „Aktionskompendium" in „Hashimoto-Aktionsplan" umbenannt.

Im Rahmen des ersten Themenfeldes „Integriertes Wassermanagement" fordert UNSGAB die UN-Mitgliedsstaaten dazu auf, ihrer Verpflichtung aus dem Implementierungsplan des Gipfels für Nachhaltige Entwicklung in Johannesburg 2002 nachzukommen, Pläne zum „Integrierten Wasserressoucenmanagement" (IWRM) vorzulegen.[23] Diese ermöglichen es, die regionalen Wasservorkommen, die Möglichkeiten ihrer nachhaltigen Nutzung und die Bedarfe verschiedener Verbrauchergruppen systematisch zu erfassen und zu einem kohärenten Konzept zu verbinden. Um zusätzliche Anreize für die Verabschiedung von IWRM-Plänen zu schaffen, will UNSGAB auf einer Internetseite öffentlich machen, welche Staaten bereits einen solchen Plan besitzen und welche nicht. Von herausragender Bedeutung sind insbesondere die grenzüberschreitenden Aspekte von IWRM. Internationale Vereinbarungen zum Flusswassermanagement können sowohl praktische Verbesserungen erreichen, wie etwa dem langfristigen Versiegen von Flüssen entgegenwirken, als auch zur Prävention zwischenstaatlicher Konflikte beitragen. Auch hier besteht ein enormer Handlungsbedarf: Allein auf dem afrikanischem Kontinent fließen über 50 Flüsse durch mehr als ein Land, und ihr Wasser wird teilweise noch heute durch Verträge aus der Kolonialzeit aufgeteilt, wie etwa im

---

[23] Plan of Implementation of the World Summit on Sustainable Development, <http://www.un.org/esa/sustdev/documents/WSSD_POI_PD/English/WSSD_PlanImpl.pdf>, Zugriff am 11.12.2006.

Falle des Nils.[24] Um alle Aspekte der gemeinsamen Wassernutzung zu regulieren, sollten Flussgebietskommissionen eingerichtet oder bestehende institutionell gestärkt werden, so dass sie ihren Aufgaben effektiv nachkommen können. Die Bundesregierung hat dies zu einem Schwerpunkt ihrer Entwicklungsaktivitäten gemacht und fördert zum Beispiel entsprechende Einrichtungen für den Nil oder den Limpopo im südlichen Afrika. Damit trägt sie dazu bei, einen wichtigen Teil der UNSGAB-Forderungen umzusetzen. Um völkerrechtlich verbindliche Regelungen im Wasserbereich weiter zu stärken, bemüht sich UNSGAB zudem, die Ratifizierung des „Übereinkommens über das Recht der nichtschifffahrtlichen Nutzung internationaler Wasserläufe"[25] voranzutreiben.

Der zweite Themenbereich des UNSGAB-Aktionsplans ist die Stärkung von Wasserversorgungsunternehmen. Derzeit bestehen bei der Funktionsfähigkeit und beim Management von Versorgern in Entwicklungsländern oft gravierende Defizite. Um hier Abhilfe zu schaffen, hat UNSGAB das Konzept einer so genannten „Water Operators Partnership" ausgearbeitet. „WOPs" ermöglichen den Unternehmen in Entwicklungsländern einen Wissenstransfer aus anderen Ländern, indem zum Beispiel gut funktionierende Wasserunternehmen Experten aus dem Bereich Technik oder Qualitätskontrolle in einen Betrieb in einem Entwicklungsland entsenden. Die dabei entstehenden Personalkosten, Reise- und Tagegelder werden von internationalen Geldgebern übernommen. Für derartige Maßnahmen gab es bislang keine Finanzinstrumente innerhalb der internationalen Entwicklungskooperation. UNSGAB hat dafür gesorgt, dass die in Nairobi ansässige UN-Unterorganisation „UN-Habitat" eine WOPs-Einheit einrichtet. Diese ist für das neue Partnerschaftsmodell verantwortlich und wird als Auftakt eine Internetplattform einrichten, um die Partnersuche zu unterstützen. Die WOPs-Initiative hat die vordringliche Aufgabe, öffentliche Wasserversorgungsunternehmen zu unterstützen, da über 90 Prozent der Wasserversorgung in öffentlicher Hand liegen. [26] Sie schließt allerdings private Wasserversorger explizit ein.

Ein dritter Schwerpunkt ist das Thema „Finanzierung", da die MDGs und die Verwirklichung des „Menschenrechts Wasser" nur mit erheblichen Investitionen im Wassersektor zu realisieren sind. Einigkeit besteht darüber, dass hierfür mehr Geld aufgewendet werden muss.[27] Der Hashimoto-Aktionsplan spricht den natio-

---

[24] Lars Wirkus und Volker Böge: Afrikas internationale Flüsse und Seen. Stand und Erfahrungen im grenzüberschreitenden Wassermanagement in Afrika an ausgewählten Beispielen. DIE Discussion Paper 7/2005; Gesellschaft für Technische Zusammenarbeit (Hg.): Managing transboundary waters – New opportunities for Africa, Eschborn 2002.

[25] Vom 13.8.1998, BGBl. 2006 II, S. 742.

[26] Vgl. UNSGAB: Hashimoto-Action-Plan, März 2006, S. 1 (<http://www.unsgab.org/>).

[27] Nach Angaben der „Global Water Partnership" sind jährlich ca. 180 Mrd. US-Dollar erforderlich, denen ein Finanztransfer von lediglich ca. 80 Mrd. US-Dollar (aus bilateralen Entwicklungskooperationen oder multilateralen Finanzinstitutionen wie Weltbank oder regionalen Entwicklungsbanken) gegenübersteht, womit sich eine Finanzierungslücke von rd. 100 Mrd. US-Dollar ergibt. (Global Water Partnership: Towards water security: A framework for action.

nalen Regierungen die Aufgabe zu, für den Aufbau einer nachhaltigen finanziellen Basis für den Wassersektor zu sorgen, wobei sie die kommunale Ebene ebenso wie die Wasserversorger vor Ort einbeziehen sollten. Die entwicklungspolitischen Partner, etwa internationale Finanzinstitutionen, können und sollen dabei eine unterstützende Funktion einnehmen. Um einen ökonomisch lebensfähigen Wassersektor zu entwickeln, bedarf es einer sichtbaren Prioritätensetzung im Rahmen einer nationalen Ausgabenplanung. Der finanzielle Ansatz für den Wasserbereich muss oberhalb der derzeit durchschnittlichen 0,5 Prozent des Staatshaushalts liegen. Regierungen sollten aber nicht nur ihre Wasserinvestitionen erhöhen, sondern sich zugleich darum bemühen, die Versorgungsunternehmen zu optimieren und ein professionelles und von sachfremder politischer Einflussnahme freies Management fördern. Eine wesentliche Kernvoraussetzung für eine nachhaltige Verbesserung der finanziellen Basis der Wasserver- und Abwasserentsorgung in Entwicklungs- und Schwellenländern sind verlässliche und solide Unternehmenseinnahmen. Dies gilt sowohl für private als auch für kommunal oder genossenschaftlich organisierte Wasserversorger. Rentable und zugleich sozialverträgliche Gebührensysteme können hier den Grundstein legen und dazu beitragen, einen Kapitalmarktzugang für die Unternehmen herzustellen oder zu verbessern. Dies setzt eine hinreichende Zahlungsmoral aller Kunden voraus, auch auf Seiten staatlicher Einrichtungen. Dass dies nicht immer selbstverständlich ist, habe ich 1999 auf einer Reise als parlamentarische Staatssekretärin im Bundesministerium für wirtschaftliche Zusammenarbeit und Entwicklung im südlichen Afrika erfahren. Dort klagten Vertreter des Wasserversorgungsunternehmens in einer Großstadt darüber, dass das Verteidigungsministerium seine Rechnungen nicht begleiche. An Armeestandorten das Wasser abzuschalten sei aber wegen des Widerstandes aus der Armee völlig unmöglich. Eine effektive Bekämpfung solcher Probleme muss an der Wurzel ansetzen, so zum Beispiel durch Reformen des nationalen Wassersektors, die auf klare institutionelle Verantwortlichkeiten und eine sachgemäße Trennung von Zuständigkeiten in Regulierungs- und Durchführungsbehörden abzielen. Dies ist auch für die Bekämpfung von Korruption unabdingbar, die Transparency International zufolge im Wassersektor in enormem Ausmaß grassiert.[28]

Stockholm 2000, S. 75) <http://www.gwpforum.org/servlet/PSP?iNodeID=215&itemId=100> Zugriff: 05.12.2006. Demgegenüber spricht der Weltentwicklungsbericht von UNDP aus dem Jahr 2006 auf der Basis der kostengünstigsten Technologien von einer Finanzierungslücke von jährlich nur 10 Mrd. US.Dollar (<http://hdr.undp.org/>). Vergleiche zum Thema allgemein auch den sog. Camdessus-Bericht: Michel Camdessus: „Financing water for all. Report of the World Panel on financing water infrastructure" (World Water Council, Global Water Partnership und 3. Weltwasserforum), März 2003.

[28]Zur Korruption im Wasserbereich vgl. die Informationen der Initiative Water Integrity Network ("WIN") (<http://www.waterintegritynetwork.net>) sowie Piers Cross und Janelle Plummer: Tackling corruption in the water and sanitation sector in Africa: Starting the dialogue, Draft 2, (World Bank Water and Sanitation Programme), August 2006, <http://www.wsp.org/publications/Tackling%20Corruption%20Water%20and%20Sanitation.pdf>, Zugriff: 10.11.2006.

Einen vierten Schwerpunkt setzt der „Hashimoto-Aktionsplan" auf die sanitäre Grundversorgung mit ihren drei Teilbereichen Hygieneförderung, häusliche Sanitäreinrichtungen und Abwasserbehandlung. Bei der „schmutzigen" Seite des Wasserthemas sind beschleunigte Fortschritte dringend erforderlich, wenn das Abwassermillenniumsziel noch erreicht werden soll. Doch die Tabus, die mit Toiletten und persönlicher Hygiene verbunden sind, stellen ein schwerwiegendes Hemmnis dar, die notwendigen Konsequenzen zu ziehen. Auch lassen sich Toiletten und „Schmutzwasser" öffentlich nicht besonders gut vermarkten. Mit Phototerminen zur Eröffnung einer Latrine gewinnt man noch keine Wahlen, wohingegen die Einweihung eines Brunnens politisch durchaus werbewirksam ist. Gerade Prominente könnten einen hoch wirksamen Beitrag dazu leisten, irrationale und gefährliche Tabus zu brechen, wie sich im Falle von AIDS gezeigt hat. Um für den Themenkreis der Basissanitärversorgung weltweit Bewusstsein zu schaffen und zum Handeln anzuregen, hat UNSGAB dem Generalsekretär der Vereinten Nationen vorgeschlagen, das Jahr 2008 zum „Internationalen Jahr der sanitären Grundversorgung" auszurufen. Der Beraterkreis hat bei vielen UN-Mitgliedsstaaten erfolgreich für diese Idee geworben, so dass die UN-Generalversammlung am 20. Dezember 2006 eine entsprechende Resolution verabschiedet hat.[29]

Auf der Ebene der konkreten Sanitärversorgungskonzepte empfiehlt der Hashimoto-Aktionsplan eine verstärkte Hinwendung zum Ansatz der "ecological sanitation". „Ecosan" bietet ökonomisch und ökologisch viel versprechende Alternativlösungen zu konventionellen Entsorgungsmethoden, da es sich am naturnahen Prinzip der Kreislaufwirtschaft orientiert. Es widerlegt den Irrtum, Sanitärversorgungssysteme seien für arme Länder zwangsläufig unerschwinglich, indem es Fäkalien als wertvolle natürliche Rohstoffe wiederverwertet. Aus diesen lässt sich in kleinen, finanzierbaren Anlagen Dünger für die Landwirtschaft oder Energie für Haushalt oder Gewerbe gewinnen. Beispiele aus Nepal zeigen, dass die Tabus, die menschliche Ausscheidungen umgeben, sich sprichwörtlich in Luft auflösen können, wenn sich dieser Rohstoff als Einnahmequelle für Kleinbauern erweist. In der konventionellen Schwemmkanalisation hingegen spülen wir ein ökonomisches Potential die Toilette hinunter, das sich auf ca. 15. Mrd. US-Dollar beziffern lässt. Die Fäkalienseparation macht zudem zentrale, kosten- und energieaufwändige Kläranlagen überflüssig, und sie vermeidet gesundheitliche Probleme, unter denen vor allem Slumbewohner zu leiden haben, wenn mit Fäkalien verunreinigte Kloaken Brutstätte für Krankheitserreger werden. Angesichts des Drucks auf die globalen Süßwasservorkommen ist die ressourcenschonende Wiederverwertung von geklärten Abwässern für die landwirtschaftliche Bewässerung ein weiterer positiver Aspekt von ecosan, der zugleich ökonomisch sinnvoll ist.

Fünftens enthält der Aktionsplan ein Kapitel zum Thema „Monitoring und Evaluierung". Allein eine verlässliche Datenbasis kann eine ausreichende Grundlage schaffen, um erzielte Fortschritte und bestehende Defizite im Wasserbereich zu

---

bewerten und die Aktivitäten zur Erreichung der Millenniumsziele zu steuern. Maßgeblich sind hierfür die Berichte des gemeinsamen Monitoringprogramms (JMP) von WHO und UNICEF.[30] UNSGAB fordert die Geber dazu auf, dem JMP dringend benötigte Ressourcen zur Verfügung zu stellen, denn dieses Programm ist völlig unterfinanziert, zumal die Erhebungsmethoden und -kriterien dringend einer Überarbeitung bedürfen. Die Wasserqualität erfassen sie zum Beispiel nur bei der Einspeisung in Versorgungssysteme, nicht aber bei den Endverbrauchern, obwohl ein Großteil der Verschmutzung erst innerhalb der häufig mangelhaften Versorgungsnetze eintritt. Zugleich ist die Definition von „verbesserter Sanitärversorgung" problematisch, die Grundlage für das Monitoring der MDGs ist. Sie umfasst Spültoiletten, auch wenn deren Abwässer ungeklärt in einen dörflichen Trinkwasserteich gehen, schließt aber zugleich gut gepflegte öffentliche oder Schultoiletten mit Fäkalienseparation aus. Doch auch nationale Datenerhebungen weisen deutliche Defizite auf, da sie oftmals von politischen Interessen beeinflusst und wegen unterschiedlicher Systematiken kaum vergleichbar sind. Daher empfiehlt UNSGAB den UN-Mitgliedsstaaten, mehr Geld für die Datenerhebung zur Verfügung zu stellen, Standardisierungs- und Professionalisierungsprozesse einzuleiten sowie belastbare Finanzdaten und aussagekräftige Angaben über Qualität und Quantität von vorhandenen Dienstleistungen zu generieren. Doch nicht nur Entwicklungs- und Schwellenländer, sondern auch die entwicklungspolitischen Geber sollten genauere Angaben machen und offen legen, wie viele Personen aus der geplanten Zielgruppe von ihren Projekten erreicht worden sind.

Der letzte und sechste Abschnitt der UNSGAB-Handlungsempfehlungen betrifft den Themenkomplex „Wasser und Katastrophen". Intensität und Häufigkeit von wasserbedingten Katastrophen, die Folge von meist vorhersagbaren Naturereignissen sind, haben innerhalb der vergangenen zehn Jahre zugenommen. Dieser Entwicklung, die vielen Menschen das Leben kostet und ihre Existenzgrundlage zerstört, sollte die internationale Gemeinschaft begegnen, indem sie als Voraussetzung für kohärente Anstrengungen der internationalen Gemeinschaft zunächst ein klar umrissenes Ziel zur Katastrophenbekämpfung formuliert. Der Erarbeitungsprozess sollte einer hochrangig besetzten Gruppe übertragen werden, die von UN-Organisationen in Zusammenarbeit mit interessierten Staaten eingerichtet und von der in Genf ansässigen UN-Organisation „International Strategy for Disaster Reduction" (UNISDR) geleitet werden soll. Um die Folgen von wasserbedingten Katastrophen abzumildern, müssen Frühwarnsysteme aufgebaut oder verbessert werden und ausreichende Kapazitäten vorhanden sein. Von zentraler Bedeutung ist es, die betroffene Bevölkerung sofort nach einer Katastrophe mit sauberem Wasser und mit sanitären Einrichtungen zu versorgen, um dem Ausbruch von Krankheiten und Epidemien vorzubeugen. Der Hashimoto-Aktionsplan empfiehlt daher, die Katastrophenanfälligkeit bestehender Wasser- und Abwassersysteme zu verringern,

---

[30]Vergleiche die Webseite des „Joint Monitoring Programme": <http://www.wssinfo.org>. Eine Webseite mit Organisationen, die statistische Daten zum Wasserbereich sammeln, betreibt die Water Monitoring Alliance (<http://www.watermonitoringalliance.net>).

die Expertengemeinschaft besser zu vernetzen und Daten zu sammeln, zu pflegen und zugänglich zu machen, die im Katastrophenfalle für die Arbeitsplanung relevant sind. Insgesamt sollte man beim Umgang mit wasserbedingten Katastrophen so weit als möglich auf örtliches Wissen und Erfahrungen zurückgreifen und an die lokalen Bedingungen angepasste Lösungen erarbeiten.

IV. Fazit

Die globale Wasserkrise ist ein komplexes entwicklungspolitisches und ökologisches Problem ersten Ranges. Sie fordert nicht nur Millionen von Menschenleben, sondern sie verursacht auch gravierende ökonomische Kosten und bedroht unsere natürlichen Lebensgrundlagen. Für alle Verantwortlichen in Staat und Gesellschaft gilt es jetzt, die Herausforderung der Bekämpfung dieser stillen Katastrophe anzunehmen und ohne Verzug in eine Phase verstärkter und zielgerichteter Aktivitäten einzutreten. Die Voraussetzungen dafür sind gegeben, denn es mangelt weder an Wissen oder Erfahrung noch an innovativen Ansätzen. Zudem können uns positive Länderbeispiele wie etwa die Burkina Fasos, Tansanias oder Ugandas Ansporn sein, erneut unter Beweis zu stellen, dass es möglich ist, innerhalb eines Jahrzehnts substantielle Verbesserungen im Wassersektor zu erreichen. Dabei können wir auf einen soliden Konsens in der internationalen Wasserpolitik bauen, der sich innerhalb von einigen Jahrzehnten in diesem Politikfeld herausgebildet und weiterentwickelt hat.

Wasser im Entwicklungsprozess – Probleme und Chancen

Hermann Kreutzmann [1]

1. Einführung

Wasser ist Ressource, Nahrungsmittel und Kommodität zugleich. Je nach Interessenlage haben sich im Verlauf der Weltwasserkonferenzen Wahrnehmung und Rechtsansprüche verändert. Die Konferenz über Wasser und Entwicklung in Dublin 1992 vollzog den Paradigmenwechsel und deklarierte Wasser als Wirtschaftsgut: „Water has an economic value in all its competing uses and should be recognized as an economic good" (zitiert nach Gleick 1999, vgl. Kreutzmann 2006, Tab. 1). Deregulierung und Marktmechanismen sollten zur zweckmäßigen Verwendung einer knapper werdenden Ressource beitragen. Der damit verbundene grundsätzliche Wandel wird durchaus unterschiedlich bewertet und besitzt weit reichende Implikationen für die Zugangsmöglichkeiten armer Bevölkerungsschichten zu einem überlebenswichtigen Gut. Daher hat die Diskussion über die Verankerung des Zugangs zu sauberem Trinkwasser in den Millenniums-Entwicklungszielen und über das Menschenrecht Wasser so zentrale Bedeutung erhalten (vgl. Kreutzmann 2006). In der Entwicklungspraxis spielt Wasser seit den ersten Entwicklungsdekaden eine Schlüsselrolle im Rahmen von Modernisierungsmaßnahmen. Der Schlüsselbegriff der "Grünen Revolution" ist eng mit einer intensiveren Bewässerung zur Produktivitätssteigerung in der Landwirtschaft verflochten. Kanalanlagenbau zur Ausweitung der Acker- und Ernteflächen mittels Erhöhung der Anbauintensität und -frequenz wurde lange Zeit als Königsweg zur Lösung der globalen Nahrungsversorgungsprobleme propagiert. Das Spektrum umfasst weiterhin von der Mikro- zur Makroebene die Bereitstellung von sauberem Trinkwasser und die Errichtung von Staudämmen für Landwirtschaft und hydro-elektrische Energieerzeugung. Letztere sind ein Musterbeispiel für den Zusammenhang von Wasser und Entwicklung. Die Verflechtung wird im Folgenden am Beispiel der Staudammgroßprojekte diskutiert.

---

[1] *Prof. Dr. Hermann Kreutzmann, Professor am Zentrum für Entwicklungsländerforschung, Institut für Geographische Wissenschaften der Freien Universität Berlin.*
Der Beitrag basiert auf einer im Rahmen der „Human Rights Lectures" zum Thema „Menschenrecht Wasser?" im Sommersemester 2006 an der Freien Universität Berlin gehaltenen Vorlesung und einer aktualisierten und erweiterten Fassung meines 2004 in der Geographischen Rundschau erschienenen Aufsatzes zum Thema „Staudammprojekte in der Entwicklungspraxis. Kontroversen und Konsensfindung".

2. Staudammkontroverse

Großstaudammprojekte wie Assuan, Itaipu und Tarbela verkörperten in der Phase der Dekolonisation und beginnenden Entwicklungshilfe die Aufbruchstimmung, die mit technischen Mitteln Entwicklungsprobleme in Afrika, Asien und Lateinamerika zu lösen trachtete. Modernisierungsmaßnahmen in großem Stil versprachen die Natur zu bändigen, Kontrolle über die Wasserführung zu erlangen und Entwicklungsimpulse auszulösen, die das notwendige Wachstum zur Überwindung augenfälliger Entwicklungsdefizite befördern würden. Großstaudämme wurden so zu Symbolen modernisierungstheoretisch inspirierter Wachstumspole, die im Zuge nachholender Entwicklung westliche Technologien in Entwicklungsländer exportieren und implementieren helfen sollten. Spätestens seit den 1970er Jahren gerieten sie jedoch in den Mittelpunkt konzeptioneller Kritik, die bis heute anhält und auf Schwachpunkte von Großprojekten verweist. Umweltaspekte und kaum abschätzbare ökologische Risiken wurden ebenso wie Menschenrechtsverletzungen und Enteignungskampagnen thematisiert. Die Kontroverse über "small is beautiful" erreichte die Entwicklungsdebatte, als es um den sozialen Sinn und den ökonomischen Zweck großer oder kleiner Staudämme ging (Kasten 1). Korruption und Bestechung im Zusammenhang mit Großprojekten, aber auch die Frage der volkswirtschaftlichen Amortisierungskosten rückten ins Zentrum einer Kontroverse, die bis heute auch im Hinblick auf Technologiekosten und Verschuldungsproblematiken anhält. Staudammprojekte bzw. die betroffenen Gebiete - bedroht von Landverlust, Überflutung und Zwangsumsiedlung - gerieten zum Schauplatz vehement ausgetragener Interessenkonflikte, von lokalen Opfern und nationalen Bürgerbewegungen sowie von internationalen Aktivisten und Nichtregierungsorganisationen. Eine Verschärfung erfährt diese Konfliktkonstellation durch das Menetekel einer begrenzten bzw. schwindenden Ressource, der die Vereinten Nationen im Jahre 2003 ein "Internationales Jahr des Süßwassers" widmeten, sowie durch die in den letzten beiden Dekaden immer wieder angeführten "Kriege um Wasser" (vgl. Le Monde diplomatique 2003, S. 168; Müller-Mahn 2006; Stucki 2005), die die Zukunft der Menschheit bestimmen sollten, oder den "Kampf um das blaue Gold" (Barlow und Clarke 2003; Shiva 2003), unter diesem Stichwort wird das globale Geschäft mit Trink- und Bewässerungswasser thematisiert. Zentrale Schauplätze von Wasserknappheit und Staudammprojekten sind die Regionen der Erde, die vom International Water Management Institute" mit Sitz in Colombo als von physikalischer und ökonomischer Wasserknappheit bedroht angesehen werden (IWMI 2000). Hier bildet sich eine Aufteilung der Welt ab, die durchaus als weitere Facette eines Nord-Süd-Gegensatzes gekennzeichnet werden kann (Abb. 1). Daher stellen die Entwicklungsländer eine Hauptarena sowohl der Entwicklungsbemühungen im Wassersektor als auch der kritischen Auseinandersetzung mit Projektmaßnahmen und Geschäftsinteressen dar. Das Engagement weltweit aktiver Gruppen kann gegenwärtig in neuer Qualität unter dem Aspekt einer Transnationalisierung und Globalisierung betrachtet werden (vgl. Soyez 2000). Somit treten im Internet-Zeitalter nicht nur Industrievertreter und Investoren weltweit auf, sondern auch

Opfer und Ausgegrenzte sowie die Vertreter ihrer Interessen in Form von Menschenrechts- und Nichtregierungsorganisationen benutzen die globale Bühne der virtuellen Welt, um medial wirksam - je nach Standpunkt - auf Erfolge bzw. Mißstände hinzuweisen. In nicht wenigen Fällen hat diese Form der Öffentlichkeitsmobilisierung zur Einstellung von Großvorhaben beigetragen.

Ausdruck eines Versuchs, die widerstrebenden Interessen zum Ausgleich zu bringen, ist die 1998 auf Initiative der Weltbank einberufene "Weltkommission für Staudämme", die unter dem Vorsitz des damaligen südafrikanischen Ministers für Wasser- und Forstwirtschaft, Kader Asmal, die Spannbreite von Industrievertretern bis hin zu Umweltaktivisten vereinigte und im Jahre 2000 ihren Abschlußbericht vorlegte (WCD 2000). Die Kontroverse ist damit bei weitem nicht beigelegt, gerade in der Diskussion über knapper werdende Wasserdargebote sowie die Privatisierung von natürlichen Rohstoffen und öffentlicher Wasserversorgung werden scharfe Auseinandersetzungen ausgetragen (vgl. Barlow und Clarke 2003, Shiva 2003). Zur Verdeutlichung des Problemzusammenhangs seien zunächst einige Aspekte der Staudammproblematik im Hinblick auf Ziele, Interessen und Konzepte nachholender und nachhaltiger Entwicklung aufgezeigt.

3. Dimensionen der Staudammkontroverse

Legt man die Definition eines Großstaudammes nach Maßgabe der International Commission on Large Dams (ICOLD, die in Paris beheimatete Interessenvertretung der an Staudammbauten beteiligten Industrieunternehmen) zugrunde, dass ein solcher eine mindestens 15 m hohe Staumauer bzw. bei einer Höhe oberhalb 5 m über Fundament mindestens ein Fassungsvermögen von 3 Mio. m^3 besitzen sollte, dann existieren heute weltweit mehr als 45000 Großstaudämme und sorgen dafür, dass im Durchschnitt die Hälfte aller Flüsse einen Großstaudamm aufweisen (WCD 2000). Verglichen mit dem Beginn der großen Dammbauperiode um 1950 hat sich die Anzahl der existierenden Großstaudämme verneunfacht. Im Rahmen der damals beginnenden Entwicklungszusammenarbeit nahmen Staudammprojekte eine Vorreiter- und Vorzeigerolle ein. Als Motor dieser Entwicklung erwies sich die Weltbank, die in den 1950er Jahren alljährlich im Mittel eine Milliarde US $ für Staudammprojekte zur Verfügung stellte. Die Hauptgeberorganisation verdoppelte das Kreditvolumen in der Phase zwischen 1970-1985 (WCD 2000, S. 171). Damit stellte die Weltbank im Rahmen der Entwicklungszusammenarbeit weit mehr als die Hälfte aller strategischen Finanzmittel für Staudammbauten zur Verfügung. Weitere substantielle Beträge flossen u.a. aus Mitteln der Asiatischen, Interamerikanischen und Afrikanischen Entwicklungsbank sowie aus dem Europäischen Entwicklungsfond und bilateralen Abkommen. Der absolute Höhepunkt des Mitteleinsatzes wurde in der ersten Hälfte der 1980er Jahre erreicht. Alljährlich wurden allein mehr als 4 Mrd. US $ für Staudammbauten als Entwicklungshilfe bereitgestellt (Abb. 2). Seither sinken die Stützungszahlungen kontinuierlich. Die Zeiten maximaler Förderung und Implementierung fallen regional sehr unterschiedlich

aus. Während in Europa und Nordamerika der Höhepunkt der Dammbauten in den 1960er Jahren lag, erlebten Asien und Lateinamerika diesen Klimax in den 1970er Jahren und Afrika wiederum eine Dekade später (McCully 2001, S. xxvi, WCD 2000, Annex V). In der letzten Dekade des ausgehenden 20. Jhs. registrierte Nordamerika den niedrigsten Wert im gesamten Jahrhundert, immer mehr Projektvorhaben werden mittlerweile eingestellt, bzw. gar nicht erst begonnen.

Die Angaben lassen die Volksrepublik China unberücksichtigt, die entgegen dem Trend mittlerweile allein fast die Hälfte aller weltweit existierenden Staudämme aufweist und den wesentlichen Impuls für den gegenwärtigen Staudammbau abgibt (Abb. 3). Die Weltbank war auch in China zeitweilig am Bau des Drei-Schluchten-Staudamms beteiligt, zog sich dann jedoch zurück, während andere Geldgeber wie die bundesdeutsche Kreditanstalt für Wiederaufbau (KfW) weiterhin engagiert sind (vgl. FR vom 18.5.2004). Dennoch bleibt Ostasien weiterhin die Region mit dem höchsten Engagement der Weltbank im Staudamm- und Hydroelektrizitätssektor mit einem Anteil zwischen einem Drittel und zwei Fünftel aller zur Verfügung gestellten Projektmittel. Von den 1530 Weltbankprojekten im Millenniumsjahr besaßen 72 eine Staudammkomponente (4,7%) entsprechend 10,8% der gesamten Projektkosten. Die Weltbankkredite beliefen sich auf 1,5 Mrd. US $, die wiederum nur 1,3% aller von ihr vergebenen Darlehen ausmachten (Worldbank 2000). Ebenso löste internationaler Protest einen Rückzug der Weltbank aus dem Arun 3-Projekt in Nepal und aus dem indischen Sardar Sarovar-Projekt im Narmada-Einzugsgebiet aus. Grundlage für die Kehrtwendung war die sogenannte "Manibeli-Deklaration" - benannt nach einem widerständigen Dorf im Narmada-Tal. In der von 326 Aktionsgruppen aus 44 Staaten unterzeichneten Resolution wird die Weltbank an den Pranger gestellt und für abträgliche Folgen des Staudammbaus verantwortlich gemacht (abgedruckt in McCully 2001, S. 316-320). Es wird explizit formuliert, dass ihre selbst gesetzten Ziele nicht erreicht worden seien, was in internen Evaluationen weitgehend geschönt dargestellt wurde. Auch Studien, die das Ziel einer nachhaltigen Entwicklung im Gegensatz zu einer rein nachholenden Entwicklung westlichen Vorbilds artikulieren, verweisen immer wieder auf die spezifische Rolle der Weltbank als einflussreicher Steuerungsinstitution internationaler Strukturreformen und fordern verantwortliches Handeln der wichtigsten, weltweit agierenden Finanzierungsbehörde für Infrastrukturprojekte ein (vgl. Dalkmann et al. 2004).

Die Staudamm-Kontroverse entfesselte eine ähnliche Konfrontation, wie sie von Globalisierungsbefürwortern und -gegnern allzu vertraut ist. Proteste konzentrierten sich i.w. auf symbolträchtige Großvorhaben und polarisierten die Ablehnungsfront in Richtung einer Befürwortung dezentraler kleiner und überschaubarer Vorhaben, die im Rahmen der Entwicklungszusammenarbeit seit den 1970er Jahren favorisiert werden. Arundathi Roy formuliert die Agenda für die Gegenwart folgendermaßen: "... perhaps that's what the twenty-first century has in store for us. The dismantling of the Big. Big bombs, big dams, big ideologies, big contradictions, big countries, big wars, big heroes, big mistakes. Perhaps it will be the century of the Small" (Roy 1999, S. 12). Damit stellt sie die indische

Staudammkontroverse in einen globalen Kontext und versucht als Anwältin der Armen und Marginalisierten deren Bedürfnisse vor einer interessierten Weltöffentlichkeit zu artikulieren. Unterstützend wirken eine Vielzahl von internationalen Nichtregierungsorganisationen wie das International Rivers Network (IRN) oder im bundesrepublikanischen Kontext WEED (= Weltwirtschaft, Ökologie & Entwicklung) bzw. Urgewald, die sich zum Ziel gesetzt haben, auf die Gefahren und Probleme im Zusammenhang mit Großstaudammbauten aufmerksam zu machen und Argumente für die Ablehnungsfront zu liefern.

4. Problemkonstellationen im Umfeld von Staudammprojekten

Die Argumente für den Bau von Großstaudämmen beziehen sich auf die in Modernisierungsstrategien anvisierten Ziele (Tab. 1): verbesserte Wasserregulation und -nutzung für Bewässerungszwecke und Stromerzeugung, Schutz vor Überflutung und eine aufgewertete Steuerung und effizientere Lenkung der Trinkwasserversorgung. Die Schaffung von Arbeitsplätzen und Unterstützung der Ausbildung einer verbesserten Infrastruktur werden angeführt im Hinblick auf die Förderung von ausdifferenzierter Regionalentwicklung. Gerade im Zusammenhang mit der "Grünen Revolution" und dem Entwicklungsgebot einer Sicherstellung der Nahrungsversorgung auf Basis bewässerten Anbaus wurden Staudämme zur Regulierung gefördert, so dass in Asien fast zwei Drittel aller Großstaudämme vornehmlich für Irrigationszwecke konzipiert wurden (Abb. 4). Diese Argumentation wird zunehmend mit ökologischen Degradationserscheinungen, ökonomischen und sozialen Folgekosten sowie politischen Implikationen konfrontiert:

(i) Umweltprobleme: Der Ausbau von Staudämmen stellt ebenso wie die Kanalisierung und Ableitung von Irrigationswasser einen einschneidenden Eingriff in Flußsysteme dar, 60% aller Flussläufe sollen davon betroffen sein (WCD 2000, S. 73). Staudämme verhindern Fischwanderungen und Nährstofftransport, wie er in ungestörten Systemen möglich ist. Damit verbunden sind gravierende Verluste für Land- und Viehwirtschaft sowie Fischzucht bis hin zum Aussterben besonders gefährdeter Spezies der Süßwasser-Fauna. Weide- und Anbaugebiete von Unterliegern sowie die Ökotope von Deltabewohnern werden aufgrund veränderter hydrologischer Regime von natürlicher Nährstoffzufuhr abgeschnitten. Gleichfalls birgt eine sich verschlechternde Wasserqualität in Speicherreservoirs sowie die Freisetzung bzw. Anreicherung von toxischen Stoffen gravierende Risiken. Umweltfolgenabschätzungen in der Planungsphase weisen bislang häufig große Diskrepanzen zu den realisierten abträglichen Veränderungen auf, die in Ländern der Dritten Welt stärker greifen, da eine Großzahl der Bevölkerung von dem Angebot der natürlichen Ressourcen direkt abhängig ist (vgl. McCully 2001). Die aufgeführten Verluste lassen sich häufig nicht buchhalterisch exakt erfassen, sind auch in ihrer Langzeitwirkung nur schwer abschätzbar. Gleiches gilt für indirekte Folgen von Staudammprojekten wie die Bereitstellung von Irrigationswasser für Bewässerungs-

zwecke mit Umweltschädigungen im Bereich von Versalzung und Versumpfung (vgl. Kreutzmann 1998).

(ii) soziale Kosten: In der Frühphase der Staudammbauten gingen verantwortliche Politiker wenig zimperlich mit den Bedürfnissen der betroffenen Bevölkerungen um. Der spätere indische Ministerpräsident Moraji Desai informierte die Unterlieger des Pong-Damms am Beas (Himachal Pradesh) 1961: "We will request you to move from your houses after the dam comes up. If you move it will be good. Otherwise we shall release the waters and drown you all" (zitiert nach Roy 1999, S. 14). Im Jahre 1970 besetzten kurz vor Fertigstellung 4000 Menschen die Dammbaustelle, da das versprochene Umsiedlungsland nicht gewährt worden war. Ihr Widerstand wurde gebrochen und der Pong-Damm fertig gestellt. Zwanzig Jahre später kämpften die Enteigneten weiterhin für ihre Rechte und forderten die Einlösung gegebener Versprechen und Zusagen, während Regierungsvertreter keinen weiteren Handlungsbedarf sehen (Bhanot und Singh 1992; Verghese 1994, S. 63-67). Nach unterschiedlichen Schätzungen sind allein in Indien und der VR China 26-58 Mio. Menschen zwischen 1950 und 1990 wegen Großstaudammbauten von ihrem Land vertrieben bzw. umgesiedelt worden. Weltweit gehen die Schätzungen auf bis zu 80 Mio. betroffene Menschen (WCD 2000, S. 104). Am Planungs- und Implementierungsprozess waren sie so gut wie nie beteiligt, fast alle haben eine Verschlechterung ihrer Lebensverhältnisse in Kauf nehmen müssen, was auch den wachsenden Widerstand gegen diese Art Großstaudämme erklären hilft. Häufig werden solche Projekte in peripheren Regionen und zu Lasten marginalisierter Bevölkerungsgruppen wie Kleinbauern und ethnische Minderheiten durchgeführt (McCully 2001, S. 65-100; WCD 2000, S. 99-126). Planungen unterschätzen vielfach die tatsächlich erforderlichen Umsiedlungen und geringschätzen Kompensationszahlungen für Landverluste, die tatsächlich häufig unausgewogen bleiben bzw. nur nominell vergütet werden. Teilweise liegen Plan und Wirklichkeit um mehr als einen Faktor 10 auseinander (Tab. 2). Die anfallenden sozialen Kosten - verschärft durch gesundheitliche und epidemische Veränderungen (Wurmerkrankungen wie Schistosomiasis oder Malaria) - werden kaum in einer Kalkulation adäquat berücksichtigt und könnten gegebenenfalls die Durchführbarkeit und Profitabilität eines Staudammbauvorhabens gefährden.

(iii) ökonomische Fehlkalkulationen: In die Wirtschaftlichkeitsberechnungen von Staudammprojekten fließen regelmäßig - vor allem dann, wenn wie in der Mehrzahl aller Fälle Regierungen als Auftraggeber fungieren - nicht alle entstehenden Kosten ein. Wie bereits erwähnt werden ökologische und soziale Kosten häufig unterbewertet. Nachdem Staatsverträge abgeschlossen sind, die durch Entwicklungshilfeabkommen unterstützt werden, erfolgt in der Regel keine weitere Wirtschaftlichkeitsberechnung der Vor- und Nachteile von Großprojekten einerseits und dezentraler Stromerzeugung andererseits. Viele Staaten der Dritten Welt gehen damit recht hohe Risiken ein. Einmal werden Technologien von multinationalen Konsortien eingekauft, die diese in Industrieländern vielfach nicht mehr implementieren dürfen bzw. für die kein Potential mehr anzuzapfen ist, zum anderen werden in Großstaudämmen Energiemengen erzeugt, die lediglich über aufwendige

und verlustreiche Leitungssysteme an einen einzigen benachbarten Staat weiterveräußert werden können. Beispiele aus den Himalaya-Staaten, Lateinamerika und aus Südostasien belegen, dass projizierte Wirtschaftlichkeiten und Energieverbrauchsprognosen unter Berücksichtigung hoher Gestehungskosten für Expertise und Technologie, hoher Schuldendienste zur Bedienung der Kredite, nichteingehaltener Planungskosten (in 250 untersuchten Bauprojekten wurden die Kosten im Durchschnitt um 50% überzogen) und heruntergehandelter Abnehmerpreise nicht erreicht werden können. Die Zusatzaufwendungen werden internalisiert, d. h. auf die Steuern zahlende Bevölkerung des Landes bzw. den Staatshaushalt abgewälzt (vgl. Hirsch 1996, WCD 2000). Nicht-absetzbare Überkapazitäten haben beispielsweise die kolumbianische Volkswirtschaft zwischen 1970 und 1985 überproportional belastet und "undoubtedly had a negative impact on Colombia's growth and macrofinancial situation in the 1980s" (nach einer Weltbankstudie von 1990, zitiert in McCully 2001, S. 135). Das Beispiel Kolumbiens könnte durch weitere aus Lateinamerika, Afrika und Asien ergänzt werden. In den 1990er Jahren wurden schätzungsweise 32-46 Mrd. US $ jährlich für Großstaudämme aufgewendet, davon vier Fünftel in Entwicklungsländern, in denen wiederum die öffentliche Hand 80% dieser Aufwendungen aufbrachte (WCD 2000, S. 11). Zusammen mit nicht-erreichten bzw. nicht-ausgeschöpften Energieproduktionskapazitäten reichen die erzielten Wassergebühren in der Dritten Welt häufig nicht aus, die Kapital- und Unterhaltskosten zu decken.

(iv) politische Implikationen: Nach der Teilung des indischen Subkontinents regelte der Indus-Wasservertrag von 1960 auch die Separierung der Nutzung der Himalaya-Flüsse (vgl. Kreutzmann 1998). Zur Aufrechterhaltung der Bewässerungsinfrastruktur wurden einige Großstaudämme errichtet: Tarbela und Mangla in Pakistan, Bhakra und Pong in Indien. Alle Staudämme zogen nationale politische Kontroversen nach sich. Umsiedlung, fehlende Kompensation für Landverluste, Streit um die Verteilung der Wasser- und Energieressourcen. Geplante Folgeprojekte wie Kalabagh und Basha in Pakistan konnten bislang nicht verwirklicht werden. Das Basha-Damm-Projekt wurde im Frühjahr 2006 begonnen. Per Dekret verfügte der Militärdiktator Pervez Musharraf den Baubeginn in einer seismisch aktiven Zone. Der Basha-Damm gilt als Kompromiss-Projekt, da Kalabagh sich politisch im Streit der beteiligten Provinzen sich nich durchsetzen ließ. Basha liegt wenige Kilometer außerhalb des zwischen Indien und Pakistan umstrittenen Kaschmir-Gebietes, der Stausee wird sich jedoch dorthin erstrecken. Mit dem Bau sind Umsiedlung von Bauern, Neubau eines Abschnittes der Hauptverbindungsachse Karakoram Highway und infrastrukturelle Kompensationsleistungen sowie hohe Leitungsinvestitionen aus dem Norden in den Süden Pakistans verbunden. Allein unter autoritären Handlungsbedingungen ließ sich dieses umstrittene und kontrovers diskutierte Projekt dekretieren.

Seit den 1970er Jahren formiert sich weltweit nationaler Widerstand gegenüber Staudammprojekten: In Kanada verhinderten betroffene Cree-Indianer zwar nicht die Realisierung des ersten Bauabschnitts des gigantischen Baie James-Projektes in Quebec, jedoch wurde die Implementierung der beiden geplanten Folgeabschnitte

1994 ausgesetzt (vgl. Soyez 1992, Soyez und Barker 1998). In Norwegen wurden Bauvorhaben nur mit strengen Umweltauflagen genehmigt, das Katun-Damm-Vorhaben in Russland wurde vorerst aufgegeben, gewalttätiger Widerstand der Igorot verhinderte den Bau des Chico-Damms in den Philippinen, ähnliche Widerstandformen werden aus Thailand, Malaysia und Indonesien berichtet (vgl. McCully 2001, S. 282). Politische Mobilisierung zeigt Wirkung, und die zunehmende Privatisierung vormals öffentlicher Infrastrukturvorhaben erfordert eine höhere Akzeptanz in der Bevölkerung, wenn solche Projekte profitabel sein sollen. Nur so lässt sich verstehen, dass die Weltkommission für Staudämme ins Leben gerufen wurde.

5. Ziele und Aufgaben der WCD

Mit einer sich anbahnenden Pattsituation bzw. einer gegenseitigen Blockierung sahen sich die Akteure und Interessenvertreter konfrontiert, als sie sich im Jahre 1998 in der "Weltkommission für Staudämme" zusammenfanden. Vorausgegangen war eine Konferenz unterschiedlicher Interessengruppen in Gland, die von der Weltbank und der International Union for the Conservation of Nature (IUCN) zur Diskussion eines Weltbankberichts über Großstaudämme einberufen worden war. Der gemeinsame Wille, mittels eines Diskurses über umstrittene Sichtweisen und Interessen einen Ausgleich anzustreben, war die treibende Kraft, so unterschiedliche Akteure wie den Vorstandsvorsitzenden des schwedischen ABB-Konzerns und die indische Umweltaktivistin Medha Paktar in dieser Kommission an einem Tisch zu vereinigen. Die Kommission einigte sich auf fünf Grundwerte, die den Entscheidungsrahmen bestimmen sollten: Gerechtigkeit, Nachhaltigkeit, Effizienz, partizipative Entscheidungsfindung und Rechenschaftspflicht.

Auf der Basis eines Rechte- und Risiken-Ansatzes wurde eine partizipative Vorgehensweise auf der Suche nach Interessenausgleich favorisiert. Partikularinteressen überwindend verfolgt dieser Ansatz die Akzeptanz von vorhandenen Rechten Betroffener sowie eine mehrdimensionale Risikoabschätzung. Unter Beteiligung aller Interessengruppen soll ein Forum geschaffen werden, das Bedarf und Optionen prüft und die Ergebnisse bei Konsens in eine konkrete Planung auf der Basis ausgehandelter und bindender Vereinbarungen einbringt. Wird kein Konsens erzielt, schalten die beteiligten Akteure eine unabhängige Prüfung ein, die im Falle einer akzeptablen Schlichtung zur konkreten Planung führt, im Falle der Ablehnung zur Aufgabe des Projektvorhabens (WCD 2000). Diese an Konsensfindungspraktiken "runder Tische" erinnernde Form der Projektplanung untermauert den Partizipationsaspekt und betont zivilgesellschaftliche Akzeptanz, wie sie in der jüngeren entwicklungstheoretischen und -praktischen Debatte hervorgehoben wird. Das "Neue" an dieser Vorgehensweise ist die gleichberechtigte Einbeziehung Betroffener unabhängig von ihrer ökonomischen Macht und das verbindliche Konsens-Prinzip. Im Rahmen ihrer Arbeiten hat die Kommission eine Evaluierung einer Vielzahl bestehender Staudammprojekte vorgenommen sowie zwei Länderstudien zu Indien und zur VR China in Auftrag gegeben und ausgewertet. Ihre Empfehlun-

gen beruhen auf einer breiten empirischen Basis, die teilweise schonungslos Versäumnisse, Risiken, Fehleinschätzungen und Ungerechtigkeiten aufgedeckt hat (Kasten 2).

Das Ergebnis der Kommissionsarbeit bietet nun einen Rahmen an, der Auftraggebern im Staudammbau Orientierung verschafft und bei Einhaltung der Prinzipien ihnen auch eine gewisse Legitimation zuspricht. Damit wurden Standards verabschiedet, die eine Qualitätssicherung ermöglichen und potentiellen Geldgebern eine Handlungsrichtlinie anbieten. Die Reaktionen auf den Kommissionsbericht fielen erwartungsgemäß sehr unterschiedlich aus. Die ICOLD lehnte den Bericht und die damit verbundenen Schlussfolgerungen rundweg ab. Die Forderungen seien "anti-developmental" und die beanspruchten Standards würden die Hungerproblematik nicht beheben: "A no development policy will not alleviate poverty. ... The WCD recommendations are not universally applicable and should not be considered as such by anyone, including funding institutions" (ICOLD 2000). Die Staudammgegner riefen zu einem Moratorium auf und forderten umgehend die Einstellung der Arbeiten am Drei-Schluchten-Projekt, im Sardar Sarovar-Projekt, am Ilisu-Damm in der Türkei, San Roque auf den Philippinen, Bujagali in Uganda, Ralco in Chile, im Lesotho Highlands Water Project und im Amazonasbecken. Eine Realisierung dieser Forderungen hängt von der politischen Akzeptanz der Standards ab, diese Aufgabe fällt Parlamenten und nicht Kommissionen zu. Die gegensätzlichen Standpunkte und Sichtweisen wurden erwartungsgemäß nicht aufgegeben.

6. Zukunftsperspektiven

In jüngster Zeit setzen Weltbankstrategen und Wasserwirtschaftsplaner wieder vermehrt auf Staudammbauten. Die Skepsis und Zurückhaltung früherer Zeiten wurde aufgegeben. Gerade der Wirtschaftsaufschwung in Indien und der VR China und die vermehrte Nachfrage nach Rohstoffen wie Wasser gaben den Anlass, unter Verknappungsgesichtspunkten technologische Lösungen erneut zu favorisieren. Anknüpfend an sowjetische Pläne sibirische und südasiatische Flüsse nach Zentralasien umzulenken (vgl. Giese 1998, S. 102), spielen ähnliche Pläne in Indien und China heute eine zukunfträchtige Rolle. Der „National Perspective Plan" hat den indischen Subkontinent mit einem Netz von Verbindungskanälen überzogen, das die im Zuge des Indus-Wasserstreits zwischen Pakistan und Indien im Fünfstromland gebauten in den Schatten stellt. Der neue „River Link"-Plan sieht eine Versorgung des Dekkan-Hochlandes und der südlichen Deltagebiete mit Überschuss-Flusswasser aus dem Himalaya-System vor. Er ist aus der Not geboren, seit die Kornkammer des Landes, der Punjab, die Wasserverträge mit den Nachbarprovinzen gekündigt hat. Die großen wachsenden Metropolen, wie die Hauptstadtregion Delhi, sehen gravierende Engpässe in der Trinkwasserbereitstellung für die Zukunft. Das ambitionierte Vorhaben würde Verbindungskanäle von über eintausend Kilometer Länge sowie 300 Stauseen erfordern, der auf zehn Jahre angelegte Kostenplan wird auf 120-800 Mrd. US $ geschätzt, die Zahl der umzusiedelnden Men-

schen auf bis zu drei Millionen (Imhasly 2004, Kürschner-Pelkmann 2005). Grundsätzlich scheint ein solches Vorhaben zivilgesellschaftlich bedenklich und kaum durchsetzbar zu sein.

In der VR China werden seit langem Pläne diskutiert, Wasser aus dem flutgefährdeten Yangtse-System in das dürregefährdete Einzugsgebiet des Huang He (Gelber Fluss) umzuleiten. Nach Vollendung des Drei-Schluchten-Staudammprojektes sehen sich die Wasserbauingenieure in der Lage diesen ehrgeizigen Plan der Wasserregulierung umzusetzen: Unterhalb des Dammes und unterhalb von Nanjing sollen zwei Kanäle abgezweigt werden und Wassermassen aus dem Yangtse nach Norden in das Huang He-System einspeisen. Weiterführende Pläne sehen Stichkanäle vor, die die Metropolen Beijing und Tianjin mit Wasser versorgen sollen.

Die vorgestellten Zukunftsprojekte sind durch ähnliche Problemkonstellationen charakterisiert wie sie uns bereits aus der Staudammkontroverse bekannt sind. Auch hier kommen Umweltprobleme soziale Kosten, ökonomische Fehlkalkulationen und politische Implikationen zum Tragen. Der Traum, Versorgungsengpässe durch technologische Optimierungsprogramme beheben zu können, ist längst nicht ausgeträumt und wird noch manchen Alptraum hervorbringen.

Was sind die Alternativen? Die vorgebrachten Möglichkeiten, ohne einen großflächigen Ausbau an Bewässerungsanlagen auszukommen, konzentrieren sich i. w. auf die Landwirtschaft, die mit 70% des weltweiten Verbrauchs eine Schlüsselrolle einnimmt:

(i) effizientere Nutzung vorhandener Ressourcen durch Verringerung von Verdunstungs- und Versickerungsverlusten;

(ii) „water harvesting" als Maßnahme zur Reduzierung von Wasserverschwendung, Sammeln von Regenwasser in dezentralen Stauteichen, etc.;

(iii) Veränderung der Anbaupalette, Ersatz von Anbaufrüchten mit hohem Wasserverbrauch durch solche mit niedrigeren Ansprüchen.

Dabei wird von Vertretern eines alternativen Entwicklungsweges auf den Verlust an traditionellem Wissen verwiesen. In Indien ist eine groß angelegte Studie zum Umgang mit Wasser unter dem Titel „Dying wisdom" erschienen (Agarwal & Narain 2003). Darin werden Jahrtausende alte Praktiken zur Sammlung und Nutzung von Wasser als Alternative zu Großprojekten vorgestellt. „Small" versus „big" bleibt eine der Hauptkonfrontationslinien und Herausforderungen im Wasserstreit.

Abbildungen und Tabellen:

Abb. 1: Prognostizierter Wassermangel im Jahre 2025

Abb. 2: Entwicklungsausgaben für Staudammprojekte

Abb. 3: Regionale Verteilung von Großstaudämmen im Jahre 2000

Abb. 4: Funktionen von Staudämmen in Asien

Tab. 1: Großstaudämme - pro und contra

Tab. 2: Fehleinschätzung der Umsiedlungsproblematik in Staudammprojekten

Kasten 1: Großprojekte in der Einschätzung von Arundhati Roy

Kasten 2: Fünf Kernaussagen der Weltkommission für Staudämme

Abb. 1: Prognostizierter Wassermangel im Jahre 2025

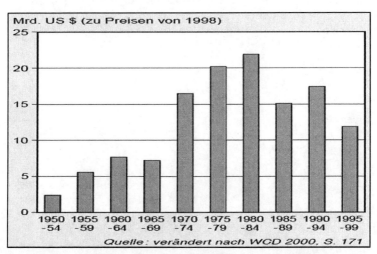

Prognostizierter Wassermangel im Jahre 2025

Quelle: verändert nach IWMI 2000, S. 10

■ physikalische Wasserknappheit	□ nicht ermittelt
■ ökonomische Wasserknappheit	▨ Staaten, die im Jahre 2025 mehr als 10%
■ geringe bis fehlende Wasserknappheit	ihres Getreideverbrauches importieren

Abb. 2: Entwicklungsausgaben für Staudammprojekte

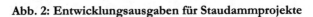

Mrd. US $ (zu Preisen von 1998)

Quelle: verändert nach WCD 2000, S. 171

Entwicklungsausgaben für Stau-
dammprojekte 1950-1999

Abb. 3: Regionale Verteilung von Großstaudämmen im Jahre 2000

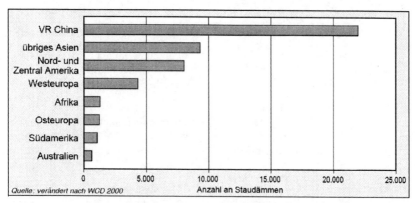

Regionale Verteilung von Großstaudämmen im Jahre 2000

Abb. 4: Funktionen von Staudämmen in Asien

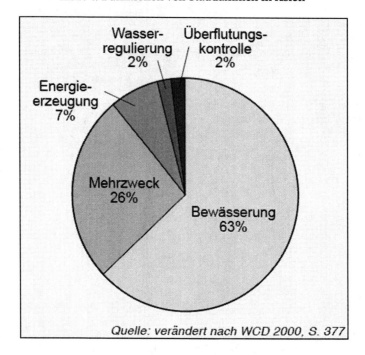

Funktionen von Staudämmen in Asien

Tab. 1: Großstaudämme - pro und contra

Argumente für Großstaudämme	Argumente gegen Großstaudämme
• Verbesserung der Deckung des wahrgenommenen Bedarfs an Wasser und Energie	• 40 bis 80 Millionen Menschen wurden durch den Bau von Staudämmen vertrieben bzw. umgesiedelt
• langfristige strategische Investition mit vielfältigem Nutzungspotential im Bereich von Bewässerung, Hochwasserschutz und Trinkwasserversorgung	• Verarmung der Vertriebenen und Umgesiedelten durch Verlust ihrer Verfügungsrechte; unzureichende Kompensationsleistungen
• Etablierung einer dauerhaft gesicherten Infrastruktur als Voraussetzung für ökonomische Entwicklung	• Beeinträchtigung der Existenzgrundlage von Unterliegern bzw. flußabwärts lebenden Menschen
• Schaffung von Arbeitsplätzen	• ökologische Nachteile, Zerstörung von Ökosystemen und Verschärfung von Umweltdegradation
• Impulssetzung für Regionalentwicklung durch Einrichtung von Wachstumspolen	• finanzpolitische Risiken: Verschuldung und Haushaltsbelastung, Finanzmangel für andere Infrastrukturvorhaben
• Entwicklung einer industriellen Grundlage mit Exportkapazität	• ungerechte Verteilung von Kosten und Nutzen

Quelle: eigene Zusammenstellung auf Basis von Angaben der WCD 2

153

Tab. 2: Fehleinschätzung der Umsiedlungsproblematik in Staudammprojekten

Staudammprojekt	Land	geschätzte Anzahl Umzusiedelnder	Bezugsjahr	Korrigierte Angaben zur Zahl Umzusiedelnder	Bezugsjahr	Abweichung zwischen Plan und Wirklichkeit
Itá	Brasilien	13800	1987	19200	1993	41 %
Guavio	Kolumbien	1000	1981	5500	1994	450 %
Akosombo	Ghana	62500	1956	84000	1965	34 %
Andhra Pradesh Irrigation II	Indien	63000	1986	150000	1994	138 %
Gujarat Medium Irrigation II	Indien	63600	o. A.	140370	1994	120 %
Karnataka Irrigation/Upper Krishna	Indien	20000	1978	240000	1994	1100 %
Madhya Pradesh Medium Irrigation	Indien	8000	1981	19000	1994	137 %
Sardar Sarovar	Indien	33000	1985	320000	1993	870 %
Upper Indravati	Indien	8531	o. A.	16080	1994	88 %
Kiambere	Kenia	1000	1983	7000	1995	600 %
Bakun	Malaysia	4300	1988	9430	1995	119 %
Funtua	Nigeria	100	o. A.	4000	1994	3900 %

Tarbela	Pakistan	85000	o. A.	96000	o. A.	13 %
Ruzizi II	Ruanda, Kongo, Burundi	135	1984	15000	1994	11011 %

Quelle: ergänzt nach McCully 2001, S. 84

Kasten 1: Großprojekte in der Einschätzung von Arundhati Roy

"Big Dams started well, but have ended badly. There was a time when everybody loved them, everybody had them - the Communists, Capitalists, Christians, Muslims, Hindus, Buddhists. There was a time when Big Dams moved men to poetry. Not any longer. ... Big Dams are obsolete. They're uncool. They're undemocratic. ... They're brazen means of taking water, land and irrigation away from the poor and gifting it to the rich. Their reservoirs displace huge populations of people, leaving them homeless and destitute." (Arundhati Roy 1999, S. 15-16)

Kasten 2: Fünf Kernaussagen der Weltkommission für Staudämme

1. Staudämme haben einen wichtigen und signifikanten Beitrag zur menschlichen Entwicklung geleistet und haben den Menschen beträchtlichen Nutzen erbracht.

2. In zu vielen Fällen wurde ein - vor allem was Mensch und Umwelt betrifft - unzumutbarer und oft unnötiger Preis bezahlt, um diesen Nutzen zu erlangen; dieser wurde von vertriebenen bzw. umgesiedelten Menschen, der flußabwärts lebenden Bevölkerung, dem Steuerzahler und der Umwelt getragen.

3. Die mangelnde Gerechtigkeit bei der Verteilung des Nutzens hat - gerade im Vergleich zu anderen Alternativen - Zweifel am Sinn vieler Staudämme zur Wasser- und Energieversorgung geweckt.

4. Durch das Zusammenführen all derer, deren Rechte berührt sind und die die Risiken der unterschiedlichen Optionen für Wasser- und Energieprojekte zu tragen haben, entstehen die Voraussetzungen für einen positiven Ausgleich unterschiedlicher Interessen und der Lösung von Konflikten.

5. Verhandlungen als Ansatz zur Entscheidungsfindung verbessern die Wirksamkeit von Wasser- und Energieprojekten beträchtlich, indem ungeeignete Projekte schon in einem frühen Stadium verworfen werden und nur solche Projekte zur Wahl gestellt werden, von denen die wichtigen Interessengruppen meinen, dass sie sich am ehesten zur Deckung des gegebenen Bedarfs eignen.

Quelle: WCD 2000

156

Literatur:

Agarwal, A. & S. Narain (Hrsg.): Dying wisdom. Rise, fall and potential of India's traditional water harvesting systems. New Delhi ³2003

Barlow, M. und Clarke, T.: Blaues Gold. Das globale Geschäft mit dem Wasser. München 2003

Bhanot, R. und M. Singh: The oustees of Pong dam: Their search for a home. In: *Thukral, E. G.* (Hrsg.): Big dams, displaced people. Rivers of sorrow, rivers of change. New Delhi 1992, S. 101-142

Dalkmann, H. et al.: Wege von der nachholenden zur nachhaltigen Entwicklung. Infrastrukturen und deren Transfer im Zeitalter der Globalisierung. Wuppertal 2004 (= Wuppertal Paper 140)

Frankfurter Rundschau vom 18.5.2004: Studie provoziert Streit über KfW-Projekte

Gleick, P.: The human right to water. In: Water Policy 1 (5) 1999, S. 487-503

Giese, E.: Die ökologische Krise des Aralsees und der Aralseeregion: Ursachen, Auswirkungen, Lösungsansätze. In: *Giese, E., Bahro, G. & D. Betke*: Umweltzerstörungen in Trockengebieten Zentralasiens (West- und Ost-Turkestan). Stuttgart 1998 (= Erdkundliches Wissen 125), S. 55-119

Hirsch, P.: Large dams, restructuring and regional integration in Southeast Asia. In: Asia Pacific Viewpoint 37 (1996) 1, S. 1-20

Imhasly, B.: Streit um Wasser in Indien. Überschwemmungen und Dürre als Krisensymptome. In: Neue Zürcher Zeitung vom 26.7.2004, S. 4

International Commission on Large Dams (ICOLD): Response to Dams and Development by *C. V. J. Varma*, Paris 30 November 2000 http://www.dams.org/report/reaction/reaction_icold.htm. Ladedatum 18.05.2004

International Water Management Institute (IWMI): Water for food, nature and rural livelihoods. Colombo 2000

Kreutzmann, H.: Wasser aus Hochasien: Konflikte und Strategien der Ressourcennutzung im Fünfstromland. In: Geographische Rundschau 50 (1998) 7-8, S. 407-413

Kreutzmann, H.: Wasser und Entwicklung. Rohstoffverknappung, Marktinteressen und Privatisierung der Versorgung. In: Geographische Rundschau 58 (2006) 2, S. 4-11

Kürschner-Pelkmann, F.: Großprojekt „River Link" in Indien. In: Zeitschrift für Entwicklungspolitik 10/2005, S. 25-26

Le Monde diplomatique: Atlas der Globalisierung. Berlin 2003

McCully, P.: Silenced rivers. The ecology of large dams. London, New York 2001

Müller-Mahn, D.: Wasserkonflikte im Nahen Osten. Eine Machtfrage. In: Geographische Rundschau 58 (2) 2006, S. 40-48

Roy, A.: The cost of living. London 1999

Shiva, V.: Der Kampf ums blaue Gold. Ursachen und Folgen der Wasserverknappung. Zürich 2003

Soyez, D.: Hydro-Energie aus dem Norden Québecs: Zur Problematik der Mega-Projekte an der Baie James. In: Geographische Rundschau 44 (1992) 9, S. 494-501

Soyez, D.: Lokal verankert - weltweit vernetzt: Transnationale Bewegungen in einer entgrenzten Welt. In: *Blotevogel, H. H., Ossenbrügge, J. und G. Wood* (Hrsg.): Lokal verankert - weltweit ver-

netzt. 52. Deutscher Geographentag Hamburg 1999. Tagungsbericht und wissenschaftliche Abhandlungen. Stuttgart 2000, S. 29-45

Soyez, D. und M. L. Barker: Transnationalisierung als Widerstand: Indigene Reaktionen gegen fremdbestimmte Ressourcennutzung im Osten Kanadas. In: Erdkunde 52 (1998) 4, S. 286-300

Stucki, P.: Water wars or water peace? Rethinking the nexus between water scarcity and armed conflict. Geneva 2005 (PSIS Occasional Paper 3/2005)

Verghese, B. G.: Winning the future. From Bhakra to Narmada, Tehri, Rajasthan Canal. New Delhi 1994

Worldbank: Statistics on the World Bank's Dam Portfolio (erstellt im November 2000; www.worldbank.org/html/extdr/pb/dams/factsheet.htm Ladedatum 18.05.2004)

World Commission on Dams (WCD): Dams and Development. A new framework for decision-making. The Report of the World Commission on Dams. London 2000 (deutsche Zusammenfassung: Weltkommission für Staudämme: Staudämme und Entwicklung: ein neuer Rahmen zur Entscheidungsfindung. (www.dams.org) 2000)

Waffe Wasser? Konflikt und Kooperation um grenzüberschreitende Wasserressourcen im Einzugsgebiet des Jordans

Ines Dombrowsky [1]

1. Einleitung

In den letzten Jahren wurde wiederholt argumentiert, dass knappe grenzüberschreitende Wasserressourcen in Zukunft die Ursache für kriegerische zwischenstaatliche Auseinandersetzungen sein können (Starr 1990; Gleick 1993; Homer-Dixon 1994; Klare 2001). Dabei gelten der Nahe Osten im Allgemeinen und das Wassereinzugsgebiet des Jordans im Speziellen als Paradebeispiele für internationale Wasserkonflikte (Lowi 1995; Wolf 1995; Dombrowsky 1995). So erwähnen beispielsweise Wolf et al. (2003: 728) in ihrer Erhebung zu Konflikten und kooperativen Ereignissen an internationalen Flüssen, dass es zwischen 1947 und 1970 30 Ereignisse militärischer Auseinandersetzung um Wasser im Jordaneinzugsgebiet gegeben habe. Gleichzeitig ist Wasser auch ein Gegenstand des Friedensprozesses in den 1990er Jahren gewesen, und einige Autoren haben darauf hingewiesen, dass grenzüberschreitende Wasserressourcen nicht nur Ursache für Konflikte, sondern auch Anlass für Kooperation sein können (Wolf 1998; Amery and Wolf 2000; Sadoff and Grey 2002). Insofern soll in diesem Beitrag am Beispiel des Wassereinzugsgebiets des Jordans gefragt werden, inwiefern Wasser Ursache und Mittel kriegerischer Auseinandersetzung sein kann bzw. ob es umgekehrt auch möglicherweise als Katalysator für Kooperation dienen kann.

Zu diesem Zweck wird in Abschnitt 2 eine Übersicht über die Wasserressourcen im Wassereinzugsgebiet des Jordans gegeben, auf die historische Entwicklung der Ressourcenaneignung und Konfliktlinien in der Region eingegangen und die daraus resultierende Verteilung der Wassernutzungen dargestellt. Abschnitt 3 wird dann die völkerrechtlichen Rahmenbedingungen für internationale Wasserverhandlungen darstellen und die israelisch-jordanischen sowie die israelisch-palästinensischen Wasserverhandlungen in den 1990er Jahren und deren Umsetzung analysieren. In Abschnitt 4 werden Schlussfolgerungen gezogen.

2. Wasserressourcen und -nutzungen in Nahost

2. 1. Wasserressourcen

Der Nahe Osten im Allgemeinen und das Wassereinzugsgebiet des Jordans im Speziellen sind durch eine Situation relativer Wasserknappheit gekennzeichnet. Wenn man das Wasserdargebot pro Kopf betrachtet, so standen 1994 in Israel, den palästinensischen Gebieten und Jordanien jedem Einwohner im Durchschnitt ca.

---

[1] *Dr. rer. pol. Ines Dombrowsky, wissenschaftliche Mitarbeiterin im Department Ökonomie im Umweltforschungszentrum Leipzig-Halle.*

210 Kubikmeter (m³) Wasser zur Verfügung (Dombrowsky 1998: 93).[2] Diese Menge reicht zwar für die Trinkwasserversorgung, nicht aber für Nahrungsmittelselbstversorgung in semi-ariden Gebieten, da hierfür ca. 1000 m³ pro Kopf und Jahr (m³/c/a) nötig wären (Allan 2001: 5). Dazu kommt, dass das Wasserdargebot räumlich und zeitlich stark variiert.

Zu diesen Mengen- und Variabilitätsproblemen kommt erschwerend hinzu, dass ein Großteil der Wasservorkommen grenzüberschreitend ist. Zum einen ist dies der Jordan als wichtigstes Oberflächenwassersystem, das von fünf Anrainern geteilt wird. Er entspringt im Libanon, in Syrien und in Israel und fließt zunächst in den See Genezareth. Der wichtigste Zufluss des Jordans ist der Yarmuk. Dieser entspringt in Syrien, fließt nach Jordanien und bildet dann die jordanisch-israelische Grenze, bevor er südlich des Sees Genezareth in den unteren Jordan mündet. Der untere Jordan, der die Grenze zwischen Jordanien einerseits sowie Israel und dem Westjordanland andererseits bildet, erhält dann nur noch Zuflüsse aus Wadis und mündet ins Tote Meer. Insgesamt weist das Jordaneinzugsgebiet ein durchschnittliches Wasserdargebot von ungefähr 1,3 Mrd. m³/a auf (s. auch Tabelle 1).

Tabelle 1: Natürliches Wasserdargebot und -entnahmen 1994 (Millionen Kubikmeter pro Jahr [MCM/a])

	Erneuerbares Dargebot	Entnahmen				
		Israel	Palästina	Jordanien	Syrien	Gesamt
Jordanbecken	1320	645	0	350 (inkl. Wadis)	ca. 200	1195
Westbank-Aquifer Westbank, Israel	679	487	121	-	-	608
Küsten-Aquifer Israel	240	240	-	-	-	240
Küsten-Aquifer Gazastreifen	55	-	108	-	-	108
Sonstiges Aquifere Israel	215	283	-	-	-	283
Aquifere Jordanien	275	-	-	420	-	507
Total	2784	1655	229	857	ca. 200	2941

Quelle: Dombrowsky (1998: 94), basierend auf israelischen, jordanischen und palästinensischen Daten

Neben Oberflächenwasser spielt Grundwasser eine zentrale Rolle für die Wasserversorgung in der Region. Ein wichtiges Grundwasservorkommen ist der Westbank-Aquifer, der hauptsächlich im Westjordanland angereichert wird und aus drei Teilsystemen besteht. Der Westliche und Nordöstliche Aquifer fließen nach Israel und entwässern in Richtung Mittelmeer. Der Östliche Aquifer entwässert ins Tote Meer. Das durchschnittliche Dargebot des Westbank-Aquifers ist umstritten, wurde

---

[2] Unter Berücksichtigung des entsprechenden Bevölkerungswachstums liegt das durchschnittliche Wasserdargebot im Jahr 2006 bei ungefähr 150 m³/c/a (Kubikmeter pro Kopf und Jahr; vgl. Fussnote 6).

aber in den Nahost-Verhandlungen auf ungefähr 680 Mio. m³/a geschätzt. Insgesamt macht auf dem Territorium von Israel, Palästina und Jordanien Grundwasser den größeren Anteil des Gesamtwasserdargebots aus (Tabelle 1).

2. 2. Historische Entwicklung der Ressourcenaneignung und Konfliktlinien

Die Auseinandersetzung um Wasserressourcen im Einzugsgebiet des Jordans ist so alt wie das Palästinaproblem selbst (Reguer 1990; Wolf and Ross 1992; Lowi 1995; Wolf 1995; Dombrowsky 1995). Die Zionisten, und später der Staat Israel, haben früh die strategische Rolle von Wasser erkannt und Pläne entwickelt, sich die Wasserressourcen in der Region anzueignen, und auch die zionistische Siedlungspolitik vor der Staatsgründung orientierte sich an den Wasservorkommen. In den 1950er und 1960er Jahren konzentrierte sich der Konflikt auf die Nutzung des oberen Jordans und des Yarmuks. Israel entwickelte den Plan, den Jordan in dem so genannten National Water Carrier zur Küste und bis in den Negev zu leiten. Jordanien plante, den Yarmuk an der Grenze zu Syrien zu stauen und ihn in einen Bewässerungskanal parallel zum unteren Jordan umzuleiten.

In Zusammenhang mit den israelischen Plänen kam es am oberen Jordan 1951 und 1953 zu militärischen Scharmützeln zwischen Israel und Syrien. 1951 wurden diese durch die israelische Drainage der Huleh-Sümpfe innerhalb der demilitarisierten Zone ausgelöst. 1953 war der Anlass der Beginn von Bauarbeiten zur Entnahme von Wasser für den National Water Carrier, wiederum innerhalb der demilitarisierten Zone. Syrien reagierte mit Artilleriefeuer auf die Baustelle und protestierte bei den Vereinten Nationen. Das sowjetische Veto gegen eine pro-israelische Resolution im UN-Sicherheitsrat führte letztlich dazu, dass Israel sich entschloss, die Entnahmestelle für den National Water Carrier an den See Genezareth zu verlegen (Wolf and Ross 1992: 931). Für Israel war diese Lösung wirtschaftlich und technisch nachteilig, da das Wasser salzhaltiger ist und ein größerer Höhenunterschied überwunden werden muss.

1953 entsandte der amerikanische Präsident Eisenhower Botschafter Eric Johnston zur Vermittlung in der Wasserfrage. 1955 kam es nach langwierigen Verhandlungen auf technischer Ebene zu einer Einigung über die Aufteilung des Jordans, den so genannten Johnston-Plan (Tabelle 2). Dabei beruhten die Zuteilungen für die arabischen Staaten auf der potenziell bewässerbaren Fläche im Jordaneinzugsgebiet des jeweiligen Staates, und Israel wurde neben 25 Mio. m³/a aus dem Yarmuk und 150 Mio. m³/a lokaler Ressourcen der Residualabfluss des Jordans zugeteilt. Wie neue Archivauswertungen zeigen, wurde letzter später in der so genannten Toxel-Zusammenfassung auf 441 Mio. m³/a geschätzt (Phillips et al. N.d.). Da das Westjordanland bis 1967 von Jordanien verwaltet wurde, war die Zuteilung für die Westbank in der jordanischen Quote enthalten, allerdings ist die Höhe dieser Zuteilung in der Literatur umstritten. Auf Grundlage der dem Johnston-Plan zugrunde liegenden Annahmen über bewässerbare Flächen geht Elmusa (1997: 230 ff.) davon aus, dass insgesamt 215 Mio. m³/a Wasser für die Westbank vorgesehen waren, 180 Mio. m³/a vom Jordansystem und 35 Mio. m³/a aus Wadis.

Tabelle 2: Wasserallokationen nach dem Johnston-Plan [MCM/a]

	Entnahmen (Mio. m³/a)			
Fluss	Libanon	Syrien	Jordanien	Israel
Hasbani	35			
Banias		20		
Jordan		22	100	(441)*
Yarmuk		90	377	25
Lokale Ressourcen			243	150
Gesamt	35'	132	720	(616)

* Residualabfluss, später auf 441 Mio. m³/a geschätzt.

Quellen: Naff and Matson (1984); Phillips et al. (N.d)

Trotz der Einigung auf technischer Ebene wurde der Johnston-Plan letztlich nicht durch die Arabische Liga ratifiziert. Feitelson (2000: 348) argumentiert, dass die Ratifizierung der Arabischen Liga nicht möglich war, da dies die Anerkennung des Staates Israel impliziert hätte.[3]

Trotz der gescheiterten Johnston-Verhandlungen blieben Israel und Jordanien auf technischer Ebene in Kontakt (so genannte Picknick-Tischgespräche) und setzten ihre wasserwirtschaftlichen Pläne unilateral unter der stillschweigenden Vereinbarung um, sich freiwillig an den Johnston-Plan zu halten (Wolf and Ross 1992: 935). Anreiz hierfür war das Angebot der US-Regierung, sich an der Finanzierung zu beteiligen, solange die Parteien an den Johnston-Quoten festhielten. Israel verlegte nun endgültig die Entnahmestelle für den National Water Carrier an den See Genezareth. Er wurde 1964 in Betrieb genommen.[4] Jordanien nahm 1961 den East Ghor (späteren King Abdullah)-Kanal in der östlichen Jordansenke in Betrieb.

Während sich Israel und Jordanien zunächst im Rahmen der Johnston-Verhandlungen bewegten, war die Arabische Liga weiterhin nicht mit der Wasserableitung Israels einverstanden. 1964 beschloss sie, die in Syrien entspringende Jordanquelle, den Banias, umzuleiten. Israel bombardierte die Baustelle im März und Mai 1965 sowie im Juli 1966, und im April 1967 kam es zu anhaltenden Grenzscharmützeln (Wolf and Ross 1992: 937; Lowi 1995: 125 f.).

Die wasserstrategische Situation und die Machtverhältnisse im Jordanbecken änderten sich grundsätzlich mit dem Sechstagekrieg im Juni 1967. Mit der Besetzung der Golanhöhen und des Westjordanlandes gewann Israel die Kontrolle über fast alle Zuflüsse des Jordans sowie über die Grundwasserreserven des Westjordanlandes. Israel nutzte zu diesem Zeitpunkt den Westlichen und Nordöstlichen Westbank-Aquifer bereits sehr weitgehend innerhalb der so genannten Grünen Linie. Ab 1967 wurden mittels militärischer Verordnungen die Wasserrechte im

---

[3] Die Archivauswertungen von Phillips et al. (N.d.) bestätigen diese Begründung nicht explizit, zeigen aber, dass die Arabische Liga tatsächlich die Frage des Johnston-Plans in den größeren politischen Rahmen eingeordnet hat.
[4] Ein fehlgeschlagener Sabotageakt auf den National Water Carrier im Jahr 1964 wird dem damals neu gegründeten palästinensischen Befreiungsorganisation PLO zugeschrieben (Wolf and Ross 1992: 935; Lowi 1995: 127).

Westjordanland und Gazastreifen israelischem Recht angeglichen und seiner Verwaltung unterstellt. In der Folgezeit erteilte die Militärverwaltung den Palästinensern von 1967 bis 1989 kaum neue Genehmigungen für Brunnenbohrungen (Dillman 1989; Elmusa 1997; Rouyer 2000). Während die palästinensische Bevölkerung in diesem Zeitraum um 84% stieg, wurde die reine Trinkwasserversorgung der Palästinenser nur um 20% ausgedehnt (Albin 2001: 154). Dabei wurde die städtische Wasserversorgung etlicher Städte und Dörfer an das israelische Netz angeschlossen, was die Palästinenser als de facto Annexion ansahen. Gleichzeitig bohrte Israel Tiefbrunnen für israelische Siedlungen im Westjordanland, die zum Teil dazu führten, dass palästinensischen Quellen und Flachbrunnen trocken fielen. In Folge haben die Palästinenser in der Westbank den niedrigsten durchschnittlichen Wasserverbrauch pro Kopf in der Region (s.u.). Palästinensische Experten argumentieren, dass die israelische Besatzungspolitik der Haager Landkriegsordnung von 1907 und der 4. Genfer Kriegsrechts-Konvention von 1949 widerspricht (Dillman 1989; Elmusa 1997; Rouyer 2000; Edig 2001).

Im Jordantal nahmen Ende der 1960er Jahre palästinensische Aktivitäten gegenüber israelischen Siedlern zu. Es kam zu zwei israelischen Angriffen auf Jordanien und der teilweisen Zerstörung des East-Ghor-Kanals, offensichtlich um den Druck auf die jordanischen Regierung zu erhöhen, gegen die PLO vorzugehen (Wolf and Ross 1992: 940). Israelisch-jordanische Geheimverhandlungen unter der Leitung der USA kamen zu dem Beschluss, den Kanal zu reparieren und an den Johnston-Quoten festzuhalten. Im so genannten „Schwarzen September" 1970 vertrieb die jordanische Armee die PLO aus Jordanien. Es kam zu etwa 5000 Toten.

Wiederholte Versuche zur Umsetzung des Maqarin/Al Wehda-Dammes am Yarmuk scheiterten an Israels Veto. Jordanien und Syrien hatten diesbezüglich 1953 ein Abkommen unterzeichnet, das 1987 und 1998 auch noch einmal erneuert wurde. Die USA versuchte Ende der 1970er Jahre im Konflikt um den Al WehdaDamm zu vermitteln. Die finanzielle Hilfe eines Geberkonsortiums an Jordanien musste jedoch gestrichen werden, da auch sie Israel nicht zu einer Zustimmung bewegen konnte (Lowi 1995: 175).[5]

Mit dem Einmarsch in den Südlibanon im Jahr 1982 rückte die israelische Armee bis zum Litani, einem relativ wasserreichen Fluss im Südlibanon, vor und erlangte die Kontrolle über den libanensischen Zufluss zum Jordan, den Hasbani. Die Libanon-Invasion leistete der These des Hydraulischen Imperativs Vorschub, der besagt, dass Israels kriegerische Aktivitäten letztlich durch die Frage des Zugangs zu Süßwasser motiviert waren. Allerdings wird diese These von den meisten Fachleuten zurückgewiesen. So weisen Wolf und Ross (1992: 943) darauf hin, dass es trotz der Besetzung zu keiner Umleitung von Litani-Wasser gekommen ist.

Alles in allem zeigt dieser kurze historische Abriss, dass es im Einzugsgebiet des Jordans tatsächlich, wenn auch keine Kriege um Wasser, so doch militärische Aus-

---

[5] Inzwischen erhofft sich Jordanien eine Umsetzung im Rahmen des Friedensvertrages mit Israel. Allerdings haben die syrischen Entnahmen im Oberlauf in den vergangen Jahren stark zugenommen, so dass sich die Frage stellt, ob ein solcher Damm noch rentabel wäre.

einandersetzungen um wasserwirtschaftliche Projekte gegeben hat. Außerdem ist nicht zu bestreiten, dass Israel im Laufe der verschiedenen Nahost-Kriege wasserwirtschaftlich profitiert hat. Allerdings ist Wasser nicht direkt als Waffe eingesetzt worden.

2. 3. Verteilung der Wassernutzungen

Anfang der 1990er Jahre ergibt sich vor diesem Hintergrund die in Tabelle 1 exemplarisch für das Jahr 1994 ermittelte Wasserbilanz. Insgesamt wird bereits 1994 auf dem Territorium von Israel, Palästina und Jordanien mehr Wasser entnommen, als sich jährlich erneuert, und insbesondere Grundwasserleiter werden zum Teil erheblich über das erneuerbare Wasserdargebot hinaus genutzt. So wird beispielsweise im Gazastreifen etwa doppelt so viel Wasser aus dem Grundwasserleiter entnommen, wie sich jährlich erneuert, mit der Folge, dass der Grundwasserspiegel sinkt und Satzwasser eintritt. Nur 18% der Brunnen im Gazastreifen genügen den Anforderungen der Weltgesundheitsorganisation in Hinblick auf Nitrat- oder Chloridwerte (PHG 2006: 29).

Ferner unterscheiden sich die absoluten Wasserentnahmen der verschiedenen Länder bzw. politischen Entitäten erheblich, wobei der weitaus größte Anteil von Israel genutzt wird und Israel allein in der Landwirtschaft ungefähr fünf Mal mehr Wasser nutzt als die Palästinenser insgesamt (s. auch Tabelle 3). Es ist auch ersichtlich, dass die jordanische Entnahme aus dem Jordan-System deutlich unter der Allokation im Johnston-Plan liegt.[6]

Tabelle 3: Wassernutzung in Israel, Jordanien und Palästina

	Bevölkerung[7]	Wasserverbrauch pro Kopf (gesamt)	Trinkwasserverbrauch (netto)	Landwirtschaftliche Wassernutzung (inkl. behandeltem Abwasser)		BSP pro Kopf (1996)
1994	Mio.	$m^3/c/a$	l/c/d	Mio. m^3/a	%	US$/c/a
Israel	5,3	360	230	1180	62	15,870
Jordanien	3,9	220	70	670	74	1,650
West Bank & Gaza	2,2	110	45/75	150	64	1,300

Quellen: Dombrowsky (2003: 733) auf Basis von GTZ (1998) und WDI (1998).

Pro-Kopf ergibt sich die in Tabelle 3 dargestellte Verteilung der Wassernutzungen. Bei einer Bevölkerung von 5 Mio. Israelis, 4 Mio. Jordaniern und 2 Mio. Palästinensern im Jahr 1994 ergibt sich ein Verhältnis des gesamten Wasserverbrauchs

---

[6] Die genaue Größe der Differenz hängt davon ab, welche Allokation für die Westbank im Johnston-Plan zugrunde gelegt wird. Folgt man Elmusa (1997), so hätte Jordanien ohne die Westbank 505 Mio. m^3/a Wasser im Johnston-Plan zugestanden, von denen es 1994 350 Mio. m^3/a nutzte.

[7] Im Juli 2006 wurde die Bevölkerung in Israel auf 6,4 Mio., in Jordanien auf 5,9 Mio. und in den palästinensischen Gebieten auf 3,9 Mio. geschätzt. (<https://www.cia.gov/cia/publications/factbook/index.html, 13.09.2006>).

von etwa 3:2:1. Das Verhältnis des Netto-Trinkwasserverbrauch für Israel, Jordanien und Westbank liegt sogar bei 5:3:1. Dabei ist der israelische Trinkwasserverbrauch von 230 Liter pro Kopf und Tag (l/c/d=liter per capita per day) im Vergleich zu ca. 133 l/c/d im Jahr 1994 in der Bundesrepublik Deutschland (BGW 2005: 12) hoch. Die Unterschiede zwischen dem Brutto- und Netto-Verbrauch in Jordanien und Palästina liegen daran, dass beide Gebiete einen relativ hohen Anteil an nicht-abgerechnetem Wasser bzw. an Leitungsverlusten aufweisen. Dieser liegt in Jordanien bei 55%, im Gazastreifen bei 51%, im Westjordanland bei 41% und in Israel bei 15% (GTZ 1998).

Der Anteil des in der Landwirtschaft genutzten Wassers ist trotz geringer Bruttowertschöpfung relativ hoch. Letztere lag 1993/4 in Israel bei 2,4%, in Jordanien bei 5% und in den palästinensischen Gebiete bei 7% (GTZ 1998; Isaac 2002). Ein Grund für den relativ hohen Anteil an landwirtschaftlich genutztem Wasser in Israel und Jordanien ist, dass die Wasserpreise in der Landwirtschaft relativ stark subventioniert werden. Im Gegensatz dazu bezahlen die Palästinenser in den palästinensischen Gebieten die vollen Bereitstellungskosten.

Als Resultat unterschiedlicher Planungsansätze und der kriegerischen Auseinandersetzungen in den letzten 50 Jahren in der Region sind die Wassernutzungen ungleich verteilt, wobei die wirtschaftlich schwächeren Parteien unter einem geringeren Zugang zu Wasser und einer schlechteren Infrastruktur und Managementstrukturen leiden.

3. Verhandlungen um Wasser im Nahostfriedensprozess

Die ungleiche Verteilung des Zugangs zu Wasser im Einzugsgebiet des Jordans hat Anfang der 1990er Jahre dazu geführt, dass Jordanier und Palästinenser darauf bestanden, dass Wasser Bestandteil der Nahost-Friedensverhandlungen wird. Dabei argumentierten die Jordanier insbesondere mit der Nichterfüllung ihrer Quote gemäß dem Johnston-Plan (Haddadin 2000). Die Palästinenser ihrerseits beriefen sich auf das Prinzip der billigen und gerechten Nutzung im Völkerrecht (s.u.) und ebenfalls auf den für das Westjordanland im Johnston-Plan vorgesehen Anteil, zuzüglich einer zusätzlichen Zuteilung, um die pro-Kopf-Wassernutzungen anzugleichen (Albin 1999: 341). Ferner forderten sie mit Bezug auf die Haager Landkriegsordnung und die 4. Genfer Kriegsrechts-Konvention eine Wiedergutmachung der wasserbezogenen Schäden aus der Besatzung (z.B. Rouyer 2000: 178 ff.).[8]

Israel lehnte zunächst die Verhandlung von Wasserrechten grundsätzlich ab, mit dem Hinweis, dass Israel ein Recht auf die von ihm entwickelten Wasserressourcen habe und dass diese Ressourcen von existenzieller Bedeutung für den israelischen Staat seien (Albin 1999; Rouyer 2000). In Hinblick auf die Ressourcen des Westbank-Aquifers wurde argumentiert, dass diese größtenteils bereits vor 1967 von israelischem Territorium aus entwickelt worden seien. Allerdings gestand Israel zu,

---

[8] Albin (1999: 334) argumentiert allerdings, dass die Osloer Prinzipienerklärung von 1993 explizit den Status Quo als Ausgangspunkt der Verhandlungen anerkannte und damit Ansprüche auf Wiedergutmachung ausschloss.

dass es sinnvoll sei, über eine effizientere Nutzung der Ressourcen und gegebenenfalls über die Mobilisierung von so genanntem „neuen und zusätzlichen" Wasser zu
verhandeln. Außerdem war Israel an einem besseren Schutz des grenzüberschreitenden Grundwassers interessiert. Israel argumentierte, dass Abkommen für beide
Seite Gewinne bringen müssten. Der Johnston-Plan wurde als Referenzpunkt mit
dem Hinweis auf die Nicht-Ratifikation durch die Arabische Liga abgelehnt. In
Hinblick auf die Verhandlungen mit den Palästinensern wurde betont, dass diese
einzigartig seien und es keinen klaren Referenzpunkt im Völkerrecht gebe (Albin
1999: 344).

In Hinblick auf die „Architektur" der Wasserverhandlungen setzte sich Israel
dahingehend durch, dass die Frage von Wasserrechten – wenn überhaupt – nur in
bilateralen Verhandlungen zur Sprache kamen. Die 1992 eingerichtete Multilaterale
Arbeitsgruppe zu Wasserressourcen hingegen sollte sich nur mit Managementfra-
gen beschäftigen.

Im Folgenden wird zunächst kurz auf die völkerrechtlichen Rahmenbedingungen internationaler Wasserverhandlungen eingegangen und dann die Ergebnisse der
israelisch-jordanischen sowie der israelisch-palästinensischen Verhandlungen um
Wasser vorgestellt.

3. 1. Völkerrechtliche Rahmenbedingungen für Internationale Wasserver-
handlungen

Grundsätzlich haben wir es im internationalen System mit quasi-anarchischen Bedingungen zu tun, d.h. zwischenstaatliche Verhandlungen sind grundsätzlich freiwillig und es gibt keine supranationale Autorität, die eine Lösung vorschreiben und
durchsetzen könnte (z.B. Barrett 2003).

Ferner ist das Völkerrecht in Hinblick auf die nichtschifffahrtliche Nutzung internationaler Wasserläufe wenig entwickelt bzw. der Kodifizierungsprozess hat erst
in den letzten Jahren eingesetzt (McCaffrey 2003). 1966 hatte die International Law
Association (ILA) als Nichtregierungsorganisation die Helsinki-Regeln verabschiedet. Diese formulierten erstmals das Prinzip der gerechten Nutzung ("equitable
utilization") und listeten eine Reihe von Faktoren auf, die bei einer gerechten Nutzung zu berücksichtigen sind. 1970 beauftragte dann die Vollversammlung der
Vereinten Nationen die International Law Commission (ILC), Regeln der nichtschifffahrtlichen Nutzung internationaler Wasserläufe zu entwerfen, auf deren Basis 1997 das UN-Übereinkommen über das Recht der nichtschifffahrtlichen
Nutzung internationaler Wasserläufe verabschiedet wurde. Allerdings ist dieses bis
heute von Israel und Jordanien nicht ratifiziert.

Das UN-Übereinkommen stellt insbesondere die Prinzipien der gerechten und
billigen Nutzung, der Vermeidung signifikanten Schadens und der vorherige Be-
nachrichtigung bei Maßnahmen an internationalen Wasserläufen in den Vordergrund. Es wird argumentiert, dass diese Prinzipien als Gewohnheitsrecht betrachtet
werden können (McCaffrey 2003: 316). Eine gerechte und billige Nutzung kann
allerdings nicht abstrakt, sondern nur in Verhandlungen zwischen den entsprechenden Anrainerstaaten unter Abwägung der jeweiligen Nutzungen, Bedürfnisse

und Interessen bestimmt werden (McCaffrey 1998: 728). Somit kann das Völkerrecht als Richtschnur verstanden werden, kann aber keine Lösung erzwingen. Ferner bezieht sich das UN-Übereinkommen auf Oberflächenwasser und nicht auf Grundwasser, bei dem aus völkerrechtlicher Perspektive das Problem besteht, dass man kaum von einer etablierten Staatenpraxis sprechen kann. Laut McCaffrey (2003: 433) scheinen Staaten die Prinzipien der Nutzung internationaler Wasserläufe auch auf Grundwasser anzuwenden, aber es stellt sich die Frage, ob die spezifischen Charakteristika von Grundwasserkörpern, wie die höhere Verletzbarkeit und Irreversibilität von Prozessen, nicht ein höheres Schutzniveau erfordern würden.

Diese Rahmenbedingungen werfen die Frage auf, unter welchen Bedingungen es überhaupt im Interesse von Anrainerstaaten ist, über Wasserrechte zu verhandeln. Für den Fall der Nahost-Wasserverhandlungen schließlich ist anzumerken, dass diese vor der Verabschiedung des UN-Übereinkommen stattfanden.

3. 2. Israel-Jordanien

Der israelisch-jordanische Wasserkonflikt wird formal im israelisch-jordanischen Friedensabkommen vom 26. Oktober 1994 beigelegt.[9] In Artikel 6 wird eine umfassende und dauerhafte Lösung des Wasserkonflikts angestrebt, indem gegenseitig die ‚rechtmäßigen Wasserallokationen‘ anerkannt werden und man sich auf die gemeinsame Bereitstellung zusätzlicher Ressourcen einigt. Zusätzliche Details werden in Anhang II geregelt.

Im Wesentlichen schreibt das Abkommen die gegenwärtigen Nutzungen fest, und es werden gemeinsame Projekte definiert, die hauptsächlich Jordanien zugute kommen sollen. Die Umsetzung der Maßnahmen soll durch ein Gemeinsames Wasserkomitee begleitet werden.

Tabelle 4 listet die in Annex II genannten Maßnahmen und zeigt auf, inwiefern hier die bereitgestellte Menge, Ort und Herkunft des Wassers, der Nutznießer und finanzielle Verantwortlichkeit geregelt sind. Ferner wird gefragt, inwieweit die Maßnahmen umgesetzt wurden.

Wie aus Tabelle 4 ersichtlich ist, sind für die wenigsten Maßnahmen die entsprechenden Angaben vollständig und eindeutig im Vertrag definiert. Er ist somit durch ein hohes Maß an Ambivalenz gekennzeichnet. So bleiben auch die insgesamt bereitzustellenden Wassermengen offen. Während der Vertrag für Jordanien etwa 100 Mio. m³/a klar für Jordanien ausweist, haben Vertreter der jordanischen Regierung argumentiert, dass im Rahmen des Vertrages bis zu 215 Mio. m³/a zusätzlich bereitgestellt werden könnten, unter anderem, wenn zusätzlich auch noch der schon lange geplante Al Wehda-Damm am Yarmuk gebaut würde (GTZ 1997: 2-8). Ferner enthält der Vertrag keine Vorkehrungen, wie mit Extremereignissen umgegangen werden solle und auch keine Durchsetzungsmechanismen.

Unter diesen Voraussetzungen hat sich die Umsetzung des Vertrages als entsprechend zäh erwiesen. Im Juli 1995 wurde mit der Winterspeicherung von Yarmukwasser für Jordanien im See Genezareth begonnen (20 Mio. m³/a) (Haddadin

---

[9] Treaty of Peace Between the State of Israel and the Hashemite Kingdom of Jordan, Washington DC 26. Oktober 1994, International Legal Materials 34 (1995), S. 43ff.

2000). 1997 kam es dann in einer Trockenperiode zur diplomatischen Krise (z.B. Edig 2001: 143), so dass Israel ab Mai 1997 zusätzliches Wasser vom See Genezareth an Jordanien zur Verfügung stellte, offensichtlich als Teil der 50 Mio. m³/a zu identifizierenden Wassers. Im Dezember 1999 wurde das neue Wehr bei Adassiya in Betrieb genommen, das zusätzliches Yarmukwasser in den King Abdullah-Kanal umleitet. Damit standen fünf Jahre nach Verabschiedung des Abkommens schätzungsweise ca. 75 Mio. m³/a zusätzliches Wasser für Jordanien zur Verfügung (ca. 9% des Gesamtverbrauchs).

Tabelle 4: Vereinbarte Maßnahmen im Israelisch-jordanischen Friedensvertrag und deren Umsetzung

Maßnahme	Menge Mio. m³ /a	Herkunft/ Ort definiert	Nutznießer	Finanzierung	Umgesetzt bis April 2000
Entnahme aus Yarmuk	25	ja	ISR	ISR?	ja
Winterspeicherung von Yarmukwasser im See Genezareth	20	ja	JOR	ISR?	Seit 12/1994
Entsaltzung salzhaltiger Quellen	10	nein	JOR	?	nein
Bereitstellung nicht-identifizierten Wassers	50	nein	JOR	?	Seit 7/1997 Transfers vom See Genezareth, Menge?
Umleitungsdamm bei Adassiya am Yarmuk	? [20-25?]	ja	JOR	?	Seit 12/1999
System von Speichern am Jordan	20-[40]	nein	JOR/ ISR bis 3 Mio. m³/a	?	nein
Grundwasser in Emek Ha'arava/Wadi Araba	10		ISR	ISR?	5 Mio. m³/a als Interimlösung

Quellen: Friedensvertrag; GTZ (1997); Haddadin (2000); Dombrowsky (2003); Zahlen in eckigen Klammern beziehen sich auf jordanische Schätzungen in GTZ (1997).

3. 3. Israel-Palästina

Im Anschluss an die Osloer Prinzipienerklärung zwischen Israel und der PLO vom September 1993 sah das Gaza-Jericho Abkommen von 1994 (Agreement on the Gaza Strip and Jericho Area, 4. Mai 1994, Israel-PLO, 33 ILM 622) die Etablierung einer palästinensischen Wasserbehörde vor. Mit dem Oslo B Abkommen vom September 1995 (Israel-Palestinian Interim Agreement on the West Bank and the Gaza Strip, 28. September 1995, 36 ILM 551) kam es dann zu einem Abkommen über Wassernutzungen in der 5-jährigen Interimsperiode.

Ähnlich wie das israelisch-jordanische Abkommen bestätigt das Oslo B Abkommen zunächst die existierenden israelischen Nutzungen. Ferner erkennt das Abkommen, entgegen der ursprünglichen israelischen Verhandlungsposition, formal palästinensische Wasserrechte an. Diese sollen jedoch in den Verhandlungen

über den endgültigen Status verhandelt werden. Die palästinensischen „zukünftigen Bedürfnisse" werden auf 70-80 Mio. m³/a geschätzt; die unmittelbaren auf 28,6 Mio. m³/a. Von dieser Menge sollen 4,5 Mio. m³/a für das Westjordanland und 5 Mio. m³/a für den Gazastreifen von Israel bereitgestellt werden. Die verbleibenden 60,5-70,5 Mio. m³/a sollen aus dem Östlichen Aquifer und anderen „vereinbarten Quellen" entwickelt werden. Die Umsetzung der Maßnahmen wird wiederum von einem Gemeinsamen Wasserkomitee beaufsichtigt, das auf der Basis des Konsensprinzips operiert. Die palästinensische Wasserbehörde ist verantwortlich für Systeme, die exklusiv palästinensische Bevölkerung versorgen, ansonsten liegt die Zuständigkeit bei Israel. Israel bleibt der hauptsächliche Nutznießer des westlichen Westbank-Aquifers, wo Wasser in der gesättigten Zone im Bereich der 'Grünen Linie' leicht gewonnen werden kann. Den Palästinensern hingegen wird auch der Schutz der Ressourcen auferlegt.

Ähnlich wie im Fall des jordanisch-israelischen Abkommens erweist sich die Umsetzung als schwierig. Hierzu trägt insbesondere die Unsicherheit in Hinblick auf das Dargebot des Östlicher Aquifers sowie auch Israels de facto Veto im Gemeinsamen Wasserkomitee und ein extrem aufwendiges Genehmigungsverfahren bei. Das Problem mit dem Östlichen Aquifer ist, dass es sich um das hydrologisch am schlechtesten verstanden Grundwasservorkommen in der Region handelt. Während das erneuerbare durchschnittliche Dargebot des Östlichen Aquifers im Oslo B Abkommen auf 78 Mio. m³/a geschätzt, geht der israelische Hydrologe Yossi Guttman von etwa 50-55 Mio. m³/a (Selby 2003: 134).[10]

Bei dem Genehmigungsverfahren für Brunnenbohrungen handelt es sich um ein mehrstufiges Verfahren, in dem in einem ersten Schritt das Gemeinsame Wasserkomitee, in einem zweiten Schritt der israelische hydrologische Dienst und in einem dritten Schritt bei den so genannten C-Zonen, die weiterhin unter israelischer Militärverwaltung stehen, noch die 14 Abteilungen der israelische Militärverwaltung (so genannte Civil Administration) zustimmen müssen. Dabei sind separate Genehmigungen für Brunnen, Zugangsstraßen und Gebäude erforderlich (Rouyer 2000). Genehmigungen werden insbesondere versagt, wenn diese Ansprüchen der Siedler widersprechen. Bis 1998 kam es zu keiner Bohrung (Edig 2001: 306). Isaac (2002: 160) spricht von der Mobilisierung von etwa 12 Mio. m³/a. Inzwischen sind etliche Brunnen im Östlichen Aquifer gebohrt, die allerdings zeitlich in ihrem Fördervolumen variieren. Laut PHG (2005: 27) wurden insgesamt im Jahr 2004 in der Westbank 32,6 Mio. m³ über palästinensische Quellen bereitgestellt, davon mindestens 6,4 Mio. m³ aus neuen, von der palästinensischen Wasserbehörde betrieben Brunnen. Hinzu kamen 38,7 Mio. m³ die von Israel bereitgestellt wurden (PHG 2005: 23).

Ein Problem ist, dass der leicht erhöhten Wassermenge auch ein erhebliches Bevölkerungswachstum gegenüber steht, so dass im Jahr 2004 das durchschnittliche Gesamtdargebot pro Kopf in der Westbank bei 97 Liter pro Kopf und Tag (l/c/d) (ibid.). Dabei hatten 7% der Gemeinden ein Dargebot von höchstens 30

---

[10] An einem Brunnen im Herodischen Brunnenfeld ist bereits im Zeitraum von 1987 bis 1997 ein Grundwasserabfall von 3 m beobachtet worden (Selby 2003: 134).

l/c/d. Das bedeutet, dass in manchen Gemeinden die Versorgung unter einem menschenwürdigen Minimum liegt, wenn man davon ausgeht, dass 30 l/c/d als Minimum für Trinken, Kochen und Körperhygiene gelten. Dies schließt noch nicht darüber hinausgehende Aktivitäten wie Toilettenspülung, Wäschereinigung, Putzen oder Gartenbewässerung ein.

Hinzu kommt, dass sich mit den gescheiterten endgültigen Statusverhandlungen und dem Ausbruch der 2. Intifada im September 2000 bis auf weiteres die Hoffnungen auf eine endgültige Lösung der Wasserfrage zwischen Israelis und Palästinensern zerschlagen haben. Während formal zumindest bis zum Sieg der Hamas in den palästinensischen Parlamentswahlen im März 2006 die Zusammenarbeit zu Wasser fortgesetzt wurde, ist die palästinensische Wasserinfrastruktur im Rahmen der 2. Intifada auch verstärkt unter israelischen Beschuss gekommen bzw. zerstört worden. Die palästinensische NGO PHG listet allein für das Jahr 2004 Beschädigungen an 1439 Wasserspeichern auf Dächern, 135 Zisternen, 37 Brunnen, 14 Quellen, sechs Wassertankern und drei Reservoiren (PHG 2006: 68). Dazu kommen Behinderungen der Tankfahrzeuge und Instandhaltungs- und Reparaturarbeiten durch Straßensperren. Außerdem wird der hohe Grad an Abhängigkeit von Israel zunehmend als ambivalent beurteilt, da gerade in Trockenperioden den Palästinensern auch immer wieder „der Hahn abgedreht" wird. Es wird befürchtet, dass sich dieser Trend mit der zunehmenden Errichtung der Trennmauer verstärkt. Letztere wird von Palästinensern als ein weiteres Mittel dafür gesehen, wie Israel seine Kontrolle über den Westlichen Aquifer konsolidiert: "The WALL is nothing more than a strategic, land and resource, grab which supports Israeli goals in achieving territorial superiority. over the Western Aquifer Basin. Furthermore, by blocking Palestinian access to their lands, it will leave Palestinian areas dry, thirsty and unused, an aim inherent in the WALL's design as a means of eventually confiscating more Palestinian land and resources"(PHG 2006: 78).

Perspektivisch stellt sich die Frage, ob der von Israel gewählte Ansatz einer Integration der Wasserversorgungssysteme und israelischer Letztkontrolle sich als tragfähig erweisen wird.

4. Fazit

Zusammenfassend lässt sich feststellen, dass die Wasserverträge im Nahost-Friedensprozess weitgehend die israelischen Nutzungen bestätigen und somit eine Umverteilung von Verfügungsrechten vermeiden. Gleichzeitig sehen die Abkommen die Mobilisierung von zusätzlichem Wasser für Palästinenser und Jordanier vor, allerdings handelt es sich dabei um vergleichsweise geringe Mengen und die tatsächliche Bereitstellung erweist sich als schwierig. Der israelisch-jordanische Wasser-Konflikt wurde durch den Friedensvertrag von 1994 formal beigelegt. Im Falle der Palästinenser steht eine endgültige Lösung ihres Status weiterhin aus. Zwar wurden erstmals Abkommen geschlossen und es kam zu formaler Zusammenarbeit in technischen Komitees, aber dabei handelt es sich nicht um eine Zusammenarbeit auf gleicher Augenhöhe. Das israelisch-jordanische Abkommen bezieht sich zwar scheinbar auf völkerrechtlichen Prinzipien, spiegelt diese aber

nicht wider. Stattdessen reflektieren die Abkommen die Machtverhältnisse in der Region. Sie bleiben unvollständig, was zu langwierigen und nicht immer erfolgreichen Nachverhandlungen geführt hat. Durchsetzungsmechanismen und Anpassungsmechanismen fehlen.

Selby (2003: 123) spricht in diesem Zusammenhang davon, dass durch die Verträge Vorherrschaft als Kooperation verkauft wurde: "Dressing up domination as cooperation". Er argumentiert, dass Oslo B ein Wasserversorgungssystem formalisiert hat, das schon lange existierte. Die Wasserversorgung wurde zwar teilweise verbessert, aber dafür wurde mit der palästinensischen Wasserbehörde eine zusätzliche Verwaltungsebene eingeführt und Macht von palästinensischen 'Insidern' auf aus Tunis kommende 'Outsider' übertragen. Die Verantwortung zur Finanzierung von Maßnahmen wurde der internationalen Gebergemeinschaft auferlegt. Israel behält die Kontrolle über einen Großteil der Versorgungssysteme (integrierte Teile) und Ressourcen. Mit Zeitoun und Warner (2006: 445) kann man davon sprechen, dass hier der Hegemon seine Macht durch eine Strategie der Eindämmung ("containment strategy") festigt, indem er Verträge abschließt, die die entsprechende Machtasymmetrie aufrechterhält.

5.   Waffe Wasser?

Der vorliegende Beitrag hat anhand des Beispiels des Jordaneinzugsgebiets die Frage untersucht, inwiefern Wasser Ursache oder Mittel kriegerischer Auseinandersetzung sein bzw. ob es auch als Katalysator für Kooperation gelten kann. Die historische Betrachtung zu Konflikt und Kooperation um Wasser in der Jordanregion zeigt, dass man – zumindest bislang – nicht davon ausgehen kann, dass Wasser Kriegsgrund war oder das Wasser als Waffe eingesetzt wurde. Nichtsdestotrotz zeigt die Analyse, dass in dieser Region, in der sich eine relative Wasserknappheit überlagert mit dem politischen Konflikt um Land und politische Selbstbestimmung, Wasser spätestens seit der Errichtung des Staates Israel Ursache für Konflikte war und bleibt. Dabei hat die Region insbesondere in den 1950er und 1960er Jahren auch militärische Auseinandersetzungen um umstrittene Wasserinfrastrukturmaßnahmen erlebt. Ferner ist Wasserinfrastruktur während der 2. Intifada in erheblichem Ausmaß beschädigt worden, wobei offen bleiben muss, ob dies lediglich ein Nebenprodukt dieser Auseinandersetzungen war oder auch vorsätzlich geschah. Wasserinfrastruktur wird hier zwar nicht direkt als Waffe eingesetzt, aber die Zerstörung bleibt letztlich ein Mittel der Schädigung.

Der Konflikt um Wasser war bereits seit den 1950er Jahren Anlass für Vermittlungsversuche. Während auf der technischen Ebene zumindest Israel und Jordanien seit den 1950er Jahren informell auch zusammenarbeiteten, kam es sowohl im Falle des Johnston-Plans als auch des Al Wehda-Damms am Yarmuk letztlich zu keiner politischen Einigung. Mit den wasserbezogenen Abkommen der 1990er Jahre zwischen Israel und Jordanien einerseits und Israel und der PLO/Palästinensischen Autonomiebehörde andererseits sind erstmals politische Vereinbarungen zwischen Israel und seinen arabischen Nachbarn zu Wasserfragen verabschiedet worden. Allerdings zeigt die inhaltliche Analyse der Abkommen und

deren Umsetzung, dass auch hier nicht notwendigerweise von einer genuinen ‚Kooperation' auf gleicher Augenhöhe gesprochen werden kann.

Im Gegenteil, im Grunde werden durch die Abkommen die bestehenden Machtstrukturen aufrechterhalten und zumindest scheinbar auch legitimiert. In den Worten von Selby (2003) wird Vorherrschaft als Kooperation verkauft.

Dennoch bleibt Wasser im Falle des Jordans dem politischen Konflikt letztlich nachgeordnet: es war, zumindest bislang, weder Kriegsgrund noch Katalysator für Kooperation.

Literatur:

Albin, Cecilia (1999), 'When the Weak Confront the Strong: Justice, Fairness, and Power in the Israel-PLO Interim Talks', *International Negotiation*, **4**, 327-367.

Albin, Cecilia (2001), *Justice and Fairness in International Negotiation*, Cambridge: Cambridge University Press.

Allan, John A. (2001), *The Middle East Water Question. Hydropolitics and the Global Economy*, London: I.B. Tauris.

Amery, Hussein A. and Aaron T. Wolf (2000), 'Water, Geography, and Peace in the Middle East: An Introduction', in Hussein A. Amery and Aaron T. Wolf (eds), *Water in the Middle East. A Geography of Peace*, Austin: The University of Texas Press, 1-18.

Barrett, Scott (2003), *Environment and Statecraft. The Strategy of Environmental Treaty-Making*, Oxford: Oxford University Press.

BGW (2005), *115. Wasserstatistik Bundesrepublik Deutschland*, Bonn: Bundesverband der deutschen Gas- und Wasserwirtschaft e.V.

Dillman, Jeremy D. (1989), 'Water Rights in the Occupied Territories', *Journal of Palestine Studies*, **19** (1), 46-71.

Dombrowsky, Ines (1995), *Wasserprobleme im Jordanbecken. Perspektiven einer gerechten und nachhaltigen Nutzung internationaler Ressourcen*, Frankfurt: Peter Lang Verlag.

Dombrowsky, Ines (1998), 'The Jordan River Basin: Prospects for Cooperation within the Middle East Peace Process?', in Waltina Scheumann and Manuel Schiffler (eds), *Water in the Middle East. Potential for Conflicts and Prospects for Cooperation*, Berlin: Springer-Verlag, 91-112.

Dombrowsky, Ines (2003), 'Water Accords in the Middle East Peace Process: Moving towards Co-operation?', in Hans G. Brauch, Antonio Marquina, Mohammed Selim, Peter H. Liotta and Paul Rogers (eds), *Security and the Environment in the Mediterranean. Conceptualising Security and Environmental Conflicts*, Berlin: Springer-Verlag, 729-744.

Edig, Annette v. (2001), *Die Nutzung internationaler Wasserressourcen: Rechtsanspruch oder Machtinstrument? Die Beispiele des Jordans und der israelisch-palästinensischen Grundwasservorkommen*, Baden-Baden: Nomos.

Elmusa, Sharif (1997), *Water Conflict. Economics, Politics, Law and the Palestinian-Israeli Water Resources*, Washington, DC: Institute for Palestine Studies.

Feitelson, Eran (2000), 'The Ebb and Flow of Arab-Israeli Water Conflicts: Are Past Confrontations Likely to Resurface?', *Water Policy*, **2** (4-5), 343-363.

Gleick, Peter H. (1993), 'Water and Conflict: Fresh Water Resources and International Security', *International Security,* **18,** 79-112.

GTZ (1997), *Middle East Regional Study on Water Supply and Demand Development. Regional Overview Phase II,* Eschborn: Deutsche Gesellschaft für Technische Zusammenarbeit.

GTZ (1998), *Middle East Regional Study on Water Supply and Demand Development. GTZ Evaluation Report. Long Version,* Eschborn: Deutsche Gesellschaft für Technische Zusammenarbeit.

Haddadin, Munther (2000), 'Negotiated Resolution of the Jordan Israel Water Conflict', *International Negotiation,* **5** (2), 263-288.

Homer-Dixon, Thomas F. (1994), 'Environmental Scarcities and Violent Conflict. Evidence from Cases', *International Security,* **19** (1), 5-40.

Isaac, Jad (2002), 'The Status and Perspectives of the Negotiation on the Jordan River Basin', in Ismail Al Baz, Volkmar Hartje and Waltina Scheumann (eds), *Co-operation on Transboundary Rivers,* Baden-Baden: Nomos.

Klare, Michael T. (2001), 'The New Geography of Conflict', *Foreign Affairs,* **80** (3), 49-61.

Lowi, Miriam (1995), *Water and Power. The Politics of a Scarce Resource in the Jordan River Basin, Updated Edition,* Cambridge: Cambridge University Press.

McCaffrey, Stephen (1998), 'International Watercourses', in René-Jean Dupuy (ed.), *Manuel sur les organisations internationales. A Handbook on International Organizations,* Dordrecht: Martinus Nijhoff Publishers, pp. 725-751.

McCaffrey, Stephen (2003), *The Law of International Watercourses. Non-Navigational Uses, Paperback Edition,* Oxford: Oxford University Press.

Naff, Thomas and Ruth Matson (1984), *Water in the Middle East: Conflict or Cooperation?,* Boulder: Westview Press.

PHG (2006), *Water for Life 2005. Continued Israeli Assault on Palestinian Water, Sanitation and Hygiene during the Intifada,* Ramalla: Palestinian Hydrology Group. http://www.phg.org/waterforlife/chapters2005/Book%20FINAL.pdf (September 19, 2006).

Phillips, David J. H., Shaddad Attili, Stephen McCaffrey, and John S. Murray (N.d.), 'The Jordan River Basin: 1. Clarification of the Allocations in the Johnston Plan', Forthcoming.

Reguer, Sarah (1990), 'Controversial Waters: Exploitation of the Jordan River, 1950-80', *Middle Eastern Studies,* **29** (1), 53-90.

Rouyer, Alwyn R. (2000), *Turning Water into Politics: The Water Issue in the Palestinian-Israeli Conflict,* London: Macmillan Press.

Sadoff, Claudia W. and David Grey (2002), 'Beyond the River: The Benefits of Cooperation on International Rivers', *Water Policy,* **4,** 389-403.

Selby, Jan (2003), 'Dressing up Domination as 'Cooperation': the Case of Israeli-Palestinian Water Relations', *Review of International Studies,* **29,** 121-138.

Starr, Joyce R. (1990), 'Water Politics in the Middle East', *Middle East Insight,* **7** (2/3), 64-70.

WDI (1998), *World Development Indicators,* Washington, DC: The World Bank.

Wolf, Aaron and John Ross (1992), 'The Impact of Scarce Water Resources on the Arab-Israeli Conflict', Natural Resources Journal, 32 (4), 919-958.

Wolf, Aaron T. (1995), *Hydropolitics along the Jordan River. Scarce Water and its Impact on the Arab-Israeli Conflict,* Tokyo: United Nations University Press.

Wolf, Aaron T., Shira B. Yoffe and Mark Giordano (2003), 'International Waters: Identifying Basins at Risk', *Water Policy*, **5**, 29-60.

Zeitoun, Mark and Jeroen Warner (2006), 'Hydro-hegemony - A Framework for the Analysis of Trans-boundary Water Conflicts', *Water Policy*, **8** (5), 435-460.

IV. Menschenrechtliche und entwicklungspolitische Abschlussbetrachtungen zum Recht auf Wasser

Das Recht auf Wasser:
Über seine Anerkennung als Menschenrecht

Valentin Aichele [1]

1. Einleitung

„Das Menschenrecht auf Wasser gibt jedem das Recht auf unbedenkliches, zugängliches und erschwingliches Wasser in ausreichender Menge für den persönlichen und häuslichen Gebrauch", so lautet die Kernaussage der Allgemeinen Bemerkung Nr. 15 zum Recht auf Trinkwasser, die der UN-Ausschuss für wirtschaftliche, soziale und kulturelle Rechte (UN-Sozialpaktausschuss) im Jahr 2002 verabschiedet hat.[2] Seine Veröffentlichung entfachte international eine lebhafte Diskussion, an welche die Vorlesungsreihe „Gibt es ein ‚Menschenrecht Wasser': Ein lebenswichtiges Element zwischen Politisierung, Kommerzialisierung und moralischem Anspruch?" anknüpfte.[3] Dieser Beitrag geht deshalb drei der im internationalen Diskurs aufgeworfenen Fragen nach.

Gegenüber dem UN-Sozialpaktausschuss wurde vorgebracht, er habe das Menschenrecht auf Wasser einfach erfunden. Er wurde kritisiert, er habe ein neues Menschenrecht „aus dem Hut gezaubert". Zweitens wird bezweifelt, ob das Recht auf Wasser tatsächlich eines der im Internationalen Pakt über wirtschaftliche, soziale und kulturelle Rechte von 1966 (UN-Sozialpakt) verankerten Menschenrechte ist. So wurde gerade in der internationalen Fachliteratur diskutiert, ob das Recht auf Wasser eine hinreichende Stütze im UN-Sozialpakt finde. Und drittens geht es um die Frage, ob es einen so genannten „Mehrwert" des Menschenrechts auf Wasser gibt. Im Kontext der Entwicklungszusammenarbeit wird diese Frage am Beispiel des Rechts auf Wasser nunmehr neu gestellt.

---

[1] *Dr. Valentin Aichele, Wissenschaftlicher Mitarbeiter am Deutschen Institut für Menschenrechte und Lehrbeauftragter der Alice Salomon Fachhochschule Berlin.*

[2] Siehe CESCR (2002): General Comment Nr. 15: Das Recht auf Wasser (Artikel 11 und 12), UN Doc. E/C.12/2002/11 vom 20. Januar 2003, Ziffer 2; für die deutsche Übersetzung siehe Deutsches Institut für Menschenrechte (Hrsg.) (2005): Die „General Comments" zu den VN-Menschenrechtsverträgen. Deutsche Übersetzung und Kurzeinführung, Baden-Baden, S. 314-336.

[3] Siehe World Health Organization (Hrsg.) (2003): The right to water. Geneva; Amanda Cahill (2005): "The human right to water – a right of unique status": the legal status and normative content of the right to water, in: International Journal of Human Rights 9, S. 389-410; M.A. Salman Salman; Siobhán McInerney-Lankford (2004): The human right to water. Washington, D.C.; Stephen Tully (2005): A human right to access water? A critique of general comment No. 15, in: Netherlands Quarterly of Human Rights 23, S. 35-63; Oliver Lohse (2005): Das Recht auf Wasser als Verpflichtung für Staaten und nichtstaatliche Akteure. Hamburg; Eibe Riedel / Peter Rothen (Hrsg.) (2006): The Human Right to Water, Berlin.

2. Von der Anerkennung des Rechts auf Wasser

Die Menschenrechte werden nicht erfunden, weil ihr Vorhandensein unserem Verständnis nach vorausgesetzt wird. Sie gelten als vorgeben. Warum ist das so? Die Menschenrechte sind nicht von uns Menschen gemacht, geschweige denn geht ihre Entstehung auf irgendeinen staatlichen Willensakt zurück. Denn die Menschenrechte haben wir um der Menschenwürde willen, schlichtweg weil wir Mensch sind.[4] Sie sind uns angeboren. Und deshalb sind sie für den Einzelnen und die Einzelne auch unveräußerlich. Für den Staat sind Menschenrechte nicht disponibel. Denn sie gelten für ihn als *vor*staatliches Recht. Das heißt, wenn ein Staat entsteht, findet er die Menschenrechte bereits vor. Jeder Staat muss sich also der mit den Menschenrechten verbundenen Herausforderung stellen, will er sich nicht dem Vorwurf illegitimer Machtausübung aussetzen.

Dass die Menschenrechte in diesem Sinne vorgegeben sind, entspricht der interkulturellen und internationalen Rechtsüberzeugung. Sie kommt beispielsweise in der Allgemeinen Erklärung der Menschenrechte zum Ausdruck. Diese Erklärung erkennt die Vorgegebenheit mit der Formulierung an, dass alle Mitglieder der menschlichen Familie die „innewohnende Würde" haben, sie in der Würde gleich sind und „gleiche und unveräußerliche Rechte" haben. Die der Erklärung von 1948 folgenden internationalen Menschenrechtsübereinkommen spiegeln dieselbe Auffassung wider. Auch das Grundgesetz bekennt sich zu den unverletzlichen und unveräußerlichen Menschenrechten.

Die Menschenrechte sind das Ergebnis eines mit Konflikten verbundenen gesellschaftlichen Lernprozesses.[5] Dieser Prozess ist historischer Natur. Darüber hinaus verweist er in die Zukunft, da er noch nicht als abgeschlossen gelten kann. Vor allem geht er universell vonstatten. Er findet überall dort statt, wo Menschen elementares, ihre Würde beeinträchtigendes Unrecht erfahren und / oder, wo Menschen sich gegen elementares Unrecht zur Wehr setzen. Zwar hat eine Anzahl an Menschenrechten die weltweite formale Anerkennung gefunden, sie sind allerdings in der Praxis oftmals erst noch zu erringen. Außerdem ist nicht ausgeschlossen, dass bislang nicht menschenrechtlich anerkannte legitime Interessen in Zukunft den besonderen Schutz der Menschenrechte erhalten. Die besondere Herausforderung dieses internationalen Erkenntnisprozesses besteht darin, nichts heraufzubeschwören, was nicht dazu gehört, sondern nur die Menschenrechte als solche anzuerkennen.[6]

---

[4] Siehe dazu Heiner Bielefeldt (1998): Philosophie der Menschenrechte: Grundlagen eines weltweiten Freiheitsethos, Darmstadt, S. 25 ff., 87 ff.
[5] Heiner Bielefeldt (2006): Menschenrechte als Antwort auf historische Unrechtserfahrungen, in: Deutsches Institut für Menschenrechte (Hrsg.): Jahrbuch Menschenrechte 2007, Frankfurt am Main, S. 135-142, 137 f.
[6] Vgl. Philip Alston (1984): Conjuring up new human rights: a proposal for quality control, in: American Journal of International Law 78, S. 607-621.

Das Recht auf Wasser hat im Zuge dieses Prozesses die Anerkennung als Menschenrecht erhalten.[7] War es weder im UN-Zivilpakt noch im UN-Sozialpakt *ausdrücklich* als Menschenrecht benannt worden, ist es im vergangenen Jahrzehnt weltweit als Menschenrecht in den Blick gekommen. Individuelle und kollektive Erfahrungen elementaren Unrechts geben den Anstoß zu diesem Prozess, der von der wachsenden Einsicht in die strukturellen Hintergründe der bestehenden Probleme geleitet ist.[8]

Im Zuge des Prozesses spielt die *Anerkennung* der Menschenrechte eine wesentliche Rolle. Dabei geht es aus Sicht der bestehenden internationalen Ordnung um die *staatliche bzw. rechtliche* Anerkennung menschenrechtlicher Gewährleistungen. Die treibende Kraft für die Anerkennung sind Individuen und soziale Bewegungen auf fünf Kontinenten. Sie ringen immer wieder aufs Neue um den Schutz der bereits anerkannten Menschenrechte in der Praxis und damit um die Anerkennung in einem bestimmten Fall. Die Anerkennung durch die internationale Staatengemeinschaft und durch den einzelnen Staat erfolgt in den Formen der Politik, aber vor allem in Form von Recht und Rechtspraxis. In Bezug auf das Recht auf Wasser kann festgestellt werden, dass es heute schon eine weit reichende, rechtliche Anerkennung in den verschiedenen Formen erhalten hat.[9]

3.   Verankerung des Rechts auf Wasser im UN-Sozialpakt

Die Allgemeine Bemerkung Nr. 15 des UN-Sozialpaktausschusses fügt sich in den internationalen Prozess der Anerkennung des Rechts auf Wasser *als Menschenrecht* ein. Mit seiner Veröffentlichung hat der Ausschuss nunmehr explizit gemacht, dass auch der UN-Sozialpakt von 1966 dem Schutzbereich nach das Recht auf Wasser beinhaltet.[10]

Der UN-Sozialpaktausschuss entfaltet sein Verständnis des Rechts auf Wasser in der Allgemeinen Bemerkung Nr. 15 in Bezug auf den täglichen persönlichen und häuslichen Bedarf von Wasser. Das Recht auf Wasser erfasst allerdings mehr. Es gehören zum Beispiel auch sanitäre Einrichtungen und Abwassersysteme dazu, die

---

[7] Siehe Eibe Riedel (2006): The human right to water and General Comment No. 15 of the CESCR, in: Eibe Riedel / Peter Rothen (Hrsg.): The human right to water, Berlin, S. 19-36, 23 ff.
[8] So ist beim Stand der modernen Technik und dem Ausmaß verfügbarer Ressourcen kaum zu erklären, dass mehr als eine Milliarde Menschen noch keinen Zugang zu Wasser hat.
[9] Hervorzuhebende Beispiele für die Anerkennung des Rechts auf Wasser im Völkerrecht sind Art. 14 Abs.2 h) des Übereinkommens zur Beseitigung jeder Form von Diskriminierung der Frau und Art. 24 Abs. 2 c) des Übereinkommens über die Rechte des Kindes. Beides sind menschenrechtliche Übereinkommen, die für eine Vielzahl von Staaten durch Ratifikation Verbindlichkeit erlangt haben. Auf der Ebene der Nationalstaaten bietet die Südafrikanische Verfassung ein Beispiel für die Anerkennung des Rechts auf Wasser. Als Nachweis für die weit verbreitete rechtliche Anerkennung siehe Centre on Housing Rights and Evictions (Hrsg.) (2004): Legal resources for the right to water: international and national standards, Geneva.
[10] Siehe Riedel, Fn. 6, S. 25 ff.

durch das Recht auf angemessenes Wohnen abgedeckt werden. Es umfasst darüber hinaus den Zugang zu produktiven Ressourcen in Form von Brauchwasser im Bereich der Subsistenzwirtschaft, erfasst durch das Recht auf angemessene Nahrung. Diese beiden normativen Elemente des Rechts auf Wasser im weiteren Sinne sind bereits in der Vergangenheit durch den UN-Sozialpaktausschuss an anderer Stelle herausgearbeitet worden.[11]

Dass der UN-Sozialpaktausschuss das Recht auf Trinkwasser explizit als eines der im UN-Sozialpakt verankerten Rechte anerkennt, blieb nicht ohne Kritik. Es wurde überlegt, ob das Recht auf Wasser besser im Kontext der bürgerlichen und politischen Rechte verortet sei, etwa als Teil des Rechts auf Leben (gemäß Art. 6 des Internationalen Paktes über bürgerliche und politische Rechte).[12] Offen angesprochen wurde auch, ob das Recht auf Wasser überhaupt eines der von den beiden zentralen Menschenrechtsabkommen erfassten Rechtsgewährleistungen sein kann.

Die Antwort auf diese Problemstellung, ob der UN-Sozialpakt das Recht auf Wasser schützt, findet sich im Wege der Auslegung. Auslegung heißt Interpretation. Gemeint ist damit ein im Bereich der Rechtswissenschaften alltäglicher und methodologisch geleiteter Vorgang mit dem Ziel, Bestand und Inhalt einer Rechtsnorm zu ermitteln. Für die Auslegung des UN-Sozialpaktes wie für alle völkerrechtlichen Verträge gelten die Auslegungsregelungen der Wiener Vertragsrechtskonvention.[13] Neben der wörtlichen, historischen und systematischen Methode, wird bei der Bestands- und Sinnermittlung von Völkerrecht ein Schwerpunkt auf die teleologische, das heißt, auf Sinn und Zweck ausgerichtete Auslegung gelegt.[14]

Die Auslegung setzt grundsätzlich am Wortlaut an. Der Wortlaut muss einen hinreichenden Anhaltspunkt für eine bestimmte Interpretation bieten. Der UN-Sozialpaktausschuss stützt seine Auffassung in Bezug auf Trinkwasser vor allem auf eine ausdrückliche Bestimmung (Art. 11 Abs. 1 des UN-Sozialpaktes). Danach erkennen die Vertragsstaaten das Recht jedes Menschen auf einen angemessenen Lebensstandard für sich und seine Familie *„einschließlich ausreichender Ernährung, Bekleidung und Unterbringung"* an. Das Wort „einschließlich" reicht in diesem Zusammenhang als textlicher Anknüpfungspunkt aus. Denn es bringt im Zusammenhang gelesen klar zum Ausdruck, dass die Aufzählung wie Nahrung, Bekleidung und Unterbringung unter dem Dachrecht „angemessener Lebensstandard" nicht

---

[11] Vgl. CESCR (1991): General Comment Nr. 4: Das Recht auf angemessene Unterkunft (Art. 11 Abs. 1), UN Doc. E/1993/23 vom 13. Dezember 1991, Ziffer 8 b); CESER (1999): General Comment Nr. 12: Das Recht auf angemessene Nahrung (Art. 11), UN Doc. E/C.12/1999/5 vom 12.05.1999, Ziffer 8; deutsche Übersetzung in : General Comments, siehe Fn. 1.

[12] Vgl. Thorsten Kiefer / Catherine Brölmann (2005): Beyond state sovereignty: the human right to water, in: Non-state Actors and International Law 5, S. 183-208, 187 ff.

[13] Siehe Wiener Übereinkommen über das Recht der Verträge vom 23.05.1969, BGBl 1985 II, 926.

[14] Vgl. Heintschel von Heinegg (1999): Die völkerrechtlichen Verträge als Hauptrechtsquelle des Völkerrechts, in: Knut Ipsen (Hrsg.): Völkerrecht, 4. Auflage, München, S. 92-179, 114 ff.

abschließend ist. Darunter kann also ein weiteres Recht fallen, wenn es für einen angemessenen Lebensstandard so bedeutsam ist, wie die anderen ausdrücklich genannten Rechte. Das ist beim Recht auf Wasser nach dem oben genannten engen Zuschnitt der Fall.

Aus dem UN-Sozialpakt das Recht auf Wasser abzuleiten, entspricht im Übrigen dem Sinn und Zweck des UN-Sozialpakts. Ohne ausreichend sauberes Wasser zum Trinken zu garantieren, wären die anderen sozialen Menschenrechte in keinem gesellschaftlichen Kontext voll zu verwirklichen. Auch die vom UN-Sozialpaktausschuss ausdrücklich genannten Rechte wie angemessener Lebensstandard und Gesundheit wären ohne das Recht auf Wasser in ihrer menschenrechtlichen Dimension grundsätzlich in Frage gestellt. So gehört es wie selbstverständlich zum Verständnis des angemessenen Lebensstandards, dass ausreichend sauberes Trinkwasser und Wasser zum täglichen Bedarf verfügbar ist. Viele Faktoren wie Krankheitserreger und Gifte, welche die menschliche Gesundheit elementar beeinträchtigen können, sind durch den Konsum unsauberen Wassers bedingt.

Der Blick auf die nähere und weitere Systematik macht außerdem deutlich, warum das Recht auf Wasser im Kontext des UN-Sozialpakts sinnvoll verortet ist. Es verbindet sich mit anderen sozialen Menschenrechten auf der normativen Ebene, wie den genannten Rechten auf Nahrung und auf angemessenes Wohnen. Der Befund, dass der UN-Sozialpakt das Recht auf Wasser als Rechtsnorm enthält, wird also über die Heranziehung des Grundsatzes der Unteilbarkeit bekräftigt. Darüber hinaus erschließt sich der Inhalt des Rechts auf Wasser weniger über die politischen und bürgerlichen Sphären als über die wirtschaftlichen, sozialen und kulturellen Lebensbereiche des Menschen.[15]

4. Das Recht auf Wasser und Entwicklungszusammenarbeit

Seit einigen Jahren wird der so genannte Menschenrechtsansatz im Zusammenhang der Entwicklungszusammenarbeit diskutiert, insbesondere die Frage nach dem „Mehrwert" gestellt und auch – zumindest von der Theorie her - beantwortet.[16] Am Beispiel des Rechts auf Wasser wird die Frage nunmehr neu aufgeworfen.[17] Gerade für Akteure der Entwicklungszusammenarbeit scheint die Frage nach dem Mehrwert besondere Bedeutung zu haben; insbesondere die Akteure des operativen Geschäfts haben die Erwartung, den praktischen Nutzen des Menschenrechtsansatzes für die Praxis einschätzen zu können.

---

[15] Siehe zur Unteilbarkeit des Rechts auf Wasser Margret Vidar (2005): The interrelationships between the right to food and other human rights, in: Wenche Barth Eide / Uwe Kracht (Hrsg.): Legal and institutional dimensions and selected topics. Food and human rights in development, Volume 1, Antwerpen, S. 141-160.
[16] Vergleiche Hildegard Lingnau (2003): Menschenrechtsansatz für die deutsche Entwicklungszusammenarbeit: Studie im Auftrag des BMZ, Bonn.
[17] Siehe Emilie Filmer-Wilson (2005): Human rights-based approach to development: the right to water, in: Netherlands Quarterly of Human Rights 23, S. 213-241.

Innerhalb der Entwicklungszusammenarbeit verbindet sich mit dem Menschenrechtsansatz zunächst die Anwendung eines universell gültigen Referenzrahmens
und ein Instrument zur Schaffung größerer normativer und konzeptioneller Klar-
heit; der Menschenrechtsansatz liefert außerdem ein Beitrag zur Versachlichung
von Debatten über sensible Themen, stärkt und modifiziert den Ansatz von Partizipation und führt außerdem zu einem System der Rechenschaftspflicht; Projekte,
die sich hinreichend am Menschenrechtsansatz ausrichten, können eine höhere Legitimation genießen, wenn sie sich den Anforderungen von Recht und Gerechtigkeit stellen.

Im Vergleich zum herkömmlichen Selbstverständnis der Entwicklungszusammenarbeit führt der Menschenrechtsansatz unter Einbeziehung des Rechts auf Wasser
zu einem grundlegend veränderten Verständnis der Entwicklungszusammenarbeit,
vor allem in Bezug auf Konzeption, Durchführung und Bewertung von Projekten.
War die Entwicklungszusammenarbeit zunächst auf Großprojekte und entsprechend auf den industriellen Fortschritt, anschließend auf die Befriedigung nationaler und lokaler Mehrheitsbedürfnisse ausgerichtet, sind nach dem Menschenrechtsansatz der Mensch als Rechtssubjekt und vor allem Personengruppen *in verletzlichen
Situationen* in den Mittelpunkt der Entwicklung zu stellen. Es geht nicht mehr primär nur um die Antwort auf Bedürfnisse oder nur um die karitative Versorgung
von Bedürftigen, sondern um die Erfüllung menschenrechtlich geschützter Ansprüche von Einzelnen und Gruppen. Gerade die Sicht, dass der Mensch Inhaber
von Rechten ist, die mit staatlichen Pflichten korrespondieren, kennzeichnet den
entscheidenden Perspektivenwechsel.

Immer wieder wird deutlich: Akteure erwarten vom Menschenrechtsansatz oft
mehr als er leisten kann. Er steht nicht für ein umfassendes Konzept, mit dem alle
praktischen Fragen der Entwicklungszusammenarbeit beantwortet werden könnten. Zum Beispiel gibt er keine Auskunft, wie viele Brunnen, an welcher Stelle und
mit welchen technischen Mitteln zu bohren sind. Der Menschenrechtsansatz bietet
hingegen Leitlinien zur Entscheidung und Gestaltung und bündelt viele der Aspekte, die für die Projektplanung, Projektdurchführung und Projektevaluierung wesentlich sind.

Wesentlich zum Beispiel ist der *diskriminierungsfreie* Zugang zu Trinkwasser. Für alle
Personen soll Wasser demnach gleichberechtigt zur Verfügung stehen, ohne dass
Merkmale wie Geschlecht, soziale Herkunft oder Behinderung einen praktischen
Nachteil bedeuten. Wesentlich ist außerdem neben dem Recht auf Wasser die pro-
gressive Verwirklichung anderer Menschenrechte, wie zum Beispiel das Recht auf
Bildung. Die Menschenrechte insgesamt im Blick zu haben, verlangt ein sektor-
übergreifendes Denken.

Im Zusammenhang mit Privatisierung beispielsweise unterstreicht der Menschenrechtsansatz, dass sich kein Staat von seinen menschenrechtlichen Pflichten befreien kann, indem er Privatisierung in menschenrechtlich geschützten Bereichen vornimmt. Vielmehr bewirkt der Staat damit lediglich eine Verschiebung von Aufgaben, für die er auch anschließend in der menschenrechtlichen Verantwortung steht.[18]

---

[18] Siehe zu Privatisierung Valentin Aichele (2006): Menschenrechte und Privatisierung, in: Deutsches Institut für Menschenrechte (Hrsg.): Jahrbuch Menschenrechte 2007, Frankfurt am Main, S. 67-77.

Wer hat Teil am „Blauen Gold"?

Bemerkungen zur menschenrechtlichen Dimension des Rechts auf Wasser

Stefan Keßler [1]

1. Einleitung

»Wasser ist ein begrenzter natürlicher Rohstoff und ein öffentliches Gut, das für Leben und Gesundheit von elementarer Bedeutung ist. Das Menschenrecht auf Wasser ist unerlässlich, um ein Leben in Würde zu führen, und es ist eine Voraussetzung für die Wahrnehmung anderer Menschenrechte.«[2] Diese Feststellung des Ausschusses für wirtschaftliche, soziale und kulturelle Rechte der Vereinten Nationen (im folgenden: Sozialausschuss) macht die verschiedenen Aspekte, mit denen sich diese Vorlesungsreihe beschäftigt hat, noch einmal zusammenfassend deutlich:

a) »Wasser ist ein begrenzter natürlicher Rohstoff«

Alle 20 Jahre verdoppelt sich Schätzungen zufolge der weltweite Wasserverbrauch. Fast 60 Prozent des Wassers werden allerdings nicht von Haushalten, sondern von der Industrie genutzt.[3] Die verfügbare Menge an (Süß-) Wasser bleibt zwar in absoluten Zahlen konstant, die Pro-Kopf-Menge nimmt dagegen immer mehr ab, nicht zuletzt auf Grund von Bevölkerungswachstum und Umweltverschmutzungen.[4] Der Zugang zu nutzbarem Wasser ist darüber hinaus ungleich verteilt: Ungefähr 1,1 Milliarden Menschen hatten im Jahre 2002 nach Angaben von UNICEF und WHO keinen Zugang zu sauberem Trinkwasser und beinahe 2,4 Milliarden Menschen keinen Zugang zu sanitären Einrichtungen für die persönliche Hygiene.[5] Die von der Wasserknappheit besonders betroffenen Menschen gehören den armen

---

[1] *Stefan Kessler, Vorstandssprecher der deutschen Sektion von amnesty international* Die hier vertretenen Ansichten sind nicht unbedingt diejenigen von *amnesty international.*

[2] Ausschuss für wirtschaftliche, soziale und kulturelle Rechte der Vereinten Nationen, Allgemeine Bemerkung Nr. 15 – Das Recht auf Wasser (Artikel 11 und 12), deutsche Übersetzung in: *Deutsches Institut für Menschenrechte* (Hg.), Die „General Comments" zu den Menschenrechtsverträgen. Deutsche Übersetzung und Kurzeinführungen. Baden-Baden 2005, S. 314. Zu dieser Allgemeinen Bemerkung und den sich aus ihr ergebenden Konsequenzen siehe auch *Ashfaq Khalfan,* Implementing General Comment No. 15 on the Right to Water in National and International Law and Policy. Discussion Paper, März 2005 und den Beitrag von *Beate Rudolf* (in diesem Band).

[3] *Maik Söhler,* Nach mir die Wüste. Wasser – Menschenrecht, Handelsware, Konfliktstoff. ai-Journal 7/2004, S. 6 (Zahlen auf S. 8).

[4] Siehe dazu z. B. *Holger Hoff und Zbigniew W. Kundzewicz,* Süßwasservorräte und Klimawandel, in: Aus Politik und Zeitgeschichte (APuZ) 25/2006, 19.6.2006, S. 14.

[5] UNICEF/WHO, Meeting The MDG Drinking Water & Sanitation Target. A Mid-Term Assessment of Progress. New York/Geneva 2004, S. 8.

Bevölkerungsschichten an, oder sie gehören zu diskriminierten Gruppen, die bei der Verteilung von Wasser benachteiligt werden. Der Zugang zum „Blauen Gold" wird inner- wie zwischenstaatlich verstärkt zum Konfliktherd.[6]

b) *» für Leben und Gesundheit von elementarer Bedeutung«*

Nach Angaben der WHO erkranken jährlich etwa 1,8 Millionen Menschen an Diarrhoe-Krankheiten einschließlich der Cholera, 90 % Prozent von ihnen sind Kinder unter fünf Jahren. Hauptursachen (etwa 88 %) sind fehlende Wasserversorgung sowie damit verbunden unzureichende sanitäre Einrichtungen und Hygiene. Aus ähnlichen Gründen erkranken schätzungsweise 160 Millionen Menschen pro Jahr an Schistosomiasis, weitere 146 Millionen erblinden auf Grund einer Trachoma-Infektion.[7]

c) *»Das Menschenrecht auf Wasser ist unerlässlich, um ein Leben in Würde zu führen«*

Der Zusammenhang mit dem Leben in Würde liegt auf der Hand: Seinen Durst stillen, sich (und seine Kleidung) waschen zu können, sind elementare Voraussetzungen.

2. Menschenrecht auf Wasser? – Die Antwort des Völkerrechts

Im *Internationalen Pakt über wirtschaftliche, soziale und kulturelle Rechte (Sozialpakt)* wird man die ausdrückliche Erwähnung eines Menschenrechts auf Wasser vergebens suchen. In seiner eingangs zitierten Allgemeinen Bemerkung Nr. 15 hat der UN-Sozialausschuss aber ausdrücklich ein Menschenrecht auf Wasser aus dem in Art. 11 des Sozialpakts niedergelegten Recht auf einen angemessenen Lebensstandard sowie aus dem Recht auf Gesundheit gemäß Art. 12 des Sozialpaktes abgeleitet. Da andere Beiträge in diesem Sammelband sich ausführlich mit dieser Ableitung beschäftigen, muss an dieser Stelle nicht weiter darauf eingegangen werden.[8]

Besonders in einigen Vertragswerken, die die Situation besonders schutzbedürftiger Bevölkerungsgruppen behandeln, ist das Recht auf Wasser ausdrücklich verankert. So heißt es in Art. 14 Abs. 2 des UN-Übereinkommens zur Beseitigung jeder Form von Diskriminierung der Frau:[9] »Die Vertragsstaaten treffen alle geeigneten Maßnahmen zur Beseitigung der Diskriminierung der Frau in ländlichen Gebieten und gewähren ihr angemessene Lebensbedingungen insbesondere im Hinblick auf

---

[6] Siehe dazu etwa *Christiane Fröhlich*, Zur Rolle der Ressource Wasser in Konflikten, in: Aus Politik und Zeitgeschichte (APuZ) 25/2006, 19.6.2006, S. 32.
[7] World Health Organization (WHO), Water, Sanitation and Hygiene Links to Health. Facts and Figures – updated November 2004, <http://www.who.int>.
[8] Siehe hierzu und zum folgenden auch: Centre on Housing Rights and Evictions/Right to Water Programme: Legal Resources for the Right to Water. International and National Standards. Genf, Januar 2004, <http://www.cohre.org/downloads/water_res_8.pdf> (besucht am 25.8.2006).
[9] Vom 18.12.1979, BGBl. 1985 II, S. 648.

Wohnung, sanitäre Einrichtungen, Elektrizitäts- und *Wasserversorgung*«. Und in Art. 24 Abs. 1 des UN-Übereinkommens über die Rechte des Kindes[10] erkennen die Vertragsstaaten »das Recht des Kindes auf das erreichbare Höchstmaß an Gesundheit an«, was nach Art. 24 Abs. 2 Buchstabe c) auch die Verpflichtung zu Bemühungen beinhaltet, »Krankheiten sowie Unter- und Fehlernährung ... zu bekämpfen, unter anderem durch die Bereitstellung ausreichender vollwertiger Nahrungsmittel und *saubereren Trinkwassers*«.

Wendet man auf dieser Grundlage die berühmte *Pflichtentrias*[11] an, dann sind die Staaten völkerrechtlich verpflichtet, das Recht auf Wasser

- *zu achten* (niemand darf durch den Staat an der Inanspruchnahme seiner Rechte gehindert werden, was etwa zum Verbot der Diskriminierung einzelner Gruppen, Zerstörung der Anlagen zur Wasserversorgung als Strafmaßnahme oder auch dem Abschneiden von jeder Wasserversorgung wegen nicht bezahlter Rechnungen führt),

- *zu schützen* (der Staat hat die Pflicht einzugreifen, wenn das Recht auf sauberes, nutzbares Wasser durch die Aktivitäten Dritter gefährdet wird, wie z.B. Wasserverschmutzung durch die Industrie) und

- *zu fördern* (der Staat muss entsprechende Maßnahmen ergreifen, um das Recht auf Wasser zu verwirklichen, z.B. durch die Aufnahme entsprechender Vorschriften im nationalen Recht).

Pflichten ergeben sich jedoch nicht nur für die einzelnen Staaten. Der Sozialausschuss weist in seiner Allgemeinen Bemerkung Nr. 15 auch darauf hin, dass internationale Organisationen ebenfalls Verpflichtungen haben. Dies betrifft insbesondere die internationalen Finanzinstitutionen – Internationalen Währungsfonds und Weltbank –, die bei der Ausgestaltung ihrer Entwicklungsprojekte, Kreditvereinbarungen und Strukturanpassungsprogrammen das Recht auf Wasser berücksichtigen sollen. Die Welthandelsorganisation sollte in Bezug auf die Umsetzung des Rechts auf Wasser mit den entsprechenden Staaten zusammenarbeiten. In diesem Zusammenhang sollten – nach einer allerdings nicht unumstrittenen Rechtsauffassung – wiederum die Staaten bei privaten Firmen, die in anderen Ländern investieren, sicherstellen, dass deren Aktivitäten nicht zu Verletzungen des Rechts auf Wasser führen.

Bisher kann auf internationaler Ebene das Recht auf Wasser von den Opfern noch nicht individuell eingeklagt werden. Das Recht auf Wasser wird unter dem Sozialpakt behandelt, für den es jedoch kein entsprechendes Zusatzprotokoll gibt, wie es bereits seit 1976 für den Pakt über bürgerliche und politische Rechte in Kraft ist.[12] Ein solches Zusatzprotokoll ist in Vorbereitung, aber es bestehen noch erhebliche

---

[10] Vom 20.11.1989, BGBl. 1992 II, S. 122.
[11] Zurückgehend auf *Henry Shue*, Basic Rights: Subsistence, Affluence and U.S. Foreign Policy. Princeton, 1980 (2. Aufl. 1996).
[12] Erstes Fakultativprotokoll zum Internationalen Pakt über bürgerliche und politische Rechte, vom 16.12.1966, BGBl. 1992 II, S. 1247.

Widerstände, mit der Begründung, dass die wirtschaftlichen, sozialen und kulturellen Rechte nicht „justiziabel" seien, sich also nicht für ein Gerichtsverfahren eigneten. Diese Auffassung kann nicht hingenommen werden, denn jemand, der z.B. durch den Staat und seine Organe aus Gründen der Diskriminierung am Zugang zu sauberem Trinkwasser gehindert wird, muss die Möglichkeit haben, eine Beschwerde einzulegen. Dies ist auf nationaler Ebene möglich, wenn das Recht auf Wasser in der nationalen Gesetzgebung verankert ist.

Das Recht auf Wasser wurde jedoch nicht nur auf der Ebene des Völkerrechts weiter entwickelt, sondern spielte auch bei internationalen Konferenzen wie dem Gipfel von Rio und dem Weltgipfel für nachhaltige Entwicklung in Johannesburg eine bedeutende Rolle. Nach der vom Millenniums-Gipfel im September 2000 beschlossenen Erklärung soll bis zum Jahr 2015 der Anteil der Menschen, die keinen Zugang zu sauberem Trinkwasser oder einer Abwasserentsorgung haben, halbiert werden. [13] Von einer Verwirklichung des Rechts auf Wasser sprechen außerdem der *Mar del Plata Action Plan* von 1977[14] und die *Dublin Principles* von 1992.[15]

3. Stärkung des Rechts auf Wasser durch eine Wasserkonvention?

Mehrere Nichtregierungsorganisationen treten für die Erarbeitung einer *UN-Konvention zum Recht auf Wasser* ein.[16] Hier bin ich allerdings etwas skeptisch. Für eine solche Konvention ließe sich anführen, dass sie – über eine völkerrechtlich nicht verbindliche Allgemeine Bemerkung des zuständigen UN-Ausschusses hinaus – eine eindeutige völkerrechtliche Grundlage eines Menschenrechts auf Wasser darstellen und als verbindliches Rechtsinstrument den entsprechenden Forderungen an die Staaten, dieses Recht zu achten, zu schützen und zu fördern, mehr Gewicht verleihen würde. Gerade bei der Debatte um die Privatisierung des Wassersektors könnte eine solche Konvention von erheblicher Bedeutung sein.

Dagegen spricht jedoch, dass die Erarbeitung einer solchen Konvention – dies zeigt die Erfahrung – im Rahmen der Vereinten Nationen ein äußerst mühsamer und arbeitsintensiver Prozess mit ungewissem Ausgang werden würde. Wer stellt sicher, dass die Standards im schließlich beschlossenen Konventionstext nicht niedriger wären, als sie sich aus der Allgemeinen Bemerkung Nr. 15 des UN-Sozialausschusses bereits ergeben? Besteht nicht die Gefahr, dass das mit der Allgemeinen Bemerkung bereits Erreichte aufs Neue zur Disposition gestellt würde? Und welchen tatsächlichen, praktischen Mehrwert hätte eine Konvention gegen-

---

[13] Siehe A/Res/55/2, Millenniumsziel III, Nr. 19, <http://www.un.org>.

[14] Report of the United Nations Water Conference, Mar del Plata, 14-25 March 1977 (United Nations publication, Sales No. E.77.II.A.12).

[15] Abgedruckt in: Environmental Policy and Law, Bd. 22 oder unter: <http://www.wmo.ch/web/homs/documents/english/icwedece.html> (besucht am 10.9.2006).

[16] Siehe dazu etwa die Informationen von „Brot für die Welt", <http://www.brot-fuer-die-welt.de/kampagnen/index.php?/kampagnen/279_1668_DEU_HTML.php> (besucht am 25.8.2006).

über der Allgemeinen Bemerkung, die immerhin eine autoritative, wenngleich nicht völkerrechtlich verbindliche Interpretation einer Konvention, nämlich des Sozialpaktes, darstellt?

Meiner Ansicht nach wäre zumindest gegenwärtig der Versuch, neue Standards zu erarbeiten, der falsche Weg. Wichtiger ist es, die Umsetzung der bereits bestehenden Standards voranzutreiben und – durch die Verabschiedung eines Zusatzprotokolls zum Sozialpakt – Möglichkeiten zur Beschwerde über Verletzungen des Rechts auf Wasser zu schaffen.

4. Der Zusammenhang mit anderen Menschenrechten

In Konflikten um Wasser werden auch andere Menschenrechte massiv verletzt. Hier wird deutlich, dass das Recht auf Wasser in einer Interdependenz zu anderen Menschenrechten steht. Aus der alltäglichen Arbeit von *amnesty international* seien drei Beispiele angeführt:

a) Mexiko: Mord an Staudammgegner

Konflikte, in denen Wasser eine Rolle spielt, entstehen häufig durch Staudammprojekte.[17] Der Staat will mit solchen Bauten sowohl Wasserreservoirs schaffen als auch neue Quellen für die Energieversorgung. Das Recht auf Wasserversorgung gerät hier unter Umständen in ein Konkurrenzverhältnis zu anderen Rechten, etwa des Rechts auf Wohnen. Denn die Gegner der Projekte befürchten die Zerstörung der Lebensgrundlage vieler Menschen und von natürlichen Räumen.

In Mexiko wurde der Architekt Eduardo Maya Manrique, ein bekannter Gegner des Staudammprojekts La Parota, am Morgen des 29. Januar 2006 aus seinem Haus gezerrt, von mehreren Männern auf dem Boden niedergehalten und buchstäblich gesteinigt. Die Männer ließen erst von ihm ab, als Nachbarn hinzukamen. Eduardo Maya Manrique starb am selben Tag im Krankenhaus an seinen Verletzungen. Er gehörte zum Consejo de Ejidatarios y Comuneros Opositores a La Parota (CECOP), dessen Mitglieder davon ausgehen, dass der Staudamm für ein Wasserkraftwerk in Acapulco (Bundesstaat Guerrero) die Lebensgrundlage von 17.000 Menschen überfluten würde, und die die Annahme von Entschädigungsgeldern ablehnen.

amnesty international ist besorgt über die zunehmend gewalttätig geführte Auseinandersetzung um das Staudammprojekt "La Parota". Das Projekt hat die betroffenen Gemeinden tief gespalten. Zwei Menschen – ein Gegner und ein Befürworter des Projekts – waren zuvor bereits ermordet worden. Aber bisher haben die Behörden es sträflich versäumt, die Spannungen zu entschärfen. Außerdem kritisieren örtliche Menschenrechtsorganisationen, dass falsche Informationen verbreitet und Gegner des Projekts gezielt von Abstimmungen ferngehalten werden.

---

[17] Vgl. hierzu den Beitrag von Hermann Kreutzmann (in diesem Band).

b) Die Umweltkatastrophe im indischen Bhopal

Im Dezember 1984 entwichen mehr als 35 Tonnen hochgiftigen Gases aus den Tanks einer Pestizidfabrik im indischen Bhopal. Innerhalb von einigen Tagen starben mehr als 7.000 Menschen, in den darauf folgenden Jahren führte der Unfall zu weiteren 15.000 Toten. Noch immer leiden mehr als 100.000 Menschen an chronischen Erkrankungen und Schwächezuständen. Nach über 20 Jahren warten die Überlebenden weiterhin auf eine angemessene Wiedergutmachung und ausreichende medizinische Versorgung. Das Fabrikgelände wurde noch nicht dekontaminiert, so dass die vergifteten Abfälle weiterhin die Umwelt verunreinigen und das Wasser vergiften, das die umliegenden Gemeinden dringend benötigen. Verletzt wird somit sowohl das Recht auf Wasser als auch die Rechte auf Nahrung und Gesundheit. Darüber hinaus gehören die von dem Gasleck betroffenen Menschen überwiegend den armen Schichten der Bevölkerung an, so dass die bereits bestehende Armut noch verstärkt wird.

Die in diese Katastrophe verwickelten Firmen, die US-amerikanischen Konzerne Union Carbide Corp. (UCC) und Dow Chemicals (Dow hat im Jahr 2001 UCC übernommen), weisen jede Verantwortung für den Unfall mit seinen schrecklichen Folgen und der anhaltenden chemischen Verseuchung des Werksgeländes von sich. Die vor dem obersten indischen Gericht (Supreme Court) verhandelte endgültige Schlichtungsvereinbarung stellt die Ansprüche der Überlebenden und Hinterbliebenen in keiner Weise zufrieden.

c) Niederschlagung von Protesten

Im Mai 2005 ging die Polizei in Bhopal mit brutaler Gewalt gegen Demonstranten vor, die sauberes Trinkwasser sowie die Umsetzung eines Urteils des Supreme Court forderten. Dieser hatte angeordnet, dass der indische Bundesstaat Madhya Pradesh den betroffenen Anrainern sauberes Trinkwasser bereit stellen müsse, da das Grundwasser seit der Gaskatastrophe im Jahr 1984 kontaminiert ist und das Gelände noch immer nicht gereinigt wurde. Die rund 300 gewaltlosen Demonstranten, darunter Frauen und Kinder, wurden mit massiver Gewalt auseinandergetrieben, einige von ihnen sollen in den Magen getreten worden sein. Sieben Demonstranten wurden festgenommen und verschiedener Verstöße gegen das indische Strafgesetzbuch beschuldigt, später aber wieder freigelassen. An diesem Beispiel wird der direkte Zusammenhang des Rechts auf Wasser mit bürgerlichen und politischen Rechten, etwa der Demonstrations- und Versammlungsfreiheit, deutlich.

5. Das Problem der Privatisierung

Es sei noch einmal die Allgemeine Bemerkung des Sozialausschusses zitiert: Wasser, heißt es dort, sei auch ein »*öffentliches Gut*«. Dieses muss für jedermann zugänglich sein.

Das schließt aus menschenrechtlicher Sicht ein System, das privaten Unternehmen Aufbau, Unterhalt und Betrieb von Wasserversorgungseinrichtungen überträgt, nicht an und für sich aus. Jedoch müssen, so der UN-Sozialausschuss ausdrücklich, wo »Wassereinrichtungen (zum Beispiel Wasserleitungen, Wassertanks, Zugang zu Flüssen und Brunnen) von Dritten betrieben und kontrolliert werden, ... die Vertragsstaaten verhindern, dass der gleichberechtigte, erschwingliche und physische Zugang zu ausreichendem und unbedenklichem Wasser beeinträchtigt wird. Um solchen Missbrauch zu verhindern, muss ... ein effektives Regulierungssystem geschaffen werden, das eine unabhängige Kontrolle, eine ernsthafte öffentliche Beteiligung und die Auferlegung von Strafen bei Verletzungen vorsieht. ... Jegliches Entgelt für Wassereinrichtungen muss auf dem Gleichheitsprinzip beruhen, und es muss sichergestellt sein, dass diese Einrichtungen, egal ob privat oder öffentlich, für jeden Menschen erschwinglich sind, einschließlich für sozial benachteiligte Gruppen. Gleichheit bedeutet, dass ärmere Haushalte im Vergleich zu wohlhabenderen Haushalten nicht unverhältnismäßig mit Wasserkosten belastet werden sollen.«[18]

Mit anderen Worten: Der Staat hat die Pflicht, die Menschenrechte zu achten, zu schützen, zu erfüllen und zu fördern. Wird der Zugang zu bestimmten Dienstleistungen verwehrt, kann das eine Menschenrechtsverletzung darstellen. Das bedeutet aber nicht, dass Produktion und Versorgungssysteme von wichtigen Dienstleistungen staatlich sein müssen. In der Diskussion um die Privatisierung von Dienstleistungen wird gelegentlich die falsche Annahme geäußert, dass der Staat dann für die Verwirklichung der Menschenrechte nicht mehr verantwortlich wäre und die Verantwortung bei dem privaten Versorgungsunternehmen läge. Der private Sektor ist gemäß dem innerstaatlichen Recht verantwortlich, die Verantwortung für die Verwirklichung der Menschenrechte liegt jedoch nach wie vor beim Staat. Der Staat muss z.B. verhindern, dass Dritte die Menschenrechte verletzen, und er muss Rahmenbedingungen schaffen, die die volle Verwirklichung der Menschenrechte sicherstellen.

Generell gelten nach Ansicht *amnesty internationals* bei einer Privatisierung von Dienstleistungen der Daseinsvorsorge die folgenden *sieben Grundsätze*:

- Bei jeder Privatisierung muss ein Staat seine Menschenrechtsverpflichtungen beachten. Durch die Privatisierung darf es nicht zur Verschlechterung der Menschenrechtssituation kommen. Ziel des Staates bei der Privatisierung muss es

---

[18] Allgemeine Bemerkung Nr. 15 (oben Fn. 2), §§ 24 und 27 (S. 324 f.).

auch sein, dass die Situation verbessert wird und somit die Privatisierung zur Verwirklichung sozialer und wirtschaftlicher Menschenrechte führt.

- Der Staat muss bei der Privatisierung einen verbindlichen Rahmen festlegen, um sicherzustellen, dass kein Anbieter von Dienstleistungen der Daseinsvorsorge Menschenrechte verletzt.

- Der Staat muss immer gewährleisten, dass auch benachteiligte Gruppen, insbesondere arme und marginalisierte Menschen, Zugang zu privatisierten Dienstleistungen erhalten.

- Der Staat muss sicherstellen, dass jeder Anbieter von Dienstleistungen – er sei privat oder staatlich – diese in einer nicht diskriminierenden Weise anbietet und nicht einzelne Personen oder Gruppen von seinem Angebot ausschließt.

- Ein Staat muss die Auswirkungen einer Privatisierung oder umgekehrt der Verstaatlichung einer Dienstleistung der Daseinsvorsorge in Bezug auf die Menschenrechte im Blick behalten und regelmäßig überprüfen. Jede Entscheidung muss dazu dienen, die Menschenrechte zu stärken.

- Der Staat muss dafür Sorge tragen, dass der Privatisierungsprozess transparent, offen und fair erfolgt und dass die betroffenen Gruppen während des Prozesses beteiligt und informiert werden.

- Der Staat ist verpflichtet, ein Sicherheitsnetz für arme, marginalisierte, benachteiligte und besonders verletzliche Menschen zur Verfügung zu stellen, so dass sie Zugang zu den Dienstleistungen haben, die zur Befriedigung der Grundbedürfnisse nötig sind und damit zur Erfüllung ihrer Menschenrechte gehören.

Wendet man diese Grundsätze auf den Zugang zu Wasser an, bedeutet das etwa: Entscheidet sich der Staat, die Wassereinrichtungen zu privatisieren, ist er gleichwohl weiterhin verpflichtet sicherzustellen, dass die Armen soviel Wasser erhalten, wie sie zum Überleben benötigen. Er wird somit unter anderem Regelwerke schaffen und eine Regulierungsbehörde aufbauen müssen. Letztere muss mit ausreichenden Kompetenzen ausgestattet sein, um notfalls gegenüber den (internationalen) Unternehmen die Rechte der Armen durchzusetzen.

Der Staat müsste auch ein Sicherheitsnetz aufbauen, um die sozialen Kosten der Privatisierung aufzufangen.

Prohibitive Wasserpreise, die die Grundversorgung aller Menschen mit diesem öffentlichen Gut gefährden, sind somit eine Verletzung der Menschenrechtsverträge. Preissysteme, die dagegen eine Grundversorgung sicherstellen, aber etwa das für die Gartenpflege eingesetzte Wasser teurer machen, wären dagegen menschenrechtlich unbedenklich.[19]

---

[19] Dies ist der Gedanke, der etwa der südafrikanischen *Free Basic Water Policy* zugrunde liegt. Zu dieser siehe die Darstellung der südafrikanischen Regierung unter: <http://www.dwaf.gov.za/Documents/FBW/QAbrochureAug2002.pdf> (besucht am 28.8.2006).

Damit ist allerdings noch nichts gesagt über die Effizienz einer privaten Wasserversorgung im Vergleich mit einer staatlichen. Inzwischen werden auch Zweifel an den mit einer Privatisierung verbundenen Gewinnerwartungen für die beteiligten Unternehmen geäußert.[20]

6. Zusammenfassung

Das Recht auf Wasser ist ein unverzichtbares Menschenrecht, das darüber hinaus in einem engen Zusammenhang mit anderen Menschenrechtsverletzungen steht. Dass jeder Mensch am „Blauen Gold", d. h. an ausreichendem und sauberem Trinkwasser, teilhaben kann, ist für eine „Welt frei von Furcht und Not", wie sie die Allgemeine Erklärung der Menschenrechte verheißt, unabdingbar.

---

[20] Zu dieser Diskussion siehe zum Beispiel *Michael Krämer*, Privatisierung löst keine Probleme. ai-Journal 7/2004, S. 14; *Frank Kürschner-Pelkmann*, Der Traum vom schnellen Wasser-Geld. APuZ 25/2006, 19.6.2006, S. 3.

What is wrong with the right to water?

Virginia Roaf[1]

The right to water is a recently recognised right[2] within the arsenal of rights described in the International Covenant for Economic Social and Cultural Rights. The right to water is increasingly being recognised by national governments, along with rights such as the right to housing, protection from forced evictions and the rights to health and education. These rights are challenging the way that governments prioritise their national or development assistance budgets and demand the development of new laws and regulations to accommodate the right to water. Countries such as South Africa and Uganda include the right to water in their constitution and others are considering including it. In some cases the right to water is increasing pressure on how contracts for water and sanitation services delivery are structured. Many governments of developed countries have recognised the right to water, which may have a positive impact on the amount of development assistance directed to water and sanitation services.

These economic, social and cultural rights provide the backbone for the rights-based approach, an approach to development that replaces the image of development assistance as charity or 'doing good' with one that embraces entitlements and the responsibility of governments to provide essential services at an affordable rate to all residents. Where individuals, groups or communities are coping without access to safe water and sanitation services and the resulting poor health instead of making value judgements about who deserves to receive the essential services, the rights-based approach works on changing policies and laws, on ensuring that priorities are changed and budgeted for in order to ensure that all people receive the services that they are entitled to.

The right to water and sanitation challenges how people think about the delivery of water and sanitation services, stating that every individual has the right to a certain standard of service for domestic purposes in terms of quality, quantity, affordability and accessibility, regardless of where you live or your residency status. The paradigm shift from charity to entitlement demands a change in attitudes to people living in extralegal settlements, change in policies, change in law and a change in how development assistance is managed.

However, the right to water can be accused of not going far enough to change these attitudes or to provide a framework for managing the necessary changes in law, policy, budgeting and prioritisation. This short paper attempts to outline these limitations of the right to water.

---

[1] *Virginia Roaf, freelance consultant, focussing particularly on the right to water.*
[2] General Comment No. 15 on the Right to Water, adopted by the Committee for Economic Social and Cultural Rights in November 2002.

There is a danger that the right to water is seen predominantly as a legal tool, with costly and time-consuming court cases demanding that the right be respected. If done well, these court cases can lead from an individual or community level complaint to the general, promoting the right to water for a whole country. However, there is the considerable danger that a great deal of time and money is caught up in court cases without achieving a wider goal of securing the respect of rights for all.

There is also the issue of ensuring that people are informed about their rights. Without good and effective public campaigns, people who do not know that they have a right to water will not be able to make the challenges to government necessary to demand their rights. This problem is particularly felt in areas where the existing power relations and discriminatory practices need to be overcome. The reality is that those without access to essential services are often in a weak position to demand their rights due to lack of ability to speak official or dominant languages, illiteracy, poor education or low status within the society, whether due to gender, age or other reasons. This can be a problem for those living in the remoter rural areas who are not informed of their rights, even in countries such as South Africa where the right to water is enshrined in the constitution.[3] There is little hope for the realisation of the right to water until there is a commitment from governments to end discriminatory practices, to recognise the humanity of people living in extralegal settlements, to stop demonising particular population groups and to stop forced evictions, which almost invariably worsen access to essential services such as water and sanitation. Recognition of the right to water is not sufficient to deliver the necessary services to meet the right. The rights-based approach demands levels of commitment, information sharing and participation that are not always realistic given the lack of financial and institutional capacity of many governments of developing countries.

A third issue relates to responsibility and accountability. The right to water is not binding on bodies other than national governments (and even for these, the right to water is an interpretation of the Covenant, rather than being a legal document). This is an issue where a body other than a state provider, such as the private sector or a local provider, is responsible for service delivery. In this situation, the options for communities to engage with the service provider to demand their rights can be unclear. The right to water needs to be unambiguously included in contracts drawn up between the government and any other body responsible for water and sanitation service delivery. This can also be an issue where a national government has divested these responsibilities through decentralisation processes to regional or local governments or municipalities. In these cases, the responsibility to deliver services may be transferred without the necessary financial or institutional resources. Before the right to water can become a reality, there needs to be significantly more

---

[3] Lyla Mehta, Unpacking rights and wrongs: do human rights make a difference? The case of water rights in India and South Africa, IDS (Institute of Development Studies) Working Paper 260, November 2005.

capacity – financial, human and technical to provide the resources necessary to deliver the services to the 1/6 of the world's population that currently has no access.

The right to water does not specify how policies should be changed to accommodate the right to water, leaving governments uncertain as to the best way to proceed. While there are principles, such as accessibility and lack of discriminatory practices, many countries with limited capacity, both financial and human, will find if difficult to assess priorities. This is further complicated by the fact that there will at times be a conflict of interest between water for personal domestic use and for other uses such as industry and agriculture, particularly at times of water scarcity. In certain cases, such as the building of large scale dams, it is the national government itself which acts as a violator, claiming that the good of the nation demands that other rights holders are subordinated.[4] It often requires a long struggle, often unsuccessful, to ensure that the right to water is respected for all in such cases.

The right to water relies on progressive realisation, stating that while water is everyone's right, it the realisation of this right is not expected to be achieved immediately, but this needs a timeframe to be productive. The Millennium Development Goals have gone some way to correcting this by setting goals to deliver water and sanitation services to halve the proportion of those who currently lack access to water and sanitation services. Further goals need to be set for the 'other half', whose needs are not to be met by 2015.

Finally, the right to water does not challenge the increasingly powerful ideologies of economic liberalisation and limited government, promoted by international finance institutions such as the IMF and the World Bank. This is leading to an increasing tendency to allow economic concerns to dictate how a water and sanitation services company, whether public or private, is managed, and to whom and how services are to be delivered. The accompanying principles of full cost recovery do not necessarily deny the right to water, but free or below-cost water and sanitation services do not encourage companies, whether privately or publicly run, to deliver water to areas which are hard to reach unless there are significant subsidies available from the government or another source to pay for the costs of delivering services. This is particularly relevant to people living in rural areas or in hard-to-reach or very poor urban areas, who are often excluded from receiving adequate and safe services due to the cost of delivering these services and the perceived lack of direct financial return. The right to water does not at present provide an adequate challenge to these ideologies.

The right to water is therefore best seen as another tool in the development armoury and should be seen as such, rather than as the ultimate solution to the problems of the lack of water and sanitation services to so much of the world's population. The right to water, in order to be realised, needs to be supported by more active and solution-orientated approaches on many levels. This includes at the political level – through the development of policies, strategies and budget poli-

---

[4] Ibid.

cies – strategies and budgeting that prioritise water and sanitation for those who currently do not have access to these services. On a legal level, the right to water needs to be supported by laws and regulations to ensure that the right to water is made a reality – for example by putting it into the constitution. At the level of the individual, household or community, there needs to be the understanding that claiming the right to water will not necessarily provide the financing or the technical capacity to make the right a reality. Individuals and groups will have to be actively involved in finding the appropriate solutions.

While there is value in educating communities to be aware of and demand their rights and entitlements, this is only one small part of a wider development process, which includes working with communities to help them manage their existing resources, to assess what they already have and what they need through community mapping processes, working through approaches towards improving their environment, whether the need is access to water or secure land tenure, and then finding the most appropriate way of achieving these aims. Knowledge about rights and entitlements is not sufficient, there also needs to be significant knowledge about how water and sanitation services can be accessed – knowledge about appropriate technologies, the best way of managing a water point, the type of latrine that is required, how the process will be managed, where a waterpoint or latrine should be positioned and how much the people themselves are able and prepared to pay for their services. The limitation of the right to water is that it leads to rhetoric and not to social solutions that include the poor. This is not because the right to water is lacking in itself, but because the ideals of the right and the rights-based approach remain distanced from the reality of often limited institutional and financial resources and the necessary commitment to economic, social and cultural rights from all actors, including powerful national governments and international institutions.

Weiterführende Links

zusammengestellt und kommentiert von Markus Gick [1]

I.   Internationale Organisationen

1.   Im Rahmen der Vereinten Nationen (VN)

➤ UN-Secretary-General's Advisory Board on Water and Sanitation (UNSGAB) (Sachverständigenrat des VN-Generalsekretärs mit einer hervorragenden Internetbibliothek der wichtigsten nationalen und internationalen Dokumente und Vereinbarungen zum gesamten Problemkreis der Wasserversorgung und -entsorgung) http://www.unsgab.org/

➤ UN-Water (Zusammenschluss aller am Problemkreis Wasser beteiligten und aktiven Organisationen des VN-System; UN-Water obliegt die Organisation des jährlichen Weltwassertages) www.unwater.org

➤ VN – "Water for Life"-Dekade 2005-2015 http://www.un.org/waterforlifedecade/

➤ VN – Weltwassertag http://www.worldwaterday.org/

2.   VN- Sonderorganisationen und -Programme

➤ FAO – Aquastat (Informationssystem über Wasserressourcen und -nutzung mit Länderanalysen und besonderem Fokus auf den Bereich Landwirtschaft und Ernährung) http://www.fao.org/waicent/faoinfo/agricult/agl/aglw/aquastat/main/index.stm

➤ FAO – UNESCAB (Initiative zur strategischen Planung von Wasserressourcen in Asien und im Pazifik) http://www.spmwater-asiapacific.net/modules/newbb/

➤ FAO – WCA - Water Conservation and Use in Agriculture (Informationssystem zur Wassernutzung in der Landwirtschaft mit umfangreichen Informationsmaterialien und Links) http://www.wca-infonet.org/iptrid/infonet/index.jsp

➤ UNDP – Water (Abteilung des UNDP für Wasser und Entwicklung mit Schwerpunkt auf "Water-Governance") http://www.undp.org/water/

---

[1] *Markus Gick, stud. iur. an der Freien Universität Berlin und studentische Hilfskraft am Sonderforschungsbereich „Governance in Räumen begrenzter Staatlichkeit – Neue Formen des Regierens".*

➢ UNEP (Umfangreiche Zusammenstellung von Karten und Grafiken zu den Gebieten Süßwasser, Küsten- und Meeresgewässern)
http://www.unep.org/vitalwater/

➢ UNEP – Dewa - Division of Early Warning and Assessment (UNEP-Einrichtung zur frühzeitigen Erkennung von Wasserproblemen mit umfangreicher Linkliste, unterteilt in verschiedene Wasserarten, zur weiteren Recherche)
http://www.unep.org/dewa/

➢ UNEP – Dewa – Giwa - Global International Water Assessment (VN- Datenbank, nach Regionen und Themenbereichen geordnet, mit aktuellen Statistiken und Berichten; Einmal jährlich erscheinender GIWA-Report mit aktuellen Einschätzungen der Wasserlage, aufgeteilt nach Regionen)
http://www.unep.org/dewa/giwa/

➢ UNESCO – Water
http://www.unesco.org/water/

➢ UNICEF – Water, Environment and Sanitation (Abteilung von UNICEF mit Fokus auf der Wasserversorgung von Kindern)
http://www.unicef.org/wes/

➢ UNICEF und WHO: Joint Monitoring Programme (JMP) for water supply and sanitation (Kooperation von UNICEF und der WHO mit umfangreichen Analysen zur Wasserversorgung und Abwassernutzung)
http://www.wssinfo.org/en/welcome.html

➢ Weltbank – Water (Informationsseite über Projekte der Weltbank im Wasserbereich)
www.worldbank.org/water

II.　Regionale Wasserinitiativen

➢ AMCOW – African Ministerial Conference on Water (Ministerkonferenz, im Rahmen von NEPAD (New Partnership for Africa's Development) begründet, zur Abstimmung der afrikanischen Staaten in Wasserfragen)
http://www.africanwater.org/amcow.htm

➢ ICLEI – International Council for Local Environmental Initiatives (Zusammenschluss von über 500 Städten und Landkreisen weltweit zur Koordination nachhaltiger Entwicklung und Durchsetzung einer speziellen Wasserkampagne)
http://www.iclei.org/index.php?id=799

➢ Nil-Bassin Initiative (Kooperationsforum der Nil-Anrainerstaaten)
http://www.nilebasin.org/index.htm

III. Europäische Union

➤ ACP – EU Water Facility (Forum der EU zur Unterstützung der ACP-Staaten bei der nachhaltigen Nutzung von Wasserressourcen in finanzieller wie organisatorischer Hinsicht)
http://ec.europa.eu/europeaid/projects/water/index_en.htm

➤ EMWIS – Euro-Mediterranean Information System on the know-how in the Water sector (Kooperationsforum in Wasserfragen der EU und Mittelmeer-Anrainerstaaten)
http://www.emwis.net/

➤ EU-Wasser Initiative
http://www.euwi.net/index.php?main=1

➤ Europäischen Kommission
http://ec.europa.eu/environment/water/index_en.htm

➤ Europäischen Umweltbehörde
http://www.eea.europa.eu/themes/water

IV. Nichtregierungsorganisationen

➤ African Water Facility (Projektorientierte, im afrikanischen Raum tätige NRO)
http://www.africanwaterfacility.org/

➤ FAN – Freshwater Action Network (Netzwerk verschiedener NROs zur gemeinsamen Durchsetzung der Ziele der Weltwasserforen)
http://www.freshwateraction.net/

➤ GWP – Global Water Partnership (Netzwerk, gegründet von der Weltbank, dem UNDP und der schwedischen Entwicklungsagentur (SIPA) zur Unterstützung von weltweiten Wasserinitiativen)
http://www.gwpforum.org/servlet/PSP

➤ IRC – International Water and Sanitation Centre (Niederländische NRO mit umfangreichen eigenen Veröffentlichungen und einem „InterWater" Thesaurus zur Übersetzung von Begriffen aus dem Bereich Wasser ins Spanische, Französische und Englische)
http://www.irc.nl/

➤ IUCN – World Conservation Union (Hervorragend vernetzte NRO mit breitem Aufgabenspektrum und vielen Projekten in unterschiedlichen Ländern)
http://www.iucn.org/

- IUCN – Water and Nature Initiative (Ein von IUCN auf 5 Jahre angelegter Aktionsplan zur Unterstützung von zehn Pilot-Flußprojekten mit Fokus auf der Integration von Wassernutzung und Ent-

wicklung; umfangreiche Dokumentation zu den einzelnen Projekt-
stufen)
http://www.waterandnature.org/

➢ IWA – International Water Association (Zusammenschluss von Wasserexperten
mit starkem wirtschaftlichem Hintergrund)
http://www.iwahq.org/templates/ld_templates/layout_632897.aspx?ObjectId=63
2922

➢ Water Aid (Eine international sehr vernetzte NRO, hauptsächlich tätig im Trink-
wasserbereich, dem Sanitärbereich und der Aufklärung)
http://www.wateraid.org.uk/international/default.asp

➢ WEF – Water Environment Federation (Seit 1928 bestehende NRO mit besonderem Fokus auf Abwasserentsorgung; hauptsächlich tätig im Bereich der Überprüfung von Gesetzgebung in den USA, der technischen Unterstützung im Bereich
der Abwasserentsorgung und der Aufklärung in nachhaltiger Wassernutzung)
http://www.wef.org/Home

➢ WSSCC – Water Supply and Sanitation Collaborative Council (Zusammenschluss
verschiedener Regierungen, NROs, Akademiker und Experten unter dem Schirm
der VN)
http://www.wsscc.org/

➢ World Water Council (Zusammenschluss mehrerer NROs zur Durchsetzung der
Millennium Development Goals im Wasserbereich)
http://www.worldwatercouncil.org/

V.   Forschungsinstitute und -projekte

➢ GLOWA – Global Change in the Hydrological Cycle (Interdisziplinäres Forschungsprojekt des Bundesministeriums für Bildung und Forschung mit umfangreichen Kooperationen zur nachhaltigen Wassernutzung mit Fokus auf der
Donau, der Elbe, dem Jordan, dem Voltabecken und Nordwestafrika)
http://www.glowa.org/

➢ IWMI – International Water Management Institute (Forschungsinstitut mit
Schwerpunkt auf der Wassernutzung in der Landwirtschaft in Entwicklungsländern mit umfangreichen Studienmaterialien, eigener Internetbibliothek und weiter-
führenden Links)
http://www.iwmi.cgiar.org/

➢ Prinwass (Interdisziplinäres Forschungsprojekt, gefördert durch die Europäische
Kommission, zur Frage der Nachhaltigkeit der Wasserversorgung durch Einbindung der Privatwirtschaft in Lateinamerika und Afrika)
http://users.ox.ac.uk/~prinwass/index.shtml

➤ SIWI – Stockholm International Water Institute (Organisator der jährlichen Welt-
wasserwoche in Stockholm, einem Haupttreffpunkt zur Diskussion neuer Ent-
wicklungen und Strategien im Wassersektor; Verleihung mehrerer hoch dotierter
Wasser-Auszeichnungen)
http://www.siwi.org/

VI. Gender und Wasser

➤ GWA – Gender and Water Alliance (Zusammenschluss von über 600 verschiedenen Institutionen zur Durchsetzung von Frauenrechten im Wasserbereich durch
Kampagnen und konkrete Projekte)
http://www.genderandwater.org/

➤ GWTF – Interagency Taskforce on Gender and Water (Arbeitsgruppe der VN mit
umfangreichen Berichten und Fallstudien zum Problemkreis Wasser und Geschlecht)
http://www.un.org/esa/sustdev/inter_agency/inter_agency_2_genderwater.htm

VII. Wasserrecht

➤ IWLP – International Water Law Project (Hervorragendes Projekt über Internationales und US-amerikanisches Wasserrecht mit ausführlicher Liste weiterführen-
der Links und einer Urteils – und Schiedsspruchsammlung verschiedener
internationaler Gerichtshöfe zum Thema Wasser)
http://www.internationalwaterlaw.org/

➤ Peace Palace Library – Water (Bibliothek des Internationalen Gerichtshofs mit einer äußerst umfangreichen Linksammlung und Recherchemöglichkeiten über Zeit-
schriften und Bücher zum Thema Wasser und zum Internationalen Wasserrecht)
http://www.ppl.nl/bibliographies/all/?bibliography=water

VIII. Verschiedenes

➤ Waterfootprint („Rechner" zur Bestimmung des Wasserverbrauches auch unter
Berücksichtigung versteckter, virtueller Posten)
http://www.waterfootprint.org/

204

Verzeichnis der Autorinnen und Autoren

Valentin Aichele, Dr. iur., LL.M. (Adelaide University), studierte Rechtswissenschaften, Ethnologie und Philosophie in Marburg (Lahn), Mannheim und Leipzig. 1999 „Master of Laws" an der Universität Adelaide, Australien; 2000 bis 2001 Wissenschaftlicher Mitarbeiter an der Universität Mannheim; 2002 Promotion an der Fakultät für Rechtswissenschaft der Universität Mannheim; 2002 bis 2004 Juristischer Vorbereitungsdienst in Berlin.

Seit 2005 arbeitet er als Wissenschaftlicher Mitarbeiter am Deutschen Institut für Menschenrechte; Lehrbeauftragter der Alice Salomon Fachhochschule Berlin.

Marianne Beisheim, Dr. rer. pol., Studium der Politikwissenschaft in Tübingen (Magister 1996), State University of New York at Stony Brook (M.A. 1992) als Stipendiatin des Deutschen Akademischen Austauschdienstes, 1994-1999 wissenschaftliche Mitarbeiterin an der Universität Bremen, 2002 Promotion (summa cum laude), 2000-2005 wissenschaftliche Referentin im Deutschen Bundestag, zunächst für die Enquete-Kommission „Globalisierung der Weltwirtschaft" (2000-2002) und anschließend für den Vorsitzenden des Umweltausschusses, Prof. Dr. Ernst Ulrich von Weizsäcker (2002-2005).

Seit Juli 2003 wissenschaftliche Assistentin an der Arbeitsstelle für Transnationale Beziehungen, Außen- und Sicherheitspolitik. Seit Januar 2006 Co-Leiterin des Teilprojekts „Erfolgsbedingungen transnationaler Public Private Partnerships in den Bereichen Umwelt, Gesundheit und Soziales" im Rahmen des Sonderforschungsbereichs 700 „Governance in Räumen begrenzter Staatlichkeit: Neue Formen des Regierens?" an der Freien Universität Berlin.

Forschungsschwerpunkte: Globalisierung und Global Governance, Umweltpolitik, private Akteure und Formen privater Governance, insbes. Corporate Social Responsibility und Public Private Partnerships.

Zu ihren wichtigsten Veröffentlichungen zählen: „Fit für Global Governance? Transnationale Interessengruppenaktivitäten als Demokratisierungspotential – am Beispiel Klimapolitik", Opladen 2004; „Staatszerfall und Governance", Baden-Baden 2007 (hrsg. mit *Gunnar Folke Schuppert*); „Grenzen der Privatisierung. Wann ist des Guten zuviel?", Bericht an den Club of Rome, Stuttgart 2006 (hrsg. mit *Ernst Ulrich von Weizsäcker, Oran R. Young, Matthias Finger* und *Harald G. Woeste*).

Ines Dombrowsky, Dr. rer. pol., Studium der Umwelttechnik in Berlin, Promotion in Wirtschaftswissenschaften an der Martin-Luther-Universität Halle-Wittenberg (2006). Von 1995 bis 1997 Mitglied des Projektmanagementteams für die sog. Nahost-Wasserstudie, die die Deutsche Gesellschaft für Technische Zusammenarbeit (GTZ) im Auftrag der Bundesregierung als deutschen Beitrag zum Nahost-Friedensprozess koordinierte. Von 1997 bis 2001 Mitglied des Weltbank-Teams zur Nilbeckeninitiative, das den Dialog der Nilrainerstaaten über die kooperative Nutzung von Nil-Wasserressourcen vermittelte.

Von 2001 bis 2005 Doktorandin, seit 2005 wissenschaftliche Mitarbeiterin im Department Ökonomie, UFZ-Umweltforschungszentrum Leipzig-Halle.

Forschungsschwerpunkte: Neue Institutionenökonomik, institutionelle Aspekte des Gewässermanagements, grenzüberschreitendes Gewässermanagement.

Uschi Eid, MdB, Parlamentarische Staatssekretärin a.D. Studium an der Universität Hohenheim, an der Universität Wageningen/Niederlande und an der Oregon State University/USA. Universitätsabschluss als Diplom-Haushaltswissenschaftlerin, Promotion zum Dr. rer. soc. Wissenschaftliche Angestellte an der Universität Hohenheim, 1992 bis 1994 entwicklungspolitische Tätigkeit in Eritrea/Horn von Afrika.

Mitglied des Deutschen Bundestages 1985 bis 1990 und seit 1994 in der grünen Bundestagsfraktion; Oktober 1998 bis November 2005 Parlamentarische Staatssekretärin im Bundesministerium für wirtschaftliche Zusammenarbeit und Entwicklung. Von Oktober 2001 bis 2005 G8-Afrika-Beauftragte des Bundeskanzlers.

Seit März 2004 Mitglied des Beratungsausschusses des Generalsekretärs der Vereinten Nationen zu Wasser und sanitärer Grundversorgung, seit Juli 2006 stellvertretende Vorsitzende des Ausschusses.

Susanne Herbst, Dr. rer. nat., Studium der Geographie mit dem Studienschwerpunkt Ökologie und Umwelt an der Rheinischen-Friedrich-Wilhelms-Universität Bonn. Promotion im Rahmen des ZEF/UNESCO Projekts „Economic and Ecological Restructuring of Land and Water Use in the Khorezm Region (Uzbekistan)" zum Thema „Water, sanitation, hygiene and diarrhoeal diseases in the Aral Sea area".

Seit Mai 2004 mit der Geschäftsführung des WHO Kollaborationszentrums für Wassermanagement und Risikokommunikation zur Förderung der Gesundheit betraut.

Forschungsschwerpunkte: Medizinische Geographie, Wasserversorgungsstrukturen, Bedeutung der Einflussgrößen Wasser, Sanitation und Hygiene für die menschliche Gesundheit

Thomas Kistemann, PD Dr. med. MA, studierte Klassische Philologie und Geographie an der Universität Bonn sowie Medizin an den Universitäten Bonn und Göttingen. Nach dem Studium arbeitete er als Arzt im Krankenhaus und promovierte in dieser Zeit am Hygiene-Institut der Universität Bonn mit einer wasserhygienischen Arbeit.

Seit 1994 war er wissenschaftlicher Assistent an diesem Institut, habilitierte sich 2002 an selbigem mit einer Arbeit über GIS-Nutzungen für Hygiene und Öffentliche Gesundheit und erhielt die Venia Legendi für die Fächer Hygiene, Umweltmedizin und Medizinische Geographie.

Seit 2002 ist er stellvertretender Institutsdirektor und leitet die Abteilung für Public Health und Medizinische Geographie sowie das WHO Kollaborationszentrums für Wassermanagement und Risikokommunikation zur Förderung der Gesundheit.

Stefan Keßler, M.A., Studium der Geschichte, Volkswirtschaftslehre und Afrikanistik in Köln, Stipendiat der Friedrich-Ebert-Stiftung, seit 1985 Berufstätigkeit vor allem im Ausländer- und Asylrecht, gegenwärtig Policy Officer beim Jesuiten-Flüchtlingsdienst Deutschland.

Seit 1980 Mitglied von *amnesty international,* von 1998 bis 2004 Vorstandsmitglied der deutschen Sektion von amnesty international, seit 2006 Vorstandssprecher.

Veröffentlichungen zu Menschenrechtsfragen, Flüchtlingspolitik, Ausländerrecht und historischen Themen.

Hermann Kreutzmann, Prof. Dr. rer nat., Studium der Geographie, Ethnologie und Physik in Hannover und Freiburg i. Brsg. Promotion (summa cum laude) 1989 am Zentrum für Entwicklungsländerforschung an der Freien Universität Berlin mit einer Arbeit unter dem Titel "Hunza - Ländliche Entwicklung im Karakorum" (Berlin 1989). "Field Director" in Pakistan im DFG-Schwerpunktprogramm "Kulturraum Karakorum". Habilitation 1994 am Institut für Wirtschaftsgeographie der Universität Bonn mit einer Arbeit über "Ethnizität im Entwicklungsprozeß" (Berlin 1996). 1994-95 Wahrnehmung einer Gastprofessur an der Henry M. Jackson School for International Studies in der University of Washington in Seattle (USA). 1995-1996 Heisenberg-Stipendiat der DFG.

Von Oktober 1996 bis April 2005 Inhaber des Lehrstuhls für Geographie: Kulturgeographie und Entwicklungsforschung und Vorstand des Instituts für Geographie an der Friedrich-Alexander Universität Erlangen-Nürnberg, seit April 2005 Professur für Anthropogeographie mit dem Schwerpunkt Entwicklungsländerforschung im ländlichen Raum, Institut für Geographische Wissenschaften, FB Geowissenschaften an der Freien Universität Berlin.

206

Wissenschaftlicher Beirat im Georg-Eckert-Institut für internationale Schulbuchforschung. Mitglied des Senatsausschusses für die Angelegenheiten der Sonderforschungsbereiche (DFG) und wissenschaftliches Mitglied des Bewilligungsausschusses für die Förderung der Sonderforschungsbereiche bei der Deutschen Forschungsgemeinschaft (DFG) in den Jahren 2000-2005. Forschungsschwerpunkte im Bereich der geographischen Entwicklungsforschung und politischen Geographie mit Schwerpunkten auf Minoritäten und Migrationsprozessen. Fragen der politischen Geographie, der Überlebensstrategien in der Peripherie und an marginalen Standorten; Teilaspekte der interdisziplinären Hochgebirgsforschung. Seit mehr als 25 Jahren empirische Untersuchungen in Süd- und Zentralasien mit Forschungsprojekten in Pakistan, Afghanistan, Tadschikistan, Kyrgyzstan, VR China und Nepal.

Bernd Ladwig, 1966 in Köln geboren, von 1988 bis 1994 Studium der Politikwissenschaft an der Freien Universität Berlin. Diplom 1995, danach bis 1998 Wissenschaftlicher Mitarbeiter an der Berlin-brandenburgischen Akademie der Wissenschaften, von 1998 bis 2000 Wissenschaftlicher Mitarbeiter an der Humboldt-Universität zu Berlin. 1999 Promotion an der Humboldt-Universität zu Berlin mit einer Arbeit zur Gerechtigkeitstheorie. Von 2000 bis 2004 Wissenschaftlicher Assistent am Institut für Philosophie der Otto-von-Guericke-Universität Magdeburg. Seit Dezember 2004 Juniorprofessor für Moderne politische Theorie am Otto-Suhr-Institut der Freien Universität Berlin. Arbeitsschwerpunkte: Politische Philosophie (v.a. Theorien der Gerechtigkeit und der Menschenrechte), Gesellschaftstheorie (v.a. Kritische Theorie und Theorien der Moderne), Moralphilosophie und angewandte Ethik (v.a. Gentechnik, Medizinethik und Tierethik). Im Rahmen des Sonderforschungsbereiches „Governance in Räumen begrenzter Staatlichkeit: Neue Formen des Regierens?" Leiter des Teilprojekts „Normative Standards guten Regierens unter Bedingungen zerfallen(d)er Staatlichkeit".
Zu seinen wichtigsten Veröffentlichungen zählen:
Gerechtigkeit und Verantwortung. Liberale Gleichheit für autonome Personen (2000). Ist „Menschenwürde" ein Grundbegriff der Moral gleicher Achtung? Mit einem Ausblick auf Fragen des Embryonenschutzes (In: *R. Stoecker* (Hg.), Menschenwürde – Annäherung an einen Begriff, 2003). Moderne Sittlichkeit. Grundzüge einer „hegelianischen" Gesellschaftstheorie des Politischen (In: *H. Buchstein / R. Schmalz-Bruns* (Hg.), Politik der Integration. Symbole, Institution, Repräsentation, 2005).

Sir Paul Lever, Studium an der Oxford University 1962-1966; Mitglied des Britischen Aussendienstes 1966-2003 (Britischer Botschafter in Deutschland 1997-2003); seit 2003 Global Development Director bei RWE Thames Water.

Katharina Spieß, Dr. iur., Studium der Rechtswissenschaft in Bielefeld, Recife (Brasilien) und Köln. Promotionsstudium am Europäischen Hochschulinstitut, Florenz, 2000 Promotion am Europäischen Hochschulinstitut, Referendariat in Berlin, danach wissenschaftliche Mitarbeiterin bei Cem Özdemir (MdB) und Referentin im Auswärtigen Amt. Seit 2003 Referentin für Wirtschaft und Menschenrechte und wirtschaftliche, soziale und kulturelle Rechte bei amnesty international Deutschland.
Veröffentlichungen u.a.: „Re-assessing Soft Law: the Human Dimension of the OSCE" (2000), „Flüchtlings- und Asylrecht" (mit *Julia Duchrow,* 2006), „Die Wanderarbeitnehmerkonvention der Vereinten Nationen"

Virginia Roaf, studierte Architektur und „development studies" (Ökonomische Theorie der Entwicklungspolitik) an den Universitäten Edinburgh und Oxford Brookes. Sie hat fünfzehn Jahre im Bereich der Stadtentwicklung gearbeitet, in den letzten acht Jahren mit einem besonderen Schwerpunkt auf Wasserversorgung und Abwasserentsorgung.
Seit ihrem Wechsel nach Berlin im Jahr 2002 ist sie freiberufliche Entwicklungsberaterin und hat sich dabei auf das Recht auf Wasser spezialisiert. Gegenwärtig arbeitet sie für das „Centre on

Housing Rights and Evictions (COHRE)" an einem Handbuch zum Recht auf Wasser, das vornehmlich für den Gebrauch von nationalen und regionalen Entscheidungsträgern bestimmt ist.

Forschungs - und Arbeitsschwerpunkte sind der Wasser- und Abwassersektor, Stadtentwicklung und „urban governace" (Stadtsoziologie), das „Recht auf Wasser" und die Einbeziehung privater Akteure in Wasser und Abwasserdienstleistungen.

Ausgewählte Veröffentlichungen:

After Privatisation: What Next? An assessment of recent World Bank strategies for urban water and sanitation services, Heinrich Böll Foundation, Global Issues Paper No. 28, March 2006. Right to Water Indicators, Heinrich Böll Foundation, Feb 2005 (with *Ashfaq Khalfan* and *Malcolm Langford*)., Guidelines on Community Mapping processes, WaterAid 2004, New roles, new rules: Does private sector participation benefit the poor, WaterAid and Tearfund 2003 (with *Belinda Calaguas, Eric Gutierrez* and *Joanne Greene*). Land Tenure: the importance of land tenure to the delivery of water and sanitation to poor urban settlements, WaterAid April 2001.

Beate Rudolf, Prof. Dr. iur., Studium der Rechtswissenschaft in Bonn und Genf, Stipendiatin der Studienstiftung des Deutschen Volkes, Erstes und Zweites Staatsexamen 1989 und 1994. 1990-1992 wissenschaftliche Hilfskraft am Institut für Völkerrecht der Rheinischen Friedrich-Wilhelms-Universität Bonn, 1994-2000 wissenschaftliche Assistentin am Lehrstuhl für deutsches und ausländisches öffentliches Recht, Völker- und Europarecht der Heinrich-Heine-Universität Düsseldorf, 1998 Promotion an der Humboldt-Universität zu Berlin, 1999 Förderpreis für Wissenschaften der Landeshauptstadt Düsseldorf, 2001-2003 Lise-Meitner-Stipendiatin des Landes NRW, 2001-2002 Forschungsaufenthalt an der Tulane Law School, New Orleans, USA.

Seit Oktober 2003 Juniorprofessorin für Öffentliches Recht und Gleichstellungsrecht am Fachbereich Rechtswissenschaft der Freien Universität Berlin. Seit Januar 2006 Leiterin des Teilprojekts „Völkerrechtliche Standards für Governance in schwachen und zerfallenden Staaten" im Rahmen des Sonderforschungsbereichs „Governance in Räumen begrenzter Staatlichkeit: Neue Formen des Regierens?" an der Freien Universität Berlin.

Forschungsschwerpunkte: Völkerrecht, Europarecht, deutsches und vergleichendes Verfassungsrecht, Gleichstellungsrecht, Vergaberecht.

Zu ihren wichtigsten Veröffentlichungen zählen: „Gleichbehandlungsrecht – Handbuch", Baden-Baden 2007 (hrsg. mit *Matthias Mahlmann*), „Frauen und Völkerrecht – Zum Wandel des Völkerrechts durch Frauenrechte und Fraueninteressen", Baden-Baden 2006 (Hrsg.), „Gesellschaftsgestaltung unter dem Einfluß von Grund- und Menschenrechten", Baden-Baden 2001 (hrsg. mit *Juliane Kokott*), und „Die thematischen Berichterstatter und Arbeitsgruppen der UN-Menschenrechtskommission", Berlin Heidelberg New York 2000.

Annette von Schönfeld, Publizistin, von 1990 – 1995 Lateinamerikareferentin bei der Aktionsgemeinschaft Solidarische Welt in Berlin, von 1995 – 2004 Koordinatorin des Deutschen Entwicklungsdienstes in Guatemala und Brasilien mit den Schwerpunkten Menschenrechte und Stadtentwicklung, seit 2004 Leiterin der Kampagne Menschen Recht Wasser bei „Brot für die Welt"

Sebastian Herbeck

Gemeinsame Netznutzung bei der Trinkwasserversorgung

Aktuelle Rechtslage und gesetzlicher Rahmen für eine mögliche Liberalisierung

Frankfurt am Main, Berlin, Bern, Bruxelles, New York, Oxford, Wien, 2006.
347 S.
Europäische Hochschulschriften: Reihe 2, Rechtswissenschaft. Bd. 4425
ISBN 978-3-631-55600-9 · br. € 56.50*

Die gemeinsame Netznutzung stellt die intensivste Form von Wettbewerb dar, die bei der leitungsgebundenen Trinkwasserversorgung denkbar ist. Die Arbeit befasst sich mit den rechtlichen Instrumenten zur Öffnung der Märkte, die aktuell zur Verfügung stehen beziehungsweise vom Gesetzgeber zur Verfügung gestellt werden könnten. Gleichzeitig werden die Grenzen dieser Form des Wettbewerbs in rechtlicher und tatsächlicher Hinsicht aufgezeigt. Im Kern geht es um die Frage, inwiefern der Missbrauchstatbestand des § 19 IV Nr. 4 GWB einen Anspruch auf gemeinsame Netznutzung im Wasserversorgungssektor verleiht. Darauf folgt eine Untersuchung des aktuellen gesetzlichen Rahmens der Trinkwasserversorgung auf Kompatibilität mit einer wettbewerblichen Marktordnung. Zudem werden konkrete Vorschläge für eine staatliche Regulierung unterbreitet. Die Untersuchung erfolgt mit Blick auf die Wassermarktliberalisierung in England und Wales sowie auf das Europarecht.

Aus dem Inhalt: Wassermarktliberalisierung · Anspruch auf gemeinsame Netznutzung nach deutschem und europäischem Recht · Bedingungen einer gemeinsamen Netznutzung bei der Trinkwasserversorgung · Notwendige Gesetzesanpassungen zur Einführung eines effektiven Wettbewerbs · Staatliche Regulierung des Wasserversorgungssektors · Normsetzungskompetenzen für den Wasserversorgungssektor

Frankfurt am Main · Berlin · Bern · Bruxelles · New York · Oxford · Wien
Auslieferung: Verlag Peter Lang AG
Moosstr. 1, CH-2542 Pieterlen
Telefax 00 41 (0) 32 / 376 17 27

*inklusive der in Deutschland gültigen Mehrwertsteuer
Preisänderungen vorbehalten
Homepage http://www.peterlang.de